U0193502

电路和模拟电子技术
实验指导书 第3版

○ 主 编 刘 泾 梁艳阳
○ 副主编 靳玉红 郭 颖

中国教育出版传媒集团
高等教育出版社·北京

内容简介

本书基本架构没有变,仍然分为三部分:电路实验、模拟电子技术实验、附录。电路实验和模拟电子技术实验又各分为三个模块:基础实验、自学开放实验、自主开放实验。基础实验主要由实验教学中的必修实验组成。自学开放实验属于实验考试范围,可以在"虚拟实验室"完成。自主开放实验是较难、较复杂知识点的验证和多个知识点综合的设计性实验,主要起承上启下的作用,可用于课程设计。附录主要是支撑课程运行需要的重要资料。第3版仍旧保持"自主学习为主、教师指导为辅、电脑深入辅助"的范式,同时还兼顾了其他教学条件下实验进行"纯线上运行"的教学方式。

本书可作为高等院校电类相关专业电路和模拟电子技术实验课程的教材,同时也可作为高职高专、成人教育相关专业的实验教材和教学参考书。

图书在版编目(CIP)数据

电路和模拟电子技术实验指导书／刘泾,梁艳阳主编;靳玉红,郭颖副主编. --3 版. --北京:高等教育出版社,2024.1

ISBN 978 - 7 - 04 - 060523 - 5

Ⅰ.①电… Ⅱ.①刘… ②梁… ③靳… ④郭… Ⅲ.①电路理论-实验-高等学校-教学参考资料②模拟电路-电子技术-实验-高等学校-教学参考资料 Ⅳ.①TM13-33②TN710-33

中国国家版本馆 CIP 数据核字(2023)第 089435 号

Dianlu he Moni Dianzi Jishu Shiyan Zhidaoshu

策划编辑	王耀锋	责任编辑	王耀锋	封面设计	王 洋	版式设计	马 云
责任绘图	于 博	责任校对	张 然	责任印制	沈心怡		

出版发行	高等教育出版社	网 址	http://www.hep.edu.cn
社 址	北京市西城区德外大街 4 号		http://www.hep.com.cn
邮政编码	100120	网上订购	http://www.hepmall.com.cn
印 刷	涿州市星河印刷有限公司		http://www.hepmall.com
开 本	787mm×1092mm 1/16		http://www.hepmall.cn
印 张	20	版 次	2011 年 8 月第 1 版
字 数	480 千字		2024 年 1 月第 3 版
购书热线	010-58581118	印 次	2024 年 1 月第 1 次印刷
咨询电话	400-810-0598	定 价	41.90 元

第 3 版前言

本书与第 2 版相比，基本架构没有变，仍然分三部分：电路实验、模拟电子技术实验、附录。电路实验和模拟电子技术实验又各分为三个模块：基础实验、自学开放实验、自主开放实验。基础实验主要是由实验教学中的必修实验组成。自学开放实验属于实验考试范围，可以在"虚拟实验室"完成。自主开放实验是较难、较复杂知识点的验证和多个知识点综合的设计性实验，主要起承上启下的作用，可用于课程设计。附录主要是支撑课程运行需要的重要资料。第 3 版仍旧保持"自主学习为主、教师指导为辅、电脑深入辅助"的范式，同时还兼顾了其他教学条件下实验进行"纯线上运行"的教学方式。

第 3 版主要体现课程持续改进的"精"，反映了电路和模拟电子技术实验课程在"混合式"教学改革上持续、深入的进展，本次修订进一步强化了仿真工具在实验中的应用，可以让学生更快地掌握如何运用仿真工具提高实验质量和效率的方法。我校实验课程的持续改革算起来已十年有余，主要分为两个阶段：2016 年以前，基本在做课程统一管理和"实、虚结合"的探索实践；2016 年以后，主要在做"线上与线下结合""开放与定点结合""课程监督""虚、实结合"的探索实践。直到 2018 年 5 月，课程线上资源在高等教育出版社数字课程平台（ICC）出版，线上、线下结合改革算是告一段落。应用仿真工具也是在 2014 年就开始，并逐步完善，直到其作用在教学质量、效率上明显体现出来，才使得教师普遍肯定、接受这一做法。从 2016 年以前的"实、虚结合"变为今天的"虚、实结合"，显示出了"虚"的地位转变和教师在实验课程实践中思维上的转变。"虚"主要指 CAE（computer aided engineering，计算机辅助工程）技术在实验中的应用。其实，我们创立的"工程仿真"就属于 CAE 技术的应用之一，只是我们有幸率先将其应用于电路和模拟电子技术实验而已。"开放与定点结合"也是从 2016 年开始的，"开放"主要是利用"虚拟实验室"实现，"定点"仍是在传统实验室进行。"课程监督"主要是指增加了期末"虚拟环境实验考试和补考"，补考也是在下学期开学进行（具体见本书附录部分）。该环节也是从 2016 年开始的，这一做法主要归功于"工程仿真"（CAE 技术的应用）的创立，考题中有一道"工程仿真电路维修题"，故障由老师设置好，需要学生在考试期间排除，并写出故障排除过程分析，这道考题在学生中的反响是比较大的，也符合 OBE 的培养理念。

电路和模拟电子技术在当今"物联网+"与"AI+"的信息技术时代，已明显让位于数字电子技术，但数字电子技术的基础仍是电路和模拟电子技术，数字电子技术硬件平台的设计离不开电路和模拟电子技术，比如，电脑软件工具的升级离不开电脑硬件水平的进步，如果电脑配置中的硬件水平不够是没有办法高速运行高版本的开发工具软件的，因为高版本的开发工具的研发是在电脑硬件相应的水平基础上进行的。电脑的硬件虽然以数字元器件为主，但数字元器件的底层基础技术支撑仍是电路和模拟电子技术，最近很火的 ChatGPT 是逐步进化过来的，其除了算法架构的进步外，另一个进步就是底层硬件计算效力的提高。所以，电路和模拟电子技术实验仍是非常重要的基础实验。对于电路和模拟电子技术实验，这几年我们一直在围绕课程教学环境创新和学生"自主学习""学会学习"两个方面改进，不断完善"混合式"课程模式，使之能更好地适应"大众化""尚科研""时空紧"的实验课大环境，努力解决了长时间存在于实验课程中的一些痼疾。编者在 2018 年 12 月"第 14 届高校电子电气课程报告论坛"上做了新教学模式相关的报告，获得了广大参会高校教师的认可。2019 年，我们又获得了教育部高等学校电工电子基础课程教学指导委员会和中国高校电工电子在线开放课程联盟授予的首届"联盟线上线下精品课程"称号，这也促使我们产生了修订第 2 版的想法。

在第 2 版的使用过程中，我们发现要想持续提高实验的质量，就要加大力度抓仿真工具在实验预习中的运用，提高实验预习质量。为此，我们又创立了很多抓实验预习的方法，比如每学期期末的"虚拟环境实验考试"，其中每学期放假前的"补考名单"文件，在线上课程中的下载量是最大的，足见学生的重视。"虚拟环境实验考试"很好地解决了实验教学中较长时间存在的问题。第 2 版在以下三个方面存在明显不足。一是让学生将我们创立的理念、方法付诸行动的效果仍不够理想，从目前预习检查来看，学生们"工程仿真"完成度的数量和质量都还不理想，很多同学在预习时往往会忽略"工程仿真"，这也说明第 2 版对"工程仿真"的要求不够明确。"工程仿真"其实是 CAE 的衍生产品，CAE 又是 EDA 四大技术（CAD、CAE、CAM、CAT）之一，预习时不做"工程仿真"，则到实验室后操作的质量、效率就提不上去，产生了很多无效时间，影响了实验整体效果。二是学生在写实验报告时往往不知道"数据分析"怎么写，这反映了第 2 版指导书对误差分析撰写方法和技巧的指导不足。三是对电子技术常用仪器、仪表的使用方法掌握不理想，不能很好地利用仿真工具中相似的仪器、仪表练习和复习使用方法；预习仿真时，喜欢使用简单的虚拟模拟仪器、仪表，常常忘记虚拟数字仪器、仪表才同实验室的仪器、仪表在使用上非常相似，是必须做的内容。另外，经常有同学搞混峰-峰值、幅值和有效值，进而造成实验结果的错误，这也暴露出第 2 版指导书在这方面指导、要求的不足。本次修订将在预习要求中一并解决这些问题。为了使指导书进一步适应实验教学模式的变化，第 3 版主要修改、增添内容如下：

1. 在预习要求里将"工程仿真"独立出来，使学生清楚地认识到"工程仿真"的基础是"原理仿真"，"原理仿真"的基础是理论知识学习，"工程仿真"是 CAE 在实验中的应用。让学生预习时就能体会实际实验室的操作情况，熟悉实际实验室环境。

2. 增加了"数据分析"的撰写指导，对误差分析撰写方法进行了必要提示。

3. 在模拟电子技术实验部分基础实验模块的实验一"常用虚拟与实际电子仪器、仪表、设备的使用"和实验二"BJT 单管放大电路的测量"中，要求对仿真软件中的几种虚拟常用仪器、仪表完成预习，加强进实验室前对电子技术常用仪器、仪表的练习、复习，分清哪些仪器、仪表的输出或显示幅值是峰-峰值，哪些是最大值，哪些是有效值（root-mean-square value）及它们之间的相互关系。

4. 在基础实验架构中将"实验报告要求"改为"线上和线下应交资料及要求"，加强了实验过程中对学生必须完成的各个要素的监督力度。

5. 附录增加了虚拟环境下实验考试的部分考题，考题中的实验电路维修题是为了培养学生处理"复杂工程"问题的能力而出的，处理电路故障必须深入应用工程原理，故此类考题具有较高的综合性。它使实验课更好地融入了 OBE 教育理念，从而助力相关专业工程认证的审核。

6. 增加了附录十二—附录十四，这些附录均为实验新模式中具体的方法、手段，以便读者更好地共享我们创新的实验教学模式。

7. 修改第 2 版中文字、语句、图上的错误和不准确的地方。

8. 20 世纪初世界著名哲学家、教育家杜威说过"用昨天的方法教今天的学生，就会剥夺了他们的明天"。为了让读者更加全面地了解我们实验模式的改进过程，文后电子资源中补充了《关于电子技术实验教学改革经历的汇报》和《十年磨一剑　誉满高校　引领教学一线　再创辉煌》2 篇文章，前一篇文章是参加 2019 年学校第六届教学成果奖的汇报（获一等奖），后一篇文章是编者在"高校电子电气课程教学系列报告会"（2014 年重庆）上作为教师代表在主会场上的发言稿，读者从中可以更好地了解我们课程改革范式的发展过程。

本书由刘泾、梁艳阳担任主编，靳玉红、郭颖担任副主编，参加本次修订和绘图工作的还有刘瀚宸老师。全书由刘泾、梁艳阳定稿。

靳玉红、郭颖负责对电路实验基础实验部分的实验一、实验二、实验三、实验四进行修订，梁艳阳负责对电路实验基础实验部分的实验五至实验八、自学开放实验部分的实验一、实验二、实验三、实验七进行修订，靳玉红负责对电路实验自学开放实验部分的实验四、实验五、实验六，自主开放实验部分的实验一、实验二、实验三、实验四进行修订，电路实验自主开放实验部分的实验五由刘泾修订。电子技术实验基础实验部分的实验一、实验十一、自学开放实验部分的实验十一、实验十三至实验十五由刘泾修订，基础实验部分的实验二至实验十，自学开放实验部分的实验一至实验十、实验十二由梁艳阳修订，自主开放实验部分的实验五、实验六由王玉修订，自主开放实验部分的实验一、实验二、实验三、实验四、附录二至附录九、插图电子稿由刘瀚宸修订，其他由刘泾、王玉完成撰写、修订。

研究生王陈、周迎辉同学在第 3 版的修订过程中做了文字整理、打印、校对工作。

由于本书提倡仿真工具在实验中的应用，所以本书还可作为高职高专、成人教育的无线电、电子对抗、自动化、电气工程、计算机、安全工程等专业的实验教材。

主管教学的李强教授在第 3 版修订过程中，给予了大力支持，并提出了宝贵意见，在此一并表示感谢！

由于编者水平及时间有限，书中不足之处在所难免，敬请读者批评指正。编者邮箱：527082509@qq.com。

编　者

2023 年 3 月　于西南科技大学信息工程学院

第2版前言

本指导书第 1 版于 2011 年 8 月出版，已经使用了 5 年，在使用过程中发现指导书已有很多地方跟不上教学理念、教学方法的发展，主要体现在如下 5 个方面：（1）如今我们已经有明确的教学理念和教学方法，教学理念是知识自动化，学生为主体，教师起主导作用，方法是"AATEt"（automation aided teaching experiment，自动化辅助教学实验），简称"艾泰特"，它是指利用现代信息技术平台和计算机软硬件技术辅助理论教学和实验教学。比如：理论课可以将预习方法录制成视频供学生提前自主学习参考，实验课可以将如何利用理论知识和计算机软硬件技术预习实验录制成视频供学生预习参考。但在第 1 版编写时，这些内容体现不足。（2）虽然在教学中已强调实验预习的重要性，且第 1 版也有专门要求，但预习做得好的同学还是有限，调查发现"不会预习"是主要原因之一，这说明第 1 版里预习部分引导不够。（3）老师针对实验教学中存在的问题已有新的解决方法，第 1 版没有将该方法充分融入。（4）第 1 版对电路实验部分编写得比较传统，2014 年电子技术基础实验的教师获得教育部高等学校电子信息类专业教学指导委员会 2014 年"重大、热点、难点"研究课题"探索知识自动化理念下以学生为主体的教学模式和教学方法"后，电路课的老师也深受影响，他们要求在进行电路实验时，也能应用此教学模式与方法。（5）在使用过程中发现第 1 版的内容还有一些不足之处。为了更好地在新教学理念和模式下提高实验教学质量，适应这些新的变化，我们决定对第 1 版内容进行修订。第 2 版主要增添和修改内容如下：

1. 电路部分均增加了预习仿真要求，也在附录里增加了电路实验仿真案例。

2. 为了更好地辅助学生做好预习后再进入电子技术实验室做实验，我们在电子技术实验基础实验部分的 10 个实验中选择了 6 个预习方法不太一样的实验，在其中增加了更详细的预习引导内容，验证性实验增加了预习估算与仿真步骤，设计性实验增加了设计与仿真步骤，在附录七中增加了图片化的仿真案例，并将基础实验部分的实验预习和自学开放实验部分的实验用不同颜色的字体进行了区分。预习质量是实验操作质量的可靠保障，在仿真技术如此发达的今天，必须让学生学会利用它改变实验预习的旧习惯。

3. 目前实验存在的主要问题还是学时少，学生的工程思维不够、动手能力不高，老师数量、质量不足，课程安排不合理等，我们解决的办法就是把本校电子技术实验室的"虚拟版"发给学生，有了这个虚拟版电子技术实验室，学生就可以在图书馆、校园、宿舍随时、反复进行指导书中的实验，以达到充分理解理论知识点，并积累一些工程思维和准工程能力的目的。所以再版时，将电子技术实验基础实验部分实验一的名称由原来的"常用电子仪器仪表的使用"改为"模拟实、虚实验环境的构建与使用"，以突出学生首先要学会构建自己虚拟电子实验环境的现实性和重要性。

I

4. 电路部分增加了一些第 1 版未覆盖的重要理论知识点实验，比如在自学开放实验里增加了"密勒定理的电路仿真"，在自主开放实验里增加了设计综合性实验"指针式分立器件万用表的设计、仿真、安装与调试"。

5. 将教师的学科前沿研究内容提炼编成实验，供学有余力的学生参考。例如在电子技术实验自学开放实验部分增加了"晶体管 $r_{bb'}$ 参数的测试"，该实验使学生对 $r_{bb'}$ 这一知识难点得到了很好地理解。在自主开放实验部分增加了"一阶低通开关电容滤波器电路仿真与实验"。该实验可以为学生将来设计集成电路滤波器奠定良好的基础。

6. 强调培养学生的创新发散思维，公式中的元件编号均与实验电路图的元件编号相同；有意识将实验电路进行适当变化，使学生在充分理解理论公式后，才能进行实验的预习计算、仿真和实现。为了贯彻由浅入深的学习方法，我们将实验电路硬件安装、调试写入扩展要求。

7. 修改了第 1 版中部分实验的顺序，使整体架构更加符合第 2 版的编写中心思想。

本书由刘泾担任主编，杨利民、靳玉红、王玉、朱玉玉担任副主编，参加本书修订工作的还有张小乾、刘瀚宸。杨利民对电路实验部分的基础实验内容和附录三进行了修订，靳玉红对电路实验部分的自学开放实验和自主开放实验内容进行了修订，其中包括新增加的自学开放实验中的实验三、实验四，自主开放实验中的实验四及附录十的电路部分实验仿真，同时电路实验部分的图、文稿校对由靳玉红完成。朱玉玉、张小乾负责对电子技术实验进行了部分编写，其中自学开放实验中的实验二、实验十四由朱玉玉编写，电子技术实验部分的自学开放实验中的实验十三、实验十五由张小乾编写，王玉负责对电子技术实验部分进行校对。刘瀚宸参加了一审专家提出的问题修改的文字工作，并编写、核对电子技术实验部分的图稿、文稿，另外，付涛、张慧玲、周颖同学在全书修订过程中也参加了部分工作。全书最终由主编定稿。

感谢华北电力大学的戴振刚老师对本书的审阅，戴老师提出了许多宝贵的意见和建议。

主管教学的姚远程院长对第 2 版的编写给予了大力支持，并提出了宝贵的意见，在此表示谢意。

本指导书第 2 版的编写得到了教育部高等学校电子信息类专业教学指导委员会 2014 年"重大、热点、难点"研究课题的资助，项目编号为 2014-Y18。

本指导书第 2 版的编写得到了学校教材建设项目的资助。

尽管我们在第 2 版的编写过程中倾注了大量心血与时间，但由于水平及时间有限，书中不足之处在所难免，敬请读者批评指正。编者邮箱：Liujing@ swust. edu. cn.

编 者

2015 年 12 月于高近书屋

第1版前言

电路、电子技术基础实验是配合电路、电子技术基础理论课程的一个关键环节，是学生进一步认识电路、电子技术理论的重要步骤，课程的特点是通过实验来达到对电路和电子技术基础理论知识点的进一步理解，为将来的工程应用打下良好基础。要想很好地掌握电路、电子技术基础理论，尤其是模拟电子技术基础理论，除了从理论层面认真学好关于电子元器件及基本电路的原理和分析方法外，还要掌握它们的具体应用。电路、电子技术基础实验就是具体应用的入门，实验指导书是这一教学环节在理论教材基础上的指导。

本书是电路和模拟电子技术实验指导书。全书内容分为 4 个模块：

（1）基础实验模块，重点是让同学们学会基本的实验方法。该模块按通常教学模式进行。

（2）自学开放实验模块，主要是让学生根据自己在基础实验模块掌握的实验方法、技能，进一步对自己已有理论知识进行深入的理解、消化、掌握。

（3）自主开放实验模块，是在开放实验室进行的，它与自学开放实验模块的主要区别是学生根据基础实验模块和自学开放实验模块的学习，尝试着自己用实验的方法来解决一些较复杂的问题，为将来的应用和继续深造打下坚实基础。因此这一部分实验有些只有标题或框架，有些只给了部分内容，其他要靠学生自己完善，并完成实验。

（4）附录模块，主要收集一些完成基础实验模块必需的技术资料，以及提供了自学开放实验模块和自主开放实验模块资料的查找方向。

自学开放实验模块和自主开放实验模块的实验内容是属于"差别化教学"的内容，暂不对学生做统一要求。

本书特点如下：

（1）重塑"验证性实验"应有地位，本教材在自学开放实验模块编入一定量的验证性实验。

（2）根据学时合理地调整教学实验的内容，留本去末。将每个教学实验调整到合理的量上，被压缩的重要内容放到自学开放实验模块和自主开放实验模块，让同学们在课余进行实验。

（3）从内容上增加"返璞归真""求本溯源"的实验，重点放在目前仍在应用并不断发展的基础理论知识点上，比如：在本书电子技术实验的自学开放实验模块中新编了倒 T 形电阻网络 D/A 实验，让同学们在实验中充分理解 D/A 本质原理及模电和数电的关系。一改过去的 D/A 实验都从 DAC0832 开始，从而避免了学生对 D/A 本质原理的理解一直停留在理论层面和带"黑匣子"的实验层面上。

（4）实验中突出学生专业"判断力"和工程素质的培养和提高。在实验中突出培养学生判断所用元器件、仪器仪表、专用导线的好坏的能力，对工程素质密切相关的实验步骤有严格要求。

（5）创新附录的编写方式，可以锻炼学生自主查资料的能力。同学们将在广泛的查询中获得知识，提高自己的专业判断力和自学能力。

（6）强调仿真软件在电子技术基础理论实验上的重要性，很多原理图都是以仿真的形式给出的，仿真软件是自主学习的"优秀"老师。

（7）在自主开放实验模块中，加强了本质原理的综合应用，新编了大型电路、电子技术综合性实验——指针式万用表的设计、仿真、安装、调试，让同学们自己用微安表头设计一个可以测量交、直流电流、电压和电阻的多功能仪表。

（8）将电路和模拟电子技术实验放在一本指导书里，是充分考虑到这两门课之间有非常紧密的联系。同学们有时感到模电难学，其实是因为电路的相关知识掌握得不扎实或忘记了。

使用该实验指导书进行教学的最佳硬件条件是配备有独立的两种电子技术基础实验室，也就是教学实验室和开放性实验室，两者不能混合使用，因为混合使用可能会由于设备的原因使基础实验教学的质量得不到保证。目前还没有独立的开放性电子实验室的学校也可用仿真环境代替开放性实验室。

总之，本实验指导书就是本着尽量解决以上问题，在经过多年实验教改项目的实践，并已取得较好效果的基础上总结编写而成的。在编写过程中还参照了《高等学校国家级示范中心建设标准》和《高等学校本科教育工作提高教学质量的若干意见》的要求以及目前卓越工程师的培养目标。由于本书内容提倡仿真工具在实验中的应用，因此本书还可作为高职高专、成人教育的无线电、电子对抗、自动化、电气工程、计算机、安全工程等专业的实验教材，以弥补这类办学模式在实验环节方面的不足。

本实验教材由刘泾担任主编，杨利民、靳玉红担任副主编。电路实验部分基础实验模块实验 7、8 由郭颖编写，实验 3、6 由靳玉红编写，实验 1、2 由杨利民编写，实验 4、5 由郭玉英编写；自学开放实验模块实验 1 由杨利民编写，实验 2 由靳玉红编写，实验 3、6 由林伟编写，实验 4 由郭颖编写，实验 5 由郭玉英编写；自主开放实验模块实验 1、2 由林伟编写，实验 3、4、5 由靳玉红编写。电子技术实验部分基础实验模块实验 2、4 由王玉编写，实验 3 由张小京编写，实验 10 由曹文编写；自学开放实验模块实验 5、6、7、8 由刘春梅编写；自学开放实验模块实验 1 由刘春梅编写，实验 3 由曹文编写，实验 4、5、6 由黎恒编写。附录 3 中 DGJ-3 型电工技术实验装置简介由杨利民、靳玉红编写，附录 5 由林伟编写，附录 6 中 Multisim 简介由刘春梅、靳玉红、刘泾编写，附录图片均由林伟、靳玉红老师收集。教材其他内容均由本教材主编编写。

主管教学的尚丽平院长对本书的前言和架构均提出了宝贵的意见，在此表示谢意。

本书由马建国教授担任主审，马建国教授在身患重病的情况下，仍对本教材进行了全面认真的审核，并提出很多宝贵的意见，在此深表感谢。马老师对教育事业的执着精神永远值得我们学习。

同样要感谢我的学生张守峰、周凤、祁文洁、贺梅、刘勇军同学，他们参加了本书内容的绘图、仿真和手稿录入等工作。

　　本实验指导书也参考了相关公司实验设备配套的非正式出版的实验指导讲义和本学院在此之前使用的非正式出版的实验指导书自编讲义的内容，在此向参加过这些实验指导讲义编写的老师一并致谢。

　　由于水平有限，加之时间有限，错误在所难免，欢迎读者批评指正。

编　者

2011 年 5 月

目录

第一部分　电路实验

第二部分　模拟电子技术实验

附　　录

第一部分　电路实验

一　基础实验

实验一　元件伏安特性的测量

元件伏安
特性的测量
PPT

一、实验目的

1. 了解线性电阻和非线性电阻的伏安特性。
2. 学习元件伏安特性的测试方法。
3. 掌握直流电压表、直流毫安表、直流稳压电源、万用表的用法。
4. 掌握仿真工具在实验中的运用，体会"工程仿真"的作用。

二、预习要求

1. 基本要求

（1）根据图 1-1-1-2 和图 1-1-1-4 所示电路，计算线性电阻和实际电压源的理论值；预习二极管的伏安特性。

（2）在仿真软件中进行原理仿真，并在课程提供的虚拟实验设备上进行工程仿真。

2. 估算内容与仿真步骤

1）估算内容

根据实验原理计算线性电阻和实际电压源的理论值，参考表 1-1-1-1 和表 1-1-1-3 自制数据表，将计算的理论值填入其中。

2）仿真步骤

（1）原理仿真（注意：仿真图保存时，要保证再次打开时一定要有数据、波形）

在仿真软件中完成图 1-1-1-2、图 1-1-1-3 和图 1-1-1-4 所示电路，调节可变电阻的值（方法可参考附录十中的实验一），记录下线性电阻、二极管和实际电压源的仿真值，参考表 1-1-1-1、表 1-1-1-2 和表 1-1-1-3 自制数据表，将仿真值填入其中。

虚拟实验
设备

（2）工程仿真（注意：仿真图保存时，要保证再次打开时一定要有数据、波形）

① 在仿真软件中打开课程提供的虚拟实验设备（其他实验项目中的虚拟实验设备与此处的虚拟实验设备相同）。

② 对照原理仿真电路，在虚拟实验设备上找到相同的元器件，完成连线。

③ 运行仿真软件，调节可变电阻，将仿真数据记录在自制的数据表中。

三、实验原理

1. 非线性电阻

非线性电阻的伏安特性不服从欧姆定律，它与电压、电流的方向和大小有关，因此它的伏安特性曲线不是一条通过原点的曲线，可以分为三种类型。

（1）若流过元件的电流是其两端电压的单值函数，则称该元件为电压控制型（N）非线性电阻，隧道二极管就具有这样的伏安特性，如图 1-1-1-1（a）所示。

（2）若元件的电压是流过该元件的电流的单值函数，则称该元件为电流控制型（S）非线性电阻，充气二极管就具有这样的伏安特性，如图 1-1-1-1（b）所示。

（3）若元件的伏安特性曲线是单调增加或单调减少，则该元件既是电压控制型（S）非线性电阻，又是电流控制型（S）非线性电阻，钨丝灯泡等就具有这样的伏安特性，如图 1-1-1-1（c）所示。

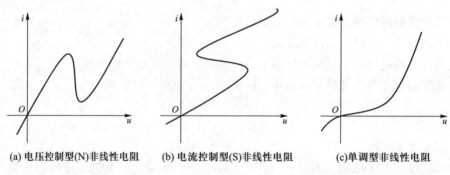

(a) 电压控制型(N)非线性电阻　　(b) 电流控制型(S)非线性电阻　　(c)单调型非线性电阻

图 1-1-1-1　非线性电阻元件的分类

2. 关于电阻伏安特性的测量

电阻的伏安特性可以用实验的方法来测量。一方面，要注意仪表的接法。由于电流表与电阻串联，因此电流表的内阻将起分压的作用；而电压表与电阻并联，故电压表的内阻将起分流的作用，两者直接影响测量结果。因此，要根据被测电阻的大小，合理连接电压表和电流表，尽可能地减少测量误差。另一方面，使用伏安表法测量非线性电阻的伏安特性时，如果非线性电阻是电压控制型的，只能使用可变电压源（也就是说选取电压作为自变量），如果非线性电阻是电流控制型的，只能使用可变电流源（也就是说选取电流作为自变量），否则就不能测试出完整的伏安特性。

四、实验内容与步骤

1. 测量线性电阻的伏安特性

（1）调节直流稳压电源，使其输出为 5 V。

（2）线性电阻的伏安特性测量接线图如图 1-1-1-2 所示，以定值电阻（$R_1 = 200\ \Omega$）为被测线性电阻。

（3）根据电源电压及电阻值估算电压表、电流表的量程，选择合适的电压表、电流表。

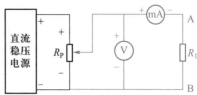

（4）调节可变电阻，使电压表的读数为表 1-1-1-1 所列的各电压值，将对应电流表的读数记入表 1-1-1-1 中。

（5）将直流稳压电源的正负极反向连接，重复步骤（1）~（4），将数据记入表 1-1-1-1 中。

图 1-1-1-2　线性电阻的伏安特性
测量接线图

表 1-1-1-1　线性电阻的伏安特性测量数据表

正向	U/V	1	2	3	4
	I/mA				
反向	U/V	0	-1	-2	-4
	I/mA				

2. 测量非线性电阻——二极管的正向伏安特性

（1）调节直流稳压电源，使其输出电压为 1.5 V。根据二极管正向导通阻值的大小，分析如图 1-1-1-3（a）(b）所示接线中哪个接线图的测量误差更小，并选择合适的接线图进行接线。

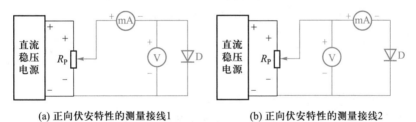

(a) 正向伏安特性的测量接线1　　　　**(b) 正向伏安特性的测量接线2**

图 1-1-1-3　非线性电阻的正向伏安特性测量接线图

（2）调节可变电阻，使电压表的读数为表 1-1-1-2 所列的各电压值。使用直流毫安表，测量对应电流值，并记入表 1-1-1-2 中。

表 1-1-1-2　二极管的正向伏安特性测量数据表［按照图 1-1-1-3（　）接线测得的数据］

	U/V	0	0.3	0.5	0.6	0.7	0.8	0.9
正向	I/mA							

注：（　）中填 a 或 b。

3. 测量实际电压源的伏安特性

将电源输出电压调至 3 V，按图 1-1-1-4 所示接好线路，点画线框中的电路为实际电压源。调节可变电阻 R_P，使电流表的读数为表 1-1-1-3 中所列的各电流值，记录对应的电压值，并填在表 1-1-1-3 中。注意：$I=0$ 时需将可变电阻断开后再测量电压值。

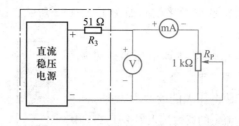

图 1-1-1-4 实际电压源的伏安特性测量接线图

表 1-1-1-3 实际电压源的伏安特性测量数据表

I/mA	0	5	10	15	20	25	30
U/V							

五、线上和线下应交资料及要求

1. 线上应交资料及要求

（1）本实验线上教学资源成绩截图。

（2）实验预习报告。

（3）本实验"原理仿真"所用仿真工具源文件。

（4）本实验"工程仿真"所用仿真工具源文件。

（5）电子版实验报告（将手写的实验报告拍照，编辑成 word 文档）。

在进实验室后，以上 5 种线上资料要按时上交给学习委员。

2. 线下应交资料及要求（手写实验报告）

（1）简写原理/设计过程，详细记录自己的验证过程（最好附上身份证明和能说明实验结果的图片）。

（2）记录实验过程中遇到的问题及解决过程。

（3）根据测量数据，绘制出线性电阻和实际电压源的伏安特性曲线以及二极管的正向伏安特性曲线。

（4）回答思考题。

（5）将实验结果与计算结果和仿真结果对比，分析误差原因。

（6）将实验报告撰写在课程指定的报告纸上，待课程结束后，统一上交给学习委员。

六、实验设备

请根据实际情况如实记录实验中用到的仪器、仪表、实验台及实验板编号、主要元器件（名称、型号、数量）。

七、思考题

1. 为什么电流表不能用来测量电压？稳压电源的正、负极为什么不能短接？

2. 如图 1-1-1-3 所示，在非线性电阻的正向伏安特性测量中，说明选择图（a）或图（b）接线的理由。

八、实验体会

针对实验过程中遇到的问题及解决方法谈谈心得体会。

实验二　实际电源两种模型的等效变换

一、实验目的

1. 了解实际电源的电流源模型及其外特性。
2. 掌握实际电源的电流源模型和实际电源的电压源模型等效变换的条件。
3. 掌握仿真工具在实验中的运用，体会"工程仿真"的作用。

二、预习要求

1. 基本要求

（1）根据图 1-1-2-1、图 1-1-2-2 和图 1-1-2-3 所示电路，计算出实际电源的电流源模型和实际电源的电压源模型的理论值。

（2）在仿真软件中进行原理仿真，并在课程提供的虚拟实验设备上进行工程仿真。

2. 估算内容与仿真步骤

1）估算内容

根据实验原理计算实际电源的电流源模型和实际电源的电压源模型的理论值，参考表 1-1-2-1 自制数据表，将计算的理论值填入其中。

2）仿真步骤

（1）原理仿真（注意：仿真图保存时，要保证再次打开时一定要有数据、波形）

在仿真软件中完成图 1-1-2-1、图 1-1-2-2 和图 1-1-2-3 所示电路，调节可变阻的值，记录下理想电流源、实际电源的电流源模型和实际电源的电压源模型的仿真值，参考表 1-1-2-1 自制数据表，将仿真值填入其中。

（2）工程仿真（注意：仿真图保存时，要保证再次打开时一定要有数据、波形）

① 在仿真软件中打开课程提供的虚拟实验设备。

② 对照原理仿真电路，在虚拟实验设备上找到相同元器件，完成连线。

③ 运行仿真软件，调节可变电阻，将仿真数据记录在自制的数据表中。

三、实验原理

一个实际电源，就其外部特性而言，既可以将其看成一个电压源模型，又可以将其看成一个电流源模型。若视为电压源模型，则可用一个理想电压源 U_S 与一个电阻 R_0 串联的组合来表示；若视为电流源模型，则可用一个理想电流源 I_S 与一个电阻 R_0 并联的组合来表示。如果这两种模型的端口的电流和电压相同，则称这两种模型是等效的，具有相同的外特性。

实际电源两种模型等效变换的条件为：$I_S = U_S/R_0$ 或 $U_S = I_S R_0$。

四、实验内容与步骤

1. 理想电流源伏安特性测试

测试理想电流源伏安特性的电路如图 1-1-2-1 所示，其中 a、b 左边部分是一个理想电流源，它可以向外电路负载 R_L 提供一个恒定电流。调节理想电流源使 $I_C = 8$ mA，然后由小到大调节 R_L，记下电流表的值，观察随着 R_L 的变化，I_C 是否改变。

2. 实际电源的电流源模型伏安特性测试

测试实际电源的电流源模型伏安特性的电路如图 1-1-2-2 所示，其中 a、b 左边部分相当于一个实际电源的电流源模型，$I_C = 8$ mA，$R_S = 1$ kΩ。调节 R_L 使 U_L 为表 1-1-2-1 所列的各电压值，记录下相应的流过 R_L 的电流 I_L，将数据记入表 1-1-2-1 的测量值中。

3. 实际电源两种模型的等效变换验证

根据实际电源两种模型的等效变换条件，调节稳压电源的输出电压为 8 V，再串联一个 $R_S = 1$ kΩ 的电阻，就构成一个实际电源的电压源模型，如图 1-1-2-3 所示。调节 R_L 使其两端电压为表 1-1-2-1 所列的各电压值，记录下相应的电流值，将数据记入表 1-1-2-1 的测量值中。比较测量值和通过等效得到的计算值，得出结论，并绘出实际电源两种模型的外特性曲线。

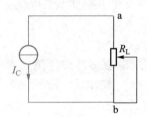
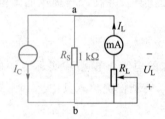
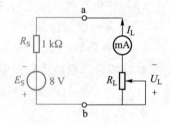

图 1-1-2-1 测试理想电流源 图 1-1-2-2 测试实际电源的 图 1-1-2-3 测试实际电源的
伏安特性的电路   电流源模型伏安特性的电路   电压源模型伏安特性的电路

表 1-1-2-1 实际电源两种模型的等效变换测试数据表

U_L/V	0	0.5	1	1.5	2	2.5	3
I_L/mA 测量值（实际电源的电流源模型）							
I_L/mA 测量值（实际电源的电压源模型）							
误差%							

五、线上和线下应交资料及要求

1. 线上应交资料及要求

（1）本实验线上教学资源成绩截图。

（2）实验预习报告。

（3）本实验"原理仿真"所用仿真工具源文件。

（4）本实验"工程仿真"所用仿真工具源文件。

（5）电子版实验报告（将手写的实验报告拍照，编辑成 word 文档）。

在进实验室后，以上 5 种线上资料要按时上交给学习委员。

2. 线下应交资料及要求（手写实验报告）

（1）简写原理/设计过程，详细记录自己的验证过程（最好附上身份证明和能说明实验结果的图片）。

（2）记录实验过程中遇到的问题及解决过程。

（3）根据测量数据，绘制出理想电流源、实际电源的电流源模型和实际电源的电压源模型的伏安特性曲线。

（4）回答思考题。

（5）将实验结果与计算结果和仿真结果对比，分析误差原因。

（6）将实验报告撰写在课程指定的报告纸上，待课程结束后，统一上交给学习委员。

六、实验设备

请根据实际情况如实记录实验中用到的仪器、仪表、实验台及实验板编号、主要元器件（名称、型号、数量）。

七、思考题

1. 在图 1-1-2-1 中，a、b 左边部分是否可以用一个实际电源的电压源模型等效变换？为什么？

2. 计算表 1-1-2-1 中测量值和仿真值之间的误差，并分析误差产生的原因。

八、实验体会

针对实验过程中遇到的问题及解决方法谈谈心得体会。

实验三　叠加定理和戴维南定理

叠加定理和
戴维南定理
PPT

一、实验目的

1. 用实验方法验证叠加定理。
2. 学习戴维南等效电路参数的测量方法。
3. 用实验方法验证戴维南定理。
4. 掌握仿真工具在实验中的运用，体会"工程仿真"的作用。

二、预习要求

1. 基本要求

（1）根据有源一端口线性网络，按要求自行选择一个电阻，分别计算出当电压源模型、电流源模型分别作用和共同作用时，该电阻的电流和电压的理论值，并且计算出该一端口线性网络的开路电压和等效电阻的理论值。

（2）在仿真软件中进行原理仿真，并在课程提供的虚拟实验设备上进行工程仿真。

2. 估算内容与仿真步骤

1）估算内容

根据实验原理计算当电压源模型、电流源模型分别作用和共同作用时，该电阻的电流和电压的理论值，参考表 1-1-3-1 自制数据表，将计算的理论值填入其中；计算出该一端口线性网络的开路电压和等效电阻的理论值。

2）仿真步骤

（1）原理仿真（注意：仿真图保存时，要保证再次打开时一定要有数据、波形）

在仿真软件中完成各实验内容，记录下所测得的叠加定理和戴维南等效电路参数的仿真值，参考表 1-1-3-1 和表 1-1-3-2 自制数据表，将仿真值填入其中。

（2）工程仿真（注意：仿真图保存时，要保证再次打开时一定要有数据、波形）

① 在仿真软件中打开课程提供的虚拟实验设备。

② 对照原理仿真电路，在虚拟实验设备上找到相同元器件，完成连线。

③ 运行仿真软件，将仿真数据记录在自制的数据表中。

三、实验原理

1. 叠加定理

叠加定理：在线性电阻电路中，某处电压或电流都是由电路中各个独立电源单独作用时，在该处分别产生的电压或电流的叠加。

2. 戴维南定理

戴维南定理：一个含独立电源、线性电阻和受控源的一端口，对外电路来说，可以用一个理想电压源和电阻的串联组合等效，理想电压源电压等于一端口的开路电压，电阻等于一端口除去独立电源后的输入电阻。

（1）戴维南定理中开路电压 U_{oc} 的测量方法

① 直接测量法

用直流电压表可以直接测量一个含独立电源、线性电阻和受控源的一端口 a、b 两端开路时的电压 U_{ab}，此即为开路电压 U_{oc}。

② 补偿法

为避免电压表内阻对测量的影响，可以使用补偿法来测量开路电压 U_{oc}。在 a、b 两端接上一个直流毫安表和一个输出电压可调的理想电压源 U_B，如图 1-1-3-1 所示。调节 U_B，当电流表读数为零时，U_B 即为 a、b 两端的开路电压 U_{oc}。

（2）戴维南定理中等效电阻 R_{eq} 的测量方法

① 直接测量法

由戴维南定理可知，等效电阻等于一端口除去独立电源后的输入电阻。把有源一端口线性网络 N_S 中的理想电压源短路、

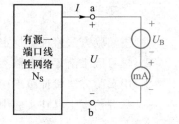

图 1-1-3-1 用补偿法
测开路电压

理想电流源开路后，用万用表欧姆挡测 a、b 两端的电阻，如图 1-1-3-2 所示，即可得到 R_{eq}。

② 开路短路法

由戴维南定理与诺顿定理的转换关系可知 $R_{eq}=U_{oc}/I_{sc}$，式中的 U_{oc} 即为开路电压，可以用上述开路电压的测量方法得到；I_{sc} 为短路电流，可以直接用低内阻电流表测量得到。但

是，如果因为测量短路电流而造成短路电流过大，进而损坏内部元器件时，不宜采用此方法。

③ 在实验中，如果负载电阻 $R_L = R_{eq}$，则回路中电流为短路串流 I_{sc} 的一半，此方法称为半偏法，如图 1-1-3-3 所示。

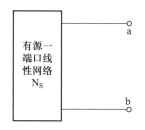 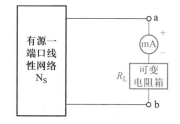

图 1-1-3-2　用直接测量法测等效电阻　　　图 1-1-3-3　用半偏法测等效电阻

四、实验内容与步骤

1. 验证叠加定理

（1）先把理想电压源和理想电流源按照电路板上所需值调节正确，然后关掉两个电源。（注意：理想电流源的输出必须有闭合回路。）

（2）如图 1-1-3-4 所示，自行选择一个固定电阻（阻值<2 000 Ω），接在 a、b 两端，分别测量出当理想电压源、理想电流源分别作用和共同作用时，流过固定电阻的电流 I 及固定电阻两端的电压 U，将数据填入表 1-1-3-1 中。根据所测数据，验证是否符合叠加定理。

注意：当理想电流源单独作用时，理想电压源应该短路，此时理想电压源应该先关掉，再短路。

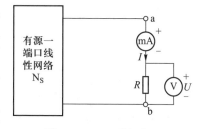

图 1-1-3-4　叠加定理

表 1-1-3-1　验证叠加定理数据表

条件	电流 I	电压 U
理想电压源单独作用		
理想电流源单独作用		
电流或电压的代数和		
理想电压源、理想电流源同时作用		

2. 验证戴维南定理

（1）开路电压 U_{oc} 的测量

① 按图 1-1-3-5（a）接线，用万用表测量 a、b 两端的开路电压 U_{oc1}，将数据记入表 1-1-3-2 中。

② 用补偿法测量 a、b 两端的开路电压 U_{oc2}，将数据记入表 1-1-3-2 中。

③ 比较 U_{oc1} 和 U_{oc2}，计算其算术平均值 U_{oc}。

（2）等效电阻 R_{eq} 的测量

① 按图 1-1-3-5（b）接线，用直流毫安表测量短路电流 I_{sc}，将数据记入表 1-1-3-2

中。根据前面测得的开路电压 U_{oc} 和短路电流 I_{sc}，由公式 $R_{eq1} = U_{oc}/I_{sc}$ 计算 R_{eq1}，将数据记入表 1-1-3-2 中。

② 用半偏法测 a、b 两端的电阻 R_{eq2}，将数据记入表 1-1-3-2 中。

③ 当理想电压源短路、理想电流源开路时，用万用表测量 a、b 两端的等效电阻 R_{eq3}，将数据记入表 1-1-3-2 中。

④ 比较 R_{eq1}、R_{eq2} 和 R_{eq3}，计算等效电阻 R_{eq}。

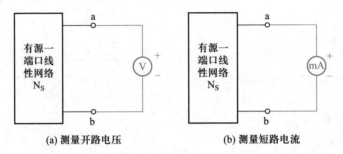

图 1-1-3-5 开路电压 U_{oc} 和短路电流 I_{sc} 的测量电路

表 1-1-3-2 戴维南等效电路参数的测量数据表

U_{oc1}/V	U_{oc2}/V	$[U_{oc} = (U_{oc1}+U_{oc2})/2]/V$	I_{sc}/mA	R_{eq1}/Ω	R_{eq2}/Ω	R_{eq3}/Ω	$[R_{eq} = (R_{eq1}+R_{eq2}+R_{eq3})/3]/\Omega$

（3）验证戴维南定理

① 按图 1-1-3-6（a）接线，通过调节电阻 R_L，使电流为表 1-1-3-3 所列的各电流值，用直流电压表测量出电阻 R_L 两端的电压 U_L，将数据记入表 1-1-3-3 中。

② 按图 1-1-3-6（b）接线，通过调节电阻 R_L 的参数，使电流为表 1-1-3-3 所列的各电流值，用直流电压表测量出电阻 R_L 两端的电压 U_L'，将数据记入表 1-1-3-3 中。

③ 比较原电路和等效电路的参数，并在同一坐标平面图上绘制原电路及等效电路的外部伏安特性曲线。

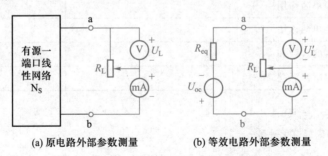

图 1-1-3-6 验证戴维南定理的测量电路

表 1-1-3-3 原网络和等效网络外部参数测量数据表

	I_L/mA	12	15	20	25	30
原电路	U_L/V					
等效电路	U_L'/V					

五、线上和线下应交资料及要求

1. 线上应交资料及要求

（1）本实验线上教学资源成绩截图。

（2）实验预习报告。

（3）本实验"原理仿真"所用仿真工具源文件。

（4）本实验"工程仿真"所用仿真工具源文件。

（5）电子版实验报告（将手写的实验报告拍照，编辑成 word 文档）。

进实验室后，以上 5 种线上资料要按时上交给学习委员。

2. 线下应交资料及要求（手写实验报告）

（1）简写原理/设计过程，详细记录自己的验证过程（最好附上身份证明和能说明实验结果的图片）。

（2）记录实验过程中遇到的问题及解决过程。

（3）根据测量数据，绘制出原网络和等效网络的伏安特性曲线。

（4）回答思考题。

（5）将实验结果与计算结果和仿真结果对比，分析误差原因。

（6）将实验报告撰写在课程指定的报告纸上，待课程结束后，统一上交给学习委员。

六、实验设备

请根据实际情况如实记录实验中用到的仪器、仪表、实验台及实验板编号、主要元器件（名称、型号、数量）。

七、思考题

1. 总结测量戴维南等效电路参数 U_{oc} 和 R_{eq} 的几种方法。

2. 查阅资料，画出用半偏法测等效电阻 R_{eq} 的原理图并简述工作原理。

八、实验体会

针对实验过程中遇到的问题及解决方法谈谈心得体会。

实验四　一阶电路的设计

一阶电路的
设计 PPT

一、实验目的

1. 测量一阶 RC 电路的零输入响应、零状态响应和全响应。

2. 学习电路时间常数的测量方法。

3. 掌握有关微分和积分电路的概念。

4. 进一步学会使用示波器观测波形。

5. 掌握仿真工具在实验中的运用，体会"工程仿真"的作用。

二、预习要求

1. 基本要求

（1）根据图 1-1-4-1 所示电路，计算出全响应的时间常数 τ 的理论值，并分析响应波形。

（2）在仿真软件中进行原理仿真，并在课程提供的虚拟实验设备上进行工程仿真。

2. 估算内容与仿真步骤

1）估算内容

根据实验原理计算一阶 RC 电路全响应的时间常数 τ 的理论值，设计由方波产生三角波的电路。

2）仿真步骤

（1）原理仿真（注意：仿真图保存时，要保证再次打开时一定要有数据、波形）

在仿真软件中完成图 1-1-4-1 所示电路，记录下全响应的时间常数 τ 的仿真值和各响应波形图。

（2）工程仿真（注意：仿真图保存时，要保证再次打开时一定要有数据、波形）

① 在仿真软件中打开课程提供的虚拟实验设备。

② 对照原理仿真电路，在虚拟实验设备上找到相同元器件，完成连线。

③ 运行仿真软件，记录下全响应的时间常数 τ 的仿真值和各响应的波形图。

三、实验原理

1. 如图 1-1-4-1 所示，一阶 RC 电路的零输入响应和零状态响应分别按指数规律衰减和增长，其变化的快慢取决于电路的时间常数 τ。

2. 全响应时间常数 τ 的定义如图 1-1-4-2 所示。

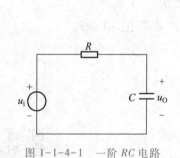

图 1-1-4-1　一阶 RC 电路　　　　图 1-1-4-2　全响应时间常数 τ 的定义

四、实验内容与步骤

此实验电路均为图 1-1-4-1 所示一阶 RC 电路，u_i 为函数发生器输出的矩形波电压信号（$U_m = 3$ V，$f = 1$ kHz），通过一根同轴线将激励源 u_i 加至示波器的一个输入口，另一根同轴线经过 R 或 C 输出至示波器。

1. 观测一阶电路的全响应

从电路板上选择 $R = 10$ kΩ，$C = 6\ 800$ pF 组成 RC 充放电电路，从 C 输出。观察激励源与响应的波形，请在示波器上测算出时间常数 τ，记录输入、输出波形（此时示波器应打在双踪位置）。

2. 积分电路

令 $R = 10\ \text{k}\Omega$，$C = 0.1\ \mu\text{F}$，从 C 输出。观察并记录输入、输出波形，继续增大 C 值，定性地观察其对响应的影响。

3. 微分电路

令 $R = 1\ \text{k}\Omega$，$C = 0.01\ \mu\text{F}$，从 R 输出。在同样的方波激励信号 u_i（$U_m = 3\ \text{V}$，$f = 1\ \text{kHz}$）的作用下，观察并记录输入、输出波形。

4. 产生三角波

自行设计由方波产生三角波的电路，并把三角波在示波器上进行显示（先根据理论知识计算 τ 的值，再选择元件），记下此时 R、C 的值。

以上各波形需及时拍下照片。

五、线上和线下应交资料及要求

1. 线上应交资料及要求

（1）本实验线上教学资源成绩截图。

（2）实验预习报告。

（3）本实验"原理仿真"所用仿真工具源文件。

（4）本实验"工程仿真"所用仿真工具源文件。

（5）电子版实验报告（将手写的实验报告拍照，编辑成 word 文档）。

进实验室后，以上 5 种线上资料要按时上交给学习委员。

2. 线下应交资料及要求（手写实验报告）

（1）简写原理/设计过程，详细记录自己的验证过程（最好附上身份证明和能说明实验结果的图片）。

（2）记录实验过程中遇到的问题及解决过程。

（3）根据实验结果，绘制出各响应波形。

（4）回答思考题。

（5）将实验结果与计算结果和仿真结果对比，分析误差原因。

（6）将实验报告撰写在课程指定的报告纸上，待课程结束后，统一上交给学习委员。

六、实验设备

请根据实际情况记录实验中用到的仪器、仪表、实验台及实验板编号、主要元器件（名称、型号、数量）。

七、思考题

分别简述积分电路与微分电路产生的条件是什么。

八、实验体会

针对实验过程中遇到的问题及解决方法谈谈心得体会。

实验五　交流参数的确定

交流参数的
确定 PPT

一、实验目的

1. 学习用交流电流表、交流电压表和功率表测量交流电路元器件参数的方法。

2. 掌握调压变压器和功率表的正确使用。

3. 研究线性电阻、电容、电感在不同频率的正弦交流回路中的电阻及电抗（容抗和感抗）值，即元器件的频率特性。

4. 掌握仿真工具在实验中的运用，体会"工程仿真"的作用。

二、预习要求

1. 基本要求

（1）根据实验内容，自行选择电阻、电容和电感参数，计算出各被测元器件参数的理论值。

（2）在仿真软件中进行原理仿真，并在课程提供的虚拟实验设备上进行工程仿真。

2. 估算内容与仿真步骤

1）估算内容

根据实验原理，计算各被测元器件参数的理论值，参考表 1-1-5-1 自制数据表，将计算的理论值填入其中。

2）仿真步骤

（1）原理仿真（注意：仿真图保存时，要保证再次打开时一定要有数据、波形）

在仿真软件中完成各被测元件的接线，记录下各被测元器件参数的仿真值，参考表 1-1-5-1 自制数据表，将仿真值填入其中。

（2）工程仿真（注意：仿真图保存时，要保证再次打开时一定要有数据、波形）

① 在仿真软件中打开课程提供的虚拟实验设备。

② 对照原理仿真电路，在虚拟实验设备上找到相同元器件，完成连线。

③ 运行仿真软件，将仿真数据记录在自制的数据表中。

三、实验原理

1. 功率表的使用

（1）接线

一般功率表分电压线圈($^*U$、U)和电流线圈（$^*I$、I）。在接线时，使相线先从 $^*U$ 进入功率表的电压线圈，再从 U 的接线柱回到中性线；将表中两个接线柱 $^*U$ 和 $^*I$ 短接，使电流线圈串联，相线的电流从 $^*I$ 进入功率表电流线圈，从 I 流出来，接电路后面的元件。

（2）读数

此功率表是数字式功率表，可直接读出有功功率 P 和功率因数 $\cos \varphi$，以及判断出负载是感性负载还是容性负载。

2. 实际电阻、电容和电感的等效模型

在正弦交流电路中，理想电阻、电容、电感的电阻和电抗分别为 R、$X_C = 1/\omega C$、$X_l = \omega L$，它们是随电路的频率变化而变化的。实际的电容可以做到漏电损耗很小，实验时常常可以把它当作理想电容看待。实际的电感一定含有一些电阻，实验时多半情况下不能把它看成理想元器件，它的等效电路为一个理想电感和一个电阻的串联电路。

3. 三表法测交流参数

交流电路元器件的等值参数 R、L、C 可以用交流电压表、交流电流表和功率表按图 1-1-5-1 所示的接线方法测量获得，此法称为"三表法"。

根据三表读数，可计算出：$|Z| = U/I$，$\cos \varphi = P/(UI)$。

（1）如果被测元器件是一个元件，则：$R = |Z| \cos \varphi$，$L = (|Z| \sin \varphi)/\omega$，$C = 1/(\omega |Z| \sin \varphi)$；

（2）如果被测元器件是一个无源一端口网络，则根据三表读数可计算出网络的等效参数：$R = |Z| \cos \varphi$，$X = |Z| \sin \varphi$。

当不能判断 X 是等值的容抗还是感抗，即无

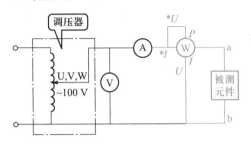

图 1-1-5-1　三表法接线方法

法确定一端口网络的电抗是正还是负时，可用如下方法来判断：

（1）在被测无源一端口网络并接一只适当容量的试验电容器，若端口电流增加，则网络为容性，反之为感性；

（2）利用示波器测量阻抗元件的电流及端电压之间的关系，电流超前电压为容性，电流滞后电压为感性；

（3）电路中接入功率因数表，从表上直接读出被测阻抗的 $\cos \varphi$ 值，读数超前为容性，读数滞后为感性。

四、实验内容与步骤

1. 通电源前，将调压器旋至零位，待老师检查后才能合上电源开关，慢慢调压至所要求值。

2. 分别将镇流器、电感线圈及电容等被测元器件按图 1-1-5-1 所示接入电路，调节电压 U 使之为 100 V，测量出相应的 I/mA、P/W 和 $\cos \varphi$，并计算出各参数值。

3. 测量完毕，将单相调压器回零，断开电源。

表 1-1-5-1　元器件接线方式及测量数据表

步骤	被测元器件连接方式	测量值				计算值					
		I/mA	U/V	P/W	$\cos \varphi$	$|Z|/\Omega$	R/Ω	X/Ω	L/H	$C/\mu\text{F}$	$\cos \varphi$
1	R L		100								

续表

步骤	被测元器件 连接方式	测量值				计算值					
		I/mA	U/V	P/W	$\cos\varphi$	$\lvert Z\rvert/\Omega$	R/Ω	X/Ω	L/H	$C/\mu\text{F}$	$\cos\varphi$
2	C		100								
3	R L C		100								

五、线上和线下应交资料及要求

1. 线上应交资料及要求

（1）本实验线上教学资源成绩截图。

（2）实验预习报告。

（3）本实验"原理仿真"所用仿真工具源文件。

（4）本实验"工程仿真"所用仿真工具源文件。

（5）电子版实验报告（将手写的实验报告拍照，编辑成 word 文档）。

进实验室后，以上 5 种线上资料要按时上交给学习委员。

2. 线下应交资料及要求（手写实验报告）

（1）简写原理/设计过程，详细记录自己的验证过程（最好附上身份证明和能说明实验结果的图片）。

（2）记录实验过程中遇到的问题及解决过程。

（3）回答思考题。

（4）将实验结果与计算结果和仿真结果对比，分析误差原因。

（5）将实验报告撰写在课程指定的报告纸上，待课程结束后，统一上交给学习委员。

六、实验设备

请根据实际情况如实记录实验中用到的仪器、仪表、实验台及实验板编号、主要元器件（名称、型号、数量）。

七、思考题

试讨论当 $\omega\to 0$ 和 $\omega\to\infty$ 时，电容和电感的电抗值，并从理论上分析它们在直流和交流电路中的作用。

八、实验体会

针对实验过程中遇到的问题及解决方法谈谈心得体会。

实验六　单相交流电路

单相交流
电路 PPT

一、实验目的

1. 了解荧光灯安装方法。

2. 学习提高感性负载功率因数的方法。

3. 掌握仿真工具在实验中的运用，体会"工程仿真"的作用。

二、预习要求

1. 基本要求

（1）如图 1-1-6-2 所示电路，取镇流器参数为 $R = 70\ \Omega$、$L = 1.6\mathrm{H}$，荧光灯灯管参数为 $R = 230\ \Omega$，计算出没有并联电容和并联不同参数电容时的理论值。

（2）在仿真软件中进行原理仿真，并在课程提供的虚拟实验设备上进行工程仿真。

2. 估算内容与仿真步骤

1）估算内容

根据实验原理，计算没有并联电容和并联不同参数电容时的理论值，参考表 1-1-6-1 自制数据表，将计算的理论值填入其中。

2）仿真步骤

（1）原理仿真（注意：仿真图保存时，要保证再次打开时一定要有数据、波形）

在仿真软件中完成图 1-1-6-2 所示电路，记录下没有并联电容和并联不同参数电容时的仿真值，参考表 1-1-6-1 自制数据表，将仿真值填入其中。

（2）工程仿真（注意：仿真图保存时，要保证再次打开时一定要有数据、波形）

① 在仿真软件中打开课程提供的虚拟实验设备。

② 对照原理仿真电路，在虚拟实验设备上找到相同元器件，完成连线。

③ 运行仿真软件，将仿真数据记录在自制的数据表中。

三、实验原理

1. 正确安装荧光灯灯管（荧光灯工作原理图如图 1-1-6-1 所示）、启动器和镇流器。

2. 感性负载功率因数的提高。

实际应用中，感性负载很多，如电动机、变压器，以及配有镇流器的日常照明用的荧光灯，这些感性负载的功率因数很低，传输效率低，发电设备的容量得不到充分利用。因此，应该设法提高其功率因数。通常是在感性负载的两端并联一个电容器，这样可以通过流过电容器的容性电流补偿感性负载的感性电流。此时负载消耗的有功功率虽然不变，但由于功率因数提高了，故输电线路上的总电流减小，线路压降减小，线路损耗降低。

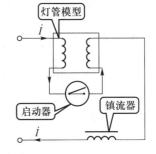

图 1-1-6-1　荧光灯
工作原理图

四、实验内容与步骤

1. 按图 1-1-6-2 所示荧光灯接线图接线，经老师检查后，合上电源。

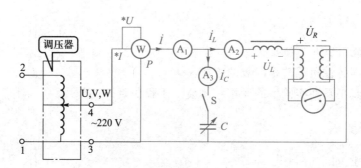

图 1-1-6-2　荧光灯接线图

2. 调节调压器，使荧光灯能正常发光后，将相电压调至 220 V，测出对应的电压、电流、功率及功率因数，将数据记入表 1-1-6-1 中，并计算功率因数。

表 1-1-6-1　无电容时各参数的数据表

电容	测量值								计算值
	U/V	U_R/V	U_L/V	I/A	I_L/A	I_C/A	P/W	$\cos\varphi$	$\cos\varphi$
无	220								

3. 闭合开关 S，接入电容 C，将并联电容按表 1-1-6-2 中的顺序从小到大增加，测出各种情况下的电压、电流、功率及功率因数，并计算功率因数。

表 1-1-6-2　并接电容后各参数的数据表

电容	测量值								计算值
	U/V	U_R/V	U_L/V	I/A	I_L/A	I_C/A	P/W	$\cos\varphi$	$\cos\varphi$
1 μF	220								
2.2 μF	220								
4.2 μF	220								

五、线上和线下应交资料及要求

1. 线上应交资料及要求

（1）本实验线上教学资源成绩截图。

（2）实验预习报告。

（3）本实验"原理仿真"所用仿真工具源文件。

（4）本实验"工程仿真"所用仿真工具源文件。

（5）电子版实验报告（将手写的实验报告拍照，编辑成 word 文档）。

进实验室后，以上 5 种线上资料要按时上交给学习委员。

2. 线下应交资料及要求（手写实验报告）

（1）简写原理/设计过程，详细记录自己的验证过程（最好附上身份证明和能说明实验结果的图片）。

（2）记录实验过程中遇到的问题及解决过程。

（3）根据测量数据，绘制 $\cos\varphi = f(C)$ 和 $I = f(C)$ 的曲线。

（4）回答思考题。

（5）将实验结果与计算结果和仿真结果对比，分析误差原因。

（6）将实验报告撰写在课程指定的报告纸上，待课程结束后，统一上交给学习委员。

六、实验设备

请根据实际情况如实记录实验中用到的仪器、仪表、实验台及实验板编号、主要元器件（名称、型号、数量）。

七、思考题

1. 画出相量图，分析在感性负载端并联适当的电容以后，可以提高负载的功率因数的原理。

2. 串联电容能否达到提高功率因数的目的？为什么不采用串联电容提高功率因数？

八、实验体会

针对实验过程中遇到的问题及解决方法谈谈心得体会。

实验七　三相交流电路的分析

三相交流
电路的分析
PPT

一、实验目的

1. 掌握对称三相电路线电压与相电压、线电流与相电流之间的数量关系。

2. 了解三相四线制供电线路中中性线的作用。

3. 学习电阻性负载的星形和三角形联结方法。

4. 掌握仿真工具在实验中的运用，体会"工程仿真"的作用。

二、预习要求

1. 基本要求

（1）如图 1-1-7-1 和图 1-1-7-2 所示电路，所用白炽灯参数为 220 V、15 W，计算出负载星形联结和三角形联结时各参数的理论值。

（2）在仿真软件中进行原理仿真，并在课程提供的虚拟实验设备上进行工程仿真。

2. 估算内容与仿真步骤

1）估算内容

根据实验原理计算出负载星形联结和三角形联结时各参数的理论值，参考表 1-1-7-2

和表 1-1-7-3 自制数据表，将计算的理论值填入其中。

2）仿真步骤

（1）原理仿真（注意：仿真图保存时，要保证再次打开时一定要有数据、波形）

在仿真软件中完成图 1-1-7-1 和图 1-1-7-2 所示电路，记录下各种情况下电路参数的仿真值，参考表 1-1-7-2 和表 1-1-7-3 自制数据表，将仿真值填入其中。

（2）工程仿真（注意：仿真图保存时，要保证再次打开时一定要有数据、波形）

① 在仿真软件中打开课程提供的虚拟实验设备。

② 对照原理仿真电路，在虚拟实验设备上找到相同元器件，完成连线。

③ 运行仿真软件，将仿真数据记录在自制的数据表中。

三、实验原理

三相负载有三角形和星形两种联结方式。星形联结可以采用三相四线制或三相三线制供电，三角形联结只能用三相三线制供电。三相电路中的负载有对称和不对称两种情况。在对称三相电路中，由理论可知：三角形联结时 $I_{线} = \sqrt{3}\, I_{相}$，$U_{线} = U_{相}$；星形联结时 $U_{线} = \sqrt{3}\, U_{相}$，$I_{线} = I_{相}$。不对称三相电路多采用三相四线制，因为不对称三相负载联结成星形又不接中性线时，负载端电压中性点的位移会造成各相电压不对称，严重时会使负载的工作状态不正常，甚至损坏负载，所以在不对称三相电路中，中性线是必不可少的，它可以保证各相负载电压对称，使各相间互不影响。

四、实验内容与步骤

1. 测量三相电源的线电压和相电压

用调压器把线电压 U_{UV} 调到 220 V，用交流电压表测量三相电源的线电压和相电压，将数据记入表 1-1-7-1 中。

表 1-1-7-1　三相电源数据表

U_{UV}/V	U_{VW}/V	U_{WU}/V	U_{UN}/V	U_{VN}/V	U_{WN}/V
220					

2. 三相负载星形联结

对称负载时白炽灯全亮，不对称负载时 A 相白炽灯断开 1 个，B 相白炽灯断开 2 个，C 相白炽灯不断开。

图 1-1-7-1 为三相负载星形联结接线图。将测量数据填入表 1-1-7-2 中。

（1）对称负载有/无中性线时：测量各相线电压和相电压，验证二者是否有 $\sqrt{3}$ 的关系；

（2）对称负载有/无中性线时：测量各线（相）电流、中性线电流（无中性线时不测中性线电流）；

（3）不对称负载时：重复上面（1）和（2）两步，观察并记录有中性线和无中性线时各相白炽灯的亮度。

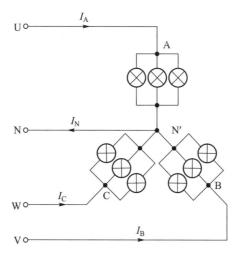

图 1-1-7-1　三相负载星形联结接线图

表 1-1-7-2　三相负载星形联结数据表

负载	测试项目										
	U_{AB}/V	U_{BC}/V	U_{CA}/V	U_{AN}/V	U_{BN}/V	U_{CN}/V	$U_{NN'}/V$	I_A/A	I_B/A	I_C/A	I_N/A
对称负载有中性线											
对称负载无中性线											
不对称负载有中性线											
不对称负载无中性线											

3. 三相负载三角形联结

图 1-1-7-2 为三相负载三角形联结接线图。将测量数据填入表 1-1-7-3 中。

（1）对称负载时：测量三相负载的线电压（相电压）和三相负载的线电流与相电流。

（2）不对称负载时：测量三相负载的线电压（相电压）和三相负载的线电流与相电流。

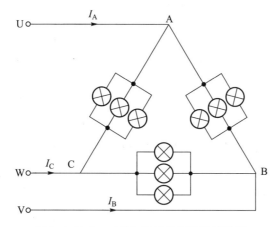

图 1-1-7-2　三相负载三角形联结接线图

表 1-1-7-3

负载	测试项目								
	U_{AB}/V	U_{BC}/V	U_{CA}/V	I_A/A	I_B/A	I_C/A	I_{AB}/A	I_{BC}/A	I_{CA}/A
对称负载									
不对称负载									

五、线上和线下应交资料及要求

1. 线上应交资料及要求

（1）本实验线上教学资源成绩截图。

（2）实验预习报告。

（3）本实验"原理仿真"源文件所用仿真工具。

（4）本实验"工程仿真"源文件所用仿真工具。

（5）电子版实验报告（将手写的实验报告拍照，编辑成 word 文档）。

进实验室后，以上 5 种线上资料要按时上交给学习委员。

2. 线下应交资料及要求（手写实验报告）

（1）简写原理/设计过程，详细记录自己的验证过程（最好附上身份证明和能说明实验结果的图片）。

（2）记录实验过程中遇到的问题及解决过程。

（3）根据测量数据，验证对称三相电路中线电压与相电压、线电流与相电流的关系。

（4）回答思考题。

（5）将实验结果与计算结果和仿真结果对比，分析误差原因。

（6）将实验报告撰写在课程指定的报告纸上，待课程结束后，统一上交给学习委员。

六、实验设备

请根据实际情况如实记录实验中用到的仪器、仪表、实验台及实验板编号、主要元器件（名称、型号、数量）。

七、思考题

1. 采用三相四线制时，中性线为什么不允许装熔断器？

2. 不对称负载无中性线星形联结时，哪相的白炽灯最亮？哪相的白炽灯最暗？为什么？

八、实验体会

针对实验过程中遇到的问题及解决方法谈谈心得体会。

实验八　三相功率的测量

三相功率的
测量 PPT

一、实验目的

1. 学习用一表法测量三相功率的方法。

2. 学习用二表法测量三相功率的方法。

3. 掌握仿真工具在实验中的运用，体会"工程仿真"的作用。

二、预习要求

1. 基本要求

（1）如图 1-1-8-2、图 1-1-8-3 和图 1-1-8-4 所示电路，所用白炽灯参数为 220 V、15 W，按实验内容计算出各三相功率的理论值。

（2）在仿真软件中进行原理仿真，并在课程提供的虚拟实验设备上进行工程仿真。

2. 估算内容与仿真步骤

1）估算内容

根据实验原理计算各三相功率的理论值，记录计算的理论值。

2）仿真步骤

（1）原理仿真（注意：仿真图保存时，要保证再次打开时一定要有数据、波形）

在仿真软件中完成图 1-1-8-4、图 1-1-8-5、图 1-1-8-6 和图 1-1-8-7 所示电路，记录功率表的仿真值。

（2）工程仿真（注意：仿真图保存时，要保证再次打开时一定要有数据、波形）

① 在仿真软件中打开课程提供的虚拟实验设备。

② 对照原理仿真电路，在虚拟实验设备上找到相同元器件，完成连线。

③ 运行仿真软件，记录仿真数据。

三、实验原理

1. 单相功率表的基本原理

单相正弦交流电路中的负载所消耗的功率 P 为：$P = UI\cos\varphi$。其中，U 为功率表电压线圈所跨接的电压；I 为流过功率表电流线圈的电流；φ 为 $\dot{U}$ 和 $\dot{I}$ 之间的相位差。单相功率表的原理图如图 1-1-8-1 所示。

2. 一表法测量有功功率 P

在对称三相电路中，各相负载吸收的功率相同，因此只需要测量一相功率就可以了，如图 1-1-8-2 所示。

$$P = 3U_{相} I_{相} \cos\varphi = \sqrt{3} U_{线} I_{线} \cos\varphi$$

3. 二表法测量有功功率 P

三相三线制电路中，不论负载对称与否，通常都是用两只功率表测量三相功率，又称二表法，如图 1-1-8-3 所示。

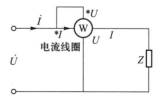

图 1-1-8-1　单相功率表的原理图

23

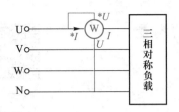
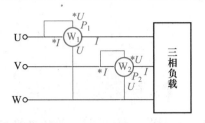

图 1-1-8-2　一表法测量有功功率 P　　　　图 1-1-8-3　二表法测量有功功率 P

三相负载所消耗的总功率 P 为两只功率表读数的代数和，即

$$P = P_1 + P_2 = U_{UW} I_U \cos \varphi_1 + U_{VW} I_V \cos \varphi_2 = P_U + P_V + P_W$$

式中，P_1、P_2 分别表示两只功率表的读数，利用瞬时表达式可以推出上述结论。

使用二表法测量有功功率时的注意事项如下。

（1）二表法只适用于三相三线制电路，三相四线制电路不适用。

（2）图 1-1-8-3 只是二表法的一种接线方式，而一般接线原则为：

① 两只功率表的电流线圈分别串接入任意两相相线，电流线圈 $^*I$ 端必须接在电源一侧；

② 两只功率表的电压线圈 $^*U$ 端必须各自接到电流线圈的 $^*I$ 端，而两只功率表的电压线圈 U 端必须同时接到没有接入功率表电流线圈的第三相相线上。

4. 二表法测量无功功率 Q_1

在对称三相电路中，可以用"二表法"测得的读数 P_1 和 P_2 来计算负载的无功功率 Q_1，关系式为

$$Q_1 = \sqrt{3} (P_1 - P_2)$$

5. 一表法测量无功功率 Q_2

在对称三相电路中，可以用一只功率表来测量对称三相电路的无功功率 Q_2，即将功率表的电流线圈串接于任一相线，而将电压线圈跨接到另外两相相线之间，如图 1-1-8-4 所示。

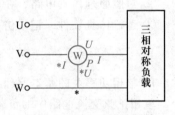

对称三相电路的无功功率为

$$Q_2 = \sqrt{3} P$$

图 1-1-8-4　一表法测量
无功功率 Q_2

P 是功率表的读数，单独来看没有任何的物理含义。

四、实验内容与步骤

1. 一表法测量有功功率 P

按图 1-1-8-5 接线，用一只功率表测量电阻性对称三相负载的单相功率 P_P，则三相总功率 $P = 3P_P$。

2. 二表法测量有功功率 P

（1）电阻性负载

按图 1-1-8-6 接线，将电阻性负载接成对称与不对称两种情况，分别用二表法测量，将两次测量的 P_1 和 P_2 填入表 1-1-8-1 中，并计算 P 值。

24

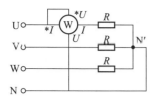

图 1-1-8-5　一表法测量有功功率 P

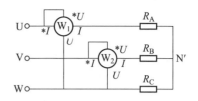

图 1-1-8-6　二表法测量电阻性负载有功功率

表 1-1-8-1　二表法测量有功功率数据表

电容	负载	P_1	P_2	$P = P_1 + P_2$
无	对称			
	不对称			
有	对称			
	不对称			

（2）电容性负载

按图 1-1-8-7 接线，将电容性负载接成对称（电容 C 相同，$R_A = R_B = R_C$）与不对称（电容 C 相同，$R_A \neq R_B \neq R_C$）两种情况，分别用二表法测量，将两次测量的 P_1 和 P_2 填入表 1-1-8-1 中，并计算 P 值。

3. 一表法测量对称三相容性负载的无功功率 Q_2

按图 1-1-8-4 接线，用一只功率表测量对称三相容性负载的无功功率 Q_2，并与用二表法测量得到的无功功率 Q_1 相比较。

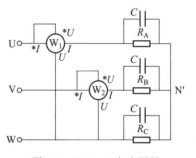

图 1-1-8-7　二表法测量
电容性负载有功功率

五、线上和线下应交资料及要求

1. 线上应交资料及要求

（1）本实验线上教学资源成绩截图。

（2）实验预习报告。

（3）本实验"原理仿真"所用仿真工具源文件。

（4）本实验"工程仿真"所用仿真工具源文件。

（5）电子版实验报告（将手写的实验报告拍照，编辑成 word 文档）。

进实验室后，以上 5 种线上资料要按时上交给学习委员。

2. 线下应交资料及要求（手写实验报告）

（1）简写原理/设计过程，详细记录自己的验证过程（最好附上身份证明和能说明实验结果的图片）。

（2）记录实验过程中遇到的问题及解决过程。

（3）回答思考题。

（4）将实验结果与计算结果和仿真结果对比，分析误差原因。

（5）将实验报告撰写在课程指定的报告纸上，待课程结束后，统一上交给学习委员。

六、实验设备

请根据实际情况如实记录实验中用到的仪器、仪表、实验台及实验板编号、主要元器件（名称、型号、数量）。

七、思考题

1. 表 1-1-8-1 中第一行的 P 值与第三行的 P 值理论上应该相等，根据实验得出的数据，分析其误差。

2. 测量对称负载的三相功率时，用一表法和二表法都可以，哪种方法更准确，为什么？

3. 无功功率的计算值 Q_1 应从表 1-1-8-1 中哪一行得到？

八、实验体会

针对实验过程中遇到的问题及解决方法谈谈心得体会。

二　自学开放实验

实验一　基尔霍夫定律

基尔霍夫
定律 PPT

一、实验目的

1. 加深对参考方向的理解。
2. 加深对基尔霍夫定律的理解。

二、预习要求

1. 预习电路参考方向与实际方向的关系。
2. 预习基尔霍夫定律。
3. 仿真实验内容。

三、实验原理

基尔霍夫定律是集总电路的基本定律，包括基尔霍夫电流定律和基尔霍夫电压定律。

基尔霍夫电流定律：在集总电路中，任何时刻，对任一节点，所有流入该节点的支路电流代数和为零。

基尔霍夫电压定律：在集总电路中，任何时刻，沿任一回路，所有支路的电压降的代数和为零。

四、实验内容与步骤

1. 按图 1-2-1-1 接线。实验前先任意设定三条支路和三个闭合回路的电流正方向。

2. 分别将两路直流稳压电源接入电路。

3. 熟悉电流插头的结构，将电流插头的两端接至直流数字毫安表的"+、-"两端，测各支路电流值，将数据记入表 1-2-1-1 中。

4. 用直流数字电压表分别测量两路电源及电阻元件上的电压值，将数据记入表 1-2-1-1 中。

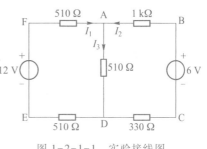

图 1-2-1-1 实验接线图

表 1-2-1-1 实验数据表

	I_1/mA	I_2/mA	I_3/mA	U_{FE}/V	U_{BC}/V	U_{FA}/V	U_{AB}/V	U_{AD}/V	U_{CD}/V	U_{DE}/V
计算值										
测量值										
绝对误差										

五、实验报告要求

1. 根据实验数据总结结论。
2. 根据基尔霍夫实验数据，选定节点 A，验证 KCL 的正确性。
3. 根据基尔霍夫实验数据，选定实验电路中的任意闭合回路，验证 KVL 的正确性。
4. 回答思考题。

六、实验设备

请根据实际情况如实记录实验中用到的仪器、仪表、实验台及实验板编号、主要元器件（名称、型号、数量）。

七、思考题

1. 双下标表示的电压（如 U_{AB}）与直流电压表上正负极性端的对应关系是什么？
2. 在实验测量电压、电流值时，仪表显示为负值，是否要将负号去掉后再记录？说明原因。

八、实验体会

针对实验过程中遇到的问题及解决方法谈谈心得体会。

实验二　受控源的研究

一、实验目的

1. 测试受控源的外特性及其转移参数。
2. 进一步理解受控源的物理概念。
3. 加深对受控源的认识。

二、预习要求

1. 预习受控源相关知识。
2. 仿真实验内容。

三、实验原理

1. 受控源类型
受控源有四种类型，如图 1-2-2-1 所示。

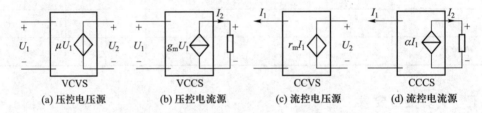

| (a) 压控电压源 | (b) 压控电流源 | (c) 流控电压源 | (d) 流控电流源 |

图 1-2-2-1　受控源的四种类型

2. 转移函数
受控源的控制端与受控源的关系称为转移函数。

四种受控源的转移函数参量的定义如下：

（1）压控电压源（VCVS）：$U_2 = f(U_1)$，$\mu = U_2/U_1$，μ 称为转移电压比（或电压增益）。

（2）压控电流源（VCCS）：$I_2 = f(U_1)$，$g_m = I_2/U_1$，g_m 称为转移电导。

（3）流控电压源（CCVS）：$U_2 = f(I_1)$，$r_m = U_2/I_1$，r_m 称为转移电阻。

（4）流控电流源（CCCS）：$I_2 = f(I_1)$，$\alpha = I_2/I_1$，α 称为转移电流比（或电流增益）。

四、实验内容与步骤

1. 测量受控源 VCVS 的转移电压特性 $U_2 = f(U_1)$ 及负载特性 $U_2 = f(I_L)$，受控源 VCVS 的实验线路如图 1-2-2-2 所示。

（1）不接电流表，固定 $R_L = 2\ \text{k}\Omega$，调节稳压电源输出电压 U_1，测量相应的 U_2 值，将数据记入表 1-2-2-1 中。

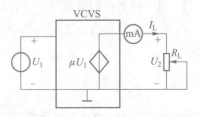

图 1-2-2-2　受控源 VCVS 的实验线路

表 1-2-2-1 受控源 VCVS 的转移电压特性 $U_2=f(U_1)$ 数据表

U_1/V	0	1	1.5	2	2.5	3	4	5	6
U_2/V									
μ									

计算出转移电压比 μ，并绘制转移电压特性曲线 $U_2=f(U_1)$。

（2）接入电流表，保持 $U_1=2$ V，调节 R_L 可变电阻的阻值，测量 U_2 及 I_L 值，将数据记入表 1-2-2-2 中，并绘制负载特性曲线 $U_2=f(I_L)$。

表 1-2-2-2 受控源 VCVS 的负载特性 $U_2=f(I_L)$ 数据表

R_L/Ω	50	70	100	150	200	300	400	500
U_2/V								
I_L/mA								

2. 测量受控源 VCCS 的转移电导特性 $I_L=f(U_1)$ 及负载特性 $I_L=f(U_2)$，受控源 VCCS 的实验线路如图 1-2-2-3 所示。

（1）固定 $R_L=2$ kΩ，调节稳压电源输出电压 U_1，测量相应的 I_L 值，将数据记入表 1-2-2-3 中。计算出转移电导 g_m，并绘制转移电导曲线 $I_L=f(U_1)$。

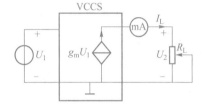

图 1-2-2-3 受控源 VCCS 的实验线路

表 1-2-2-3 受控源 VCCS 的转移电导特性 $I_L=f(U_1)$ 数据表

U_1/V	0.1	0.5	1.0	1.5	2.0	3.0	3.5	3.7	4.0
I_L/mA									
g_m									

（2）保持 $U_1=2$ V，令 R_L 从大到小变化，测量 I_L 及 U_2 值，将数据记入表 1-2-2-4 中，并绘制负载特性曲线 $I_L=f(U_2)$。

表 1-2-2-4 受控源 VCCS 的负载特性 $I_L=f(U_2)$ 数据表

$R_L/k\Omega$	5	4	2	1	0.5	0.4	0.3	0.2	0.1	0
I_L/mA										
U_2/V										

3. 测量受控源 CCVS 的转移电阻特性 $U_2=f(I_1)$ 及负载特性 $U_2=f(I_L)$，受控源 CCVS 的实验线路如图 1-2-2-4 所示。

（1）固定 $R_L=2$ kΩ，调节恒流源输出电流 I_1，测量相应的 U_2 值，将数据记入表 1-2-2-5 中。计算出转移电阻 r_m，并绘制转移电阻曲线 $U_2=f(I_1)$。

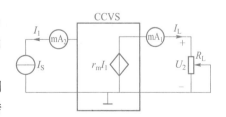

图 1-2-2-4 受控源 CCVS 的实验线路

表 1-2-2-5 受控源 CCVS 的转移电阻特性 $U_2 = f(I_L)$ 数据表

I_1/mA	0.1	1.0	3.0	5.0	7.0	8.0	9.0	9.5	10
U_2/V									
r_m									

（2）保持 $I_1 = 2$ mA，令 R_L 从小到大变化，测量 U_2 及 I_L 值，将数据记入表 1-2-2-6 中，并绘制负载特性曲线 $U_2 = f(I_L)$。

表 1-2-2-6 受控源 CCVS 的负载特性 $U_2 = f(I_L)$ 数据表

R_L/kΩ	0.5	1	2	4	6	8	10
U_2/V							
I_L/mA							

4. 测量受控源 CCCS 的转移电流特性 $I_L = f(I_1)$ 及负载特性 $I_L = f(U_2)$，受控源 CCCS 的实验线路如图 1-2-2-5 所示。

（1）固定 $R_L = 2$ kΩ，调节恒流源输出电流 I_1，测量 I_L 值，将数据记入表 1-2-2-7 中。计算转移电流比 α，并绘制转移电流曲线 $I_L = f(I_1)$。

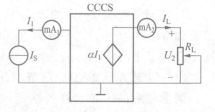

图 1-2-2-5 受控源 CCCS 的实验线路

表 1-2-2-7 受控源 CCCS 的转移电流特性 $I_L = f(I_1)$ 数据表

I_1/mA	0.1	0.2	0.5	1	1.2	1.5	2	2.2
I_L/mA								
α								

（2）保持 $I_S = 1$ mA，令 R_L 从小到大变化，测量 I_L 及 U_2 值，将数据记入表 1-2-2-8 中，并绘制负载特性曲线 $I_L = f(U_2)$。

表 1-2-2-8 受控源 CCCS 的负载特性 $I_L = f(U_2)$ 数据表

R_L/kΩ	0	0.2	0.4	0.6	0.8	1	2	5	10	20
I_L/mA										
U_2/V										

五、实验报告要求

1. 根据实验数据，在方格纸上分别绘制四种受控源的转移特性曲线和负载特性曲线，并求出相应的转移参量。

2. 回答思考题。

六、实验设备

请根据实际情况如实记录实验中用到的仪器、仪表、实验台及实验板编号、主要元器件（名称、型号、数量）。

七、思考题

1. 若受控源控制量的极性反向，试问其输出极性是否发生变化？
2. 受控源的控制特性是否适用于交流信号？

八、实验体会

针对实验过程中遇到的问题及解决方法谈谈心得体会。

实验三　密勒定理的电路仿真

一、实验目的

1. 加深对密勒定理的认识和理解。
2. 学习用仿真软件分析电路。

二、预习要求

1. 学习密勒定理相关知识。
2. 仿真实验内容。

三、实验原理

在所有的电路教材中，都有叠加定理、戴维南定理等常用电路定理的介绍，但也有一些电路定理如密勒定理，在电路后续课程如模拟电子技术课程中常常用到，而在电路课程中却没有学习过。因此，有必要针对密勒定理做进一步研究。

密勒定理指的是：如图 1-2-3-1 所示任一具有 n 个节点的电路，设节点 1 和节点 2 的电压分别为 u_{n1} 和 u_{n2}，若 $u_{n2}/u_{n1}=A$，则图 1-2-3-1 的电路可等效为图 1-2-3-2 的电路，其中 $R_1=R/(1-A)$，$R_2=R/(1-1/A)$。

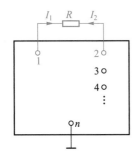

图 1-2-3-1　任一具有 n 个节点的电路

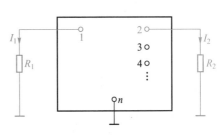

图 1-2-3-2　密勒等效电路

四、实验内容与步骤

1. 按照图1-2-3-3构建一个电路，在Multisim中进行仿真，测量出电流I_1、I_2和节点电压U_{n1}、U_{n2}，并计算出电压比A，填入表1-2-3-1中。

2. 根据密勒定理，分析计算出除去节点间的3 kΩ电阻后的密勒等效电路，将R_1和R_2的数值填入表1-2-3-1中。

3. 根据密勒等效电路，在Multisim中进行仿真，测量出电流I_1、I_2和节点电压U_{n1}、U_{n2}，将数值填入表1-2-3-1中。

4. 对等效前后的参数进行比较分析，得出结论。

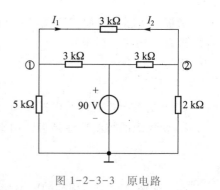

图1-2-3-3 原电路

表1-2-3-1 数 据 表

	U_{n1}	U_{n2}	A	I_1	I_2
等效前					
等效后 $R_1=($ $)$, $R_2=($ $)$					

五、实验报告要求

1. 密勒定理中，若电压比$u_{n2}/u_{n1}=A=1$，则应该如何分析呢？

2. 回答思考题。

六、实验设备

请根据实际情况如实记录实验中用到的仪器、仪表、实验台及实验板编号、主要元器件（名称、型号、数量）。

七、思考题

如图1-2-3-4所示含有电阻的运放电路，若运算放大器的开环增益为A，输入电阻无穷大，输出电阻为零，可得其等效电路如图1-2-3-5所示。试通过密勒定理计算该电路的电压比u_0/u_S。

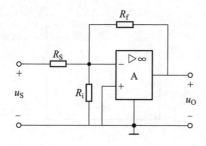

图1-2-3-4 含有电阻的运放电路

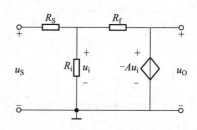

图1-2-3-5 运放电路的等效电路

八、实验体会

针对实验过程中遇到的问题及解决方法谈谈心得体会。

实验四　元件阻抗特性的测量

一、实验目的

1. 验证电阻、感抗、容抗与频率的关系，测量 $R(f)$、$X_L(f)$、$X_C(f)$ 的特性曲线。
2. 加深对 R、L、C 元件两端电压与电流相位关系的理解。

二、预习要求

1. 预习 R、L、C 元件两端电压与电流的关系。
2. 仿真实验内容。

三、实验原理

1. R、L、C 元件的阻抗频率特性测量：在正弦交流信号的作用下，R、L、C 元件在电路中的抗流作用与信号的频率有关，它们的阻抗频率特性曲线如图 1-2-4-1 所示。

2. 单个 R、L、C 元件阻抗角的测量：如图 1-2-4-3 所示电路中，r 是提供测量回路电流用的标准小电阻，由于 r 的阻值远小于被测元件的阻抗值，所以可以认为 AB 间的电压就是被测元件两端的电压，流过被测元件的电流可以由 r 两端的电压除以 r 得到。如图 1-2-4-2 所示，用双踪示波器同时观察 r 与被测元件两端的电压，就可以得到被测元件两端的电压和流过该元件的电流的波形，从而测出电压与电流的幅值及它们之间的相位差。

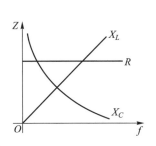

图 1-2-4-1　R、L、C 元件的阻抗频率特性曲线

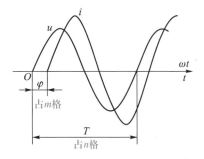

图 1-2-4-2　双踪示波器测量阻抗角

元件的阻抗角（即相位差 φ）随输入信号的频率变化而改变，将各个不同频率下的相位差画在以频率 f 为横坐标、阻抗角 φ 为纵坐标的坐标纸上，并用光滑的曲线连接这些点，即可得到阻抗角频率特性曲线。

在图 1-2-4-2 中，一个周期占 n 格，相位差占 m 格，则实际的相位差 φ（阻抗角）为

$$\varphi = m \times \frac{360°}{n}$$

3. RLC 元件串联或者并联时阻抗频率特性的测量：可以用同样的方法测得 R、L、C 元件串联与并联的阻抗频率特性 $Z(f)$，根据电压、电流的相位差可判断该阻抗是感性负载还是容性负载。

四、实验内容与步骤

1. 测量 R、L、C 元件的阻抗频率特性

通过电缆线将低频信号发生器输出的正弦信号接至如图 1-2-4-3 所示的电路，作为激励源 u_f，使激励电压的有效值 $U_f = 2$ V，并保持不变。电路中各元件参数为 $R = 1$ kΩ，$r = 51$ Ω，$C = 1$ μF，$L = 10$ mH。

使信号源的输出频率从 200 Hz 逐渐增至 5 kHz（用频率计测量），并使开关 S 分别接通 R、L、C 三个元件，用交流毫伏表测量 U_r，并计算各频率点时的 I_R、I_L 和 I_C（即 U_r/r）以及 $R = U_R/I_R$、$X_L = U_L/I_L$ 及 $X_C = U_C/I_C$ 的值，记入表 1-2-4-1 中。

注意：在接通 C 测试时，信号源的频率应控制在 200 Hz～5 kHz 之间。

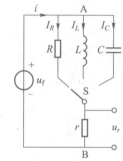

图 1-2-4-3　实验接线图

表 1-2-4-1　R、L、C 元件阻抗频率特性的测量

	频率 f/kHz	0.2	1	2	3	4	5
	U_r/V						
R	U_R/V						
	I_R/mA						
	R/kΩ						
L	U_L/V						
	I_L/mA						
	X_L/kΩ						
C	U_C/V						
	I_C/mA						
	X_C/kΩ						

2. 测量 R、L、C 元件的阻抗角

按图 1-2-4-3 接线，激励正弦信号的电压有效值为 $U_f = 2$ V，频率 $f = 10$ kHz，用双踪示波器观察 R、L、C 元件的阻抗角，在示波器上读出相位差和周期所占的格数 m 和 n，记入表 1-2-4-2 中，并计算出阻抗角 φ 的值。

表 1-2-4-2　R、L、C 元件的阻抗角

元件	m/格	n/格	φ/度
R			
L			
C			

3. 测量 RLC 元件串联电路的阻抗角频率特性

将 RLC 元件串联连接，正弦信号发生器的幅值为 2 V，频率从 200 Hz 逐渐增至 5 kHz，在示波器上观察电压、电流波形，读出 m、n 的格数，将数据记入表 1-2-4-3 中，并计算出电压、电流的相位差，即 RLC 元件串联电路的阻抗角 φ，判断该电路的特性。

表 1-2-4-3　RLC 元件串联电路的阻抗角频特性

频率 f/kHz	0.2	1	2	3	4	5
n/格						
m/格						
φ/度						
电路性质						

五、实验报告要求

1. 根据实验数据，在方格纸上绘制 R、L、C 三个元件的阻抗频率特性曲线 $R(f)$、$X_L(f)$、$X_C(f)$，从中可得出什么结论？

2. 根据实验数据，在方格纸上绘制 R、L、C 三个元件的阻抗角频率特性曲线，并总结、归纳出结论。

六、实验设备

请根据实际情况如实记录实验中用到的仪器、仪表、实验台及实验板编号、主要元器件（名称、型号、数量）。

七、思考题

测量 R、L、C 各个元件的阻抗角时，为什么要与它们串联一个小电阻？可否用一个小电感或大电容代替？为什么？

八、实验体会

针对实验过程中遇到的问题及解决方法谈谈心得体会。

实验五　互感电路的测量

一、实验目的

1. 根据同名端的概念，分别用直流法和交流法判断同名端。
2. 根据测出的电压、电流值计算出互感系数 M 和耦合系数 k。
3. 用 LED 发光二极管构成电路以观测互感线圈中铁棒和铝棒的作用。
4. 学习用交流电流表、交流电压表和功率表测量交流电路元件参数的方法。

二、预习要求

1. 复习互感作用、互感线圈的同名端判断。
2. 仿真实验内容。

三、实验原理

1. 判断互感线圈同名端的方法
（1）直流法

如图1-2-5-1所示，当开关S闭合瞬间，若毫安表的指针正偏，则可判断1、3为同名端；若指针反偏，则1、4为同名端。

（2）交流法

如图1-2-5-2所示，将两个绕组N_1和N_2的任意两端（如2、4端）连在一起，在其中的一个绕组（如N_1）两端加一个低电压，另一绕组（如N_2）开路，用交流电压表分别测出端电压U_{13}、U_{12}、U_{34}。若U_{13}是两个绕组端电压之差，则1、3是同名端；若U_{13}是两个绕组端电压之和，则1、4是同名端。

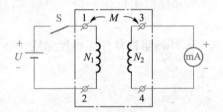 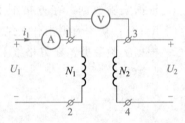

图1-2-5-1 直流法判断同名端 　　　　　图1-2-5-2 交流法判断同名端

2. 两线圈互感系数 M 的测量

在图1-2-5-2所示电路的N_1侧施加低压交流电压U_1，测出I_1及U_2。根据互感电势$E_{2M} \approx U_{20} = \omega M I_1$，可算得互感系数为

$$M = \frac{U_2}{\omega I_1} = \frac{U_2}{2\pi f I_1}$$

3. 耦合系数 k 的测量

两个互感线圈耦合松紧的程度可用耦合系数k来表示，即

$$k = \frac{M}{\sqrt{L_1 L_2}}$$

如图1-2-5-2所示，先在N_1侧施加低压交流电压U_1，测出N_2侧开路时的电流I_1，根据$U_1 = \omega L_1 I_1$计算出自感L_1；然后再在N_2侧施加电压U_2，测出N_1侧开路时的电流I_2，根据$U_2 = \omega L_2 I_2$计算出自感L_2；最后可计算出耦合系数k值。

四、实验内容与步骤

1. 分别用直流法和交流法判断互感线圈的同名端
（1）直流法

直流法实验接线图如图1-2-5-3所示。先将N_1和N_2两线圈的四个接线端子编以1、

2 和 3、4 号。将 N_1、N_2 同心地套在一起，并放入细铁棒。U 为可调直流稳压电源，将其调至 10 V。流过 N_1 侧的电流不可超过 0.4 A（选用 5 A 量程的数字电流表）。N_2 侧直接接入 2 mA 量程的毫安表。将铁棒迅速拔出和插入，观察毫安表读数正、负的变化，来判断 N_1 和 N_2 两个线圈的同名端。

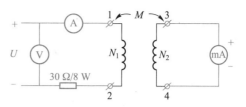

图 1-2-5-3　直流法实验接线图

（2）交流法

本方法中，由于加在 N_1 上的电压仅 2 V 左右，如果直接用屏内调压器则很难调节，因此采用图 1-2-5-4 所示的线路来扩展调压器的调节范围。图中 W、N 为主屏上的自耦调压器的输出端，B 为升压铁心变压器，此处作降压用。将 N_2 放入 N_1 中，并在两线圈中插入铁棒。Ⓐ为 2.5 A 以上量程的电流表，N_2 侧开路。

接通电源前，应首先检查自耦调压器是否调至零位，将变压器的 2、4 端连接，确认后方可接通交流电源，令自耦调压器输出一个很低的电压（约 12 V），使流过电流表的电流小于 1.4 A，然后用 0～30 V 量程的交流电压表测量 U_{13}、U_{12} 和 U_{34}，判断同名端。

拆去 2、4 端连线，并将 2、3 端相接，重复上述步骤，判断同名端。

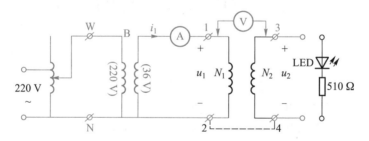

图 1-2-5-4　交流法实验接线图

2. 用 LED 发光二极管构成电路以观测互感线圈中铁棒和铝棒的作用

（1）在 N_2 侧接入 LED 发光二极管与 510 Ω（电阻箱）串联的支路。

（2）将铁棒慢慢地从两线圈中抽出和插入，观察 LED 亮度的变化及各电表读数的变化，记录现象。

（3）将两线圈改为并排放置，并改变其间距，分别或同时插入铁棒，观察 LED 亮度的变化及仪表读数。

（4）改用铝棒替代铁棒，重复（1）(2) 的步骤，观察 LED 亮度的变化，记录现象。

五、实验报告要求

1. 总结对互感线圈同名端、互感系数的实验测量方法。

2. 自拟测量数据表格，完成计算任务。

3. 解释实验中观察到的互感现象。

4. 心得体会及其他。

六、实验设备

请根据实际情况如实记录实验中用到的仪器、仪表、实验台及实验板编号、主要元器件（名称、型号、数量）。

七、思考题

1. 用直流法判断同名端时，可否根据 S 断开瞬间毫安表指针的正、反偏来判断同名端？如果可以，如何判断？

2. 本实验用直流法判断同名端是用插、拔铁心时观察电流表的正、负读数变化来确定的（应如何确定？），这与实验原理中所叙述的方法是否一致？

3. 如何计算 L_1、L_2 的值？

4. 为什么在变压器的一次线圈的一端和二次线圈的一端之间连接一条线（2-4 或 2-3）？它们起什么作用？

八、实验体会

针对实验过程中遇到的问题及解决方法谈谈心得体会。

实验六　*RLC* 串联谐振电路的研究

一、实验目的

1. 观察谐振现象，研究电路参数对谐振特性的影响。
2. 绘制 *RLC* 串联谐振电路的幅频特性曲线，找出谐振频率。
3. 分别用示波器和毫伏表来监视谐振现象。

二、预习要求

1. 预习谐振时电路所满足的条件及其特性。
2. 预习 *RLC* 串联谐振电路的幅频特性曲线。
3. 仿真实验内容。

三、实验原理

1. 实验原理图

实验原理图如图 1-2-6-1 所示。

2. 品质因数 *Q* 值的测量方法

一种方法是根据公式 $Q = \dfrac{U_L}{U_0} = \dfrac{U_C}{U_0}$ 测量，U_C 与 U_L 分别为谐振时电容 C 和电感 L 上的电

压；另一方法是通过测量谐振曲线的通频带宽度 $\Delta f = f_2 - f_1$，再根据 $Q = \dfrac{f_0}{f_2 - f_1}$ 求出 Q 值。式中

f_0 为谐振频率，f_2 和 f_1 是失谐时，即输出电压的幅度下降到最大值的 $1/\sqrt{2}$（≈ 0.707）时的

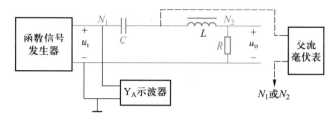

图 1-2-6-1　实验原理图

上、下频率点。Q 值越大，曲线越尖锐，通频带越窄，电路的选择性越好。在恒压源供电时，电路的品质因数、选择性和通频带只取决于电路本身的参数，与信号源无关。

四、实验内容与步骤

1. 测量谐振频率

按图 1-2-6-1 组成监视、测量电路。先选择 R、C。用交流毫伏表测电压，用示波器监视信号源输出。令信号源输出电压 $U_{P-P}=4$ V，并保持不变。

找出电路的谐振频率 f_0。将交流毫伏表接在 R（200 Ω）两端，令信号源的频率由小逐渐变大（注意要维持信号源的输出幅度不变），当 U_0 的读数为最大时，读得频率计上的频率值即为电路的谐振频率 f_0，并测量 U_C 与 U_L 的值（注意及时调整交流毫伏表的量程）。

在实验过程中，注意函数信号发生器、交流毫伏表和 Y_A 示波器要共地。

2. 测量品质因数

在谐振点两侧，按频率递增或递减的顺序，依次取 8 个测量点，逐点测出 U_C、U_L、U_0 之值，计算回路的品质因数 Q 值，将数据填入表 1-2-6-1 中。

表 1-2-6-1　RLC 串联谐振电路品质因数测量数据表 1

f/kHz								
U_0/V								
U_L/V								
U_C/V								

$U_{P-P}=4$ V，$C=0.01$ μF，$R=200$ Ω，$f_0=$ 　　　，$Q=$

改变电阻 R 的参数，重复上述测量过程，并完成表 1-2-6-2。

表 1-2-6-2　RLC 串联谐振电路品质因数测量数据表 2

f/kHz								
U_0/V								
U_L/V								
U_C/V								

改变电容 C 的参数，重复上述测量过程并完成表格（自制表格）。

五、实验报告要求

1. 根据测量数据，绘制不同 Q 值时三条幅频特性曲线，即 $U_0(f)$、$U_L(f)$、$U_c(f)$。

2. 计算出通频带与 Q 值，并讨论 R 取不同值时对电路通频带与 Q 的影响。

3. 对两种测量 Q 值的方法进行比较，分析误差原因。

4. 谐振时，比较输出电压 U_0 与输入电压 U_i 是否相等。如不相等，请分析原因。

5. 通过本实验，总结、归纳串联谐振电路的特性。

6. 心得体会及其他。

六、实验设备

请根据实际情况如实记录实验中用到的仪器、仪表、实验台及实验板编号、主要元器件（名称、型号、数量）。

七、思考题

1. 根据实验线路板给出的元件参数值，从理论上估算电路发生谐振时的频率。

2. 改变电路的哪些参数可以使电路发生谐振？电路中 R 的数值是否影响谐振频率值？

3. 如何判别电路是否发生谐振？测试谐振点的方案有哪些？

4. 电路发生串联谐振时，为什么输入电压不能太大，如果信号源给出 3 V 的电压，电路谐振时，用交流毫伏表测量 U_L 与 U_c 时，应该选择多大的量程？

5. 在要求发生谐振的回路中希望尽可能提高 Q 值，为什么？要提高 Q 值，电路参数应如何改变？

6. 本实验在发生谐振时，对应的 U_L 与 U_c 是否相等？如不相等，原因何在？

八、实验体会

针对实验过程中遇到的问题及解决方法谈谈心得体会。

实验七　*RC* 选频网络特性的测量

一、实验目的

1. 熟悉文氏电桥电路和 *RC* 双 T 电路的结构特点及其应用。
2. 学会用交流毫伏表和示波器测量以上两种电路的幅频特性和相频特性。

二、预习要求

1. 预习 *RC* 电路的选频特性。
2. 仿真实验内容。

三、实验原理

1. 实验电路图

文氏电桥电路和 RC 双 T 电路分别如图 1-2-7-1 和图 1-2-7-2 所示。

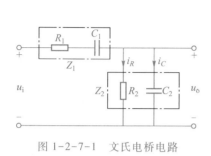

图 1-2-7-1 文氏电桥电路

图 1-2-7-2 RC 双 T 电路

2. 理论公式

（1）文氏电桥电路

文氏电桥电路的一个特点是其输出电压幅度不仅会随输入信号的频率而变，而且还会出现一个与输入电压同相位的最大值，如图 1-2-7-3 所示。

由电路分析得知，该网络的传递函数为

$$\beta = \frac{1}{3+j\left(\omega RC - \dfrac{1}{\omega RC}\right)}$$

当角频率 $\omega = \omega_0 = \dfrac{1}{RC}$ 时，

$$|\beta| = \frac{U_o}{U_i} = \frac{1}{3}$$

此时的 u_o 与 u_i 同相。由图 1-2-7-3 可见 RC 串并联电路具有带通特性。

将上述电路的输入和输出分别接到双踪示波器的 Y_A 和 Y_B 两个输入端，改变输入正弦信号的频率，观测相应的输入和输出波形间的时延 τ 及信号的周期 T，则两波形间的相位差为 $\varphi = \dfrac{\tau}{T} \times 360° = \varphi_o - \varphi_i$（输出相位与输入相位之差）。

将各个不同频率下的相位差 φ 画在以 f 为横轴，φ 为纵轴的坐标纸上，用光滑的曲线将这些点连接起来，即是被测电路的相频特性曲线，如图 1-2-7-4 所示。

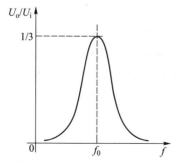

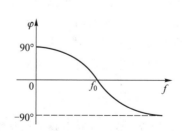

图 1-2-7-3 文氏电桥电路的幅频特性曲线　　图 1-2-7-4 文氏电桥电路的相频特性曲线

由电路分析理论得知，当 $\omega = \omega_0 = \dfrac{1}{RC}$，即 $f = f_0 = \dfrac{1}{2\pi RC}$时，$\varphi = 0$，即 u_o 与 u_i 同相位。

（2）RC 双 T 电路

RC 双 T 电路如图 1-2-7-2 所示。

由电路分析可知：双 T 电路零输出的条件为

$$\frac{1}{R_1} + \frac{1}{R_2} = \frac{1}{R_3}, C_1 + C_2 = C_3$$

若选 $R_1 = R_2 = R$，$C_1 = C_2 = C$，则

$$R_3 = \frac{R}{2}, C_3 = 2C$$

该双 T 电路的频率特性为$\left(\text{令 } \omega_0 = \dfrac{1}{RC}\right)$

$$F(\omega) = \frac{\dfrac{1}{2}\left(R + \dfrac{1}{\mathrm{j}\omega C}\right)}{\dfrac{2R(1 + \mathrm{j}\omega RC)}{1 - \omega^2 R^2 C^2} + \dfrac{1}{2}\left(R + \dfrac{1}{\mathrm{j}\omega C}\right)} = \frac{1 - \left(\dfrac{\omega}{\omega_0}\right)^2}{1 - \left(\dfrac{\omega}{\omega_0}\right)^2 + \mathrm{j}4\dfrac{\omega}{\omega_0}}$$

当 $\omega = \omega_0 = \dfrac{1}{RC}$时，输出幅值等于 0，相频特性呈现 $\pm 90°$ 的突跳。

参照文氏电桥电路的做法，也可画出 RC 双 T 电路的幅频和相频特性曲线，分别如图 1-2-7-5 和图 1-2-7-6 所示。由图可见，RC 双 T 电路具有带阻特性。

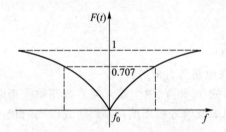

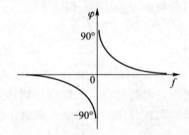

图 1-2-7-5 RC 双 T 电路的幅频特性曲线   图 1-2-7-6 RC 双 T 电路的相频特性曲线

3. 工作原理

文氏电桥电路是一个 RC 的串、并联电路，如图 1-2-7-1 所示。该电路结构简单，被广泛地用于低频振荡电路中的选频环节，从而可以获得很高纯度的正弦波电压。

用函数信号发生器的正弦输出信号作为图 1-2-7-1 所示电路的激励信号 u_i，保持 U_i 值不变的情况下，改变输入信号的频率 f，用交流毫伏表或示波器测出输出端相应于各个频率点下的输出电压 U_o 值，将这些数据画在以频率 f 为横轴，U_o 为纵轴的坐标纸上，用一条光滑的曲线连接这些点，该曲线就是上述电路的幅频特性曲线。

四、实验内容与步骤

1. 测量 RC 串、并联电路的幅频特性

（1）按图 1-2-7-1 进行接线，取 $R = 1$ kΩ，$C = 0.1$ μF；f 由频率计读得，并保持 $U_i = 3$ V

不变，测量输出电压 U_o（可先测量 $\beta = 1/3$ 时的频率 f_0，然后再在 f_0 左右设置其他频率点测量），将数据填入表 1-2-7-1 中。

（2）取 $R = 200\ \Omega$，$C = 2.2\ \mu\text{F}$，重复上述测量。

表 1-2-7-1　RC 串、并联电路的幅频特性测量数据表

$R = 1\ \text{k}\Omega$，$C = 0.1\ \mu\text{F}$	f/Hz	
	U_o/V	
$R = 200\ \Omega$，$C = 2.2\ \mu\text{F}$	f/Hz	
	U_o/V	

2. 测量 RC 串、并联电路的相频特性

将图 1-2-7-1 中的输入 u_i 和输出 u_o 分别接至双踪示波器的 Y_A 和 Y_B 两个输入端，改变输入正弦信号的频率，观测不同频率点时，相应的输入与输出波形间的时延 τ 及信号的周期 T，将数据记入表 1-2-7-2 中。两波形间的相位差为：$\varphi = \varphi_\text{o} - \varphi_\text{i} = \dfrac{\tau}{T} \times 360°$。

表 1-2-7-2　RC 串、并联电路的相频特性测量数据表

$R = 1\ \text{k}\Omega$，$C = 0.1\ \mu\text{F}$	f/Hz	
	T/ms	
	τ/ms	
	φ	
$R = 200\ \Omega$，$C = 2.2\ \mu\text{F}$	f/Hz	
	T/ms	
	τ/ms	
	φ	

3. 测量 RC 双 T 电路的幅频特性

测量 RC 双 T 电路的幅频特性（参照步骤 1），自己设计数据表格并将测量数据填入其中。

4. 测量 RC 双 T 电路的相频特性

测量 RC 双 T 电路的相频特性（参照步骤 2），自己设计数据表格并将测量数据填入其中。

五、实验报告要求

1. 根据实验数据，绘制两种电路的幅频和相频特性曲线。找出 f_0，并与理论计算值比较，分析误差原因。

2. 讨论实验结果。

六、实验设备

请根据实际情况如实记录实验中用到的仪器、仪表、实验台及实验板编号、主要元器件（名称、型号、数量）。

七、思考题

1. 根据电路参数，分别估算 RC 双 T 电路和文氏电桥电路两组参数时的固有频率 f_0。

2. 推导 RC 串、并联电路的幅频、相频特性的数学表达式。

八、实验体会

针对实验过程中遇到的问题及解决方法谈谈心得体会。

三　自主开放实验

实验一　二阶电路的瞬态响应

一、实验目的

1. 测试二阶电路的零状态响应和零输入响应，了解电路元件参数对响应的影响。

2. 观察、分析二阶电路响应的三种状态轨迹及其特点，加深对二阶电路响应的认识与理解。

二、实验原理

1. 实验原理图

二阶电路的实验原理图如图 1-3-1-1 所示。

2. 工作原理

一个二阶电路在方波正、负阶跃信号的激励下，可获得零状态响应与零输入响应，其响应的变化轨迹取决于电路的固有频率。当调节电路的元件参数值，使电路的固有频率分别为负实数、共轭复数及虚数时，可获得单调的衰减、衰减振荡和等幅振荡的响应。在实验中可获得过阻尼、欠阻尼和临界阻尼三种响应图形。

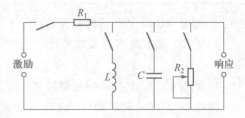

图 1-3-1-1　二阶电路的实验原理图

简单而典型的二阶电路是一个 RLC 串联电路和 GCL 并联电路，这两者之间存在着对偶关系。本实验仅对 GCL 并联电路进行研究。

三、设计要求

1. 实验前需仿真实验内容。

2. 利用动态电路板中的元件与开关的配合作用，组成如图 1-3-1-1 所示的 GCL 并联电路。令脉冲信号发生器输出方波脉冲，通过同轴电缆接至图 1-3-1-1 中的激励端，同时用同轴电缆将激励端和响应输出接至双踪示波器的 Y_A 和 Y_D 两个输入端。

（1）调节可变电阻器 R_2 值，观察二阶电路的零输入响应和零状态响应由过阻尼过渡到临界阻尼，最后过渡到欠阻尼的变化过渡过程，分别定性地描绘、记录响应的典型变化波形。

（2）调节 R_2 使示波器荧光屏上呈现稳定的欠阻尼响应波形，定量测量此时电路的衰减常数 α 和振荡频率 ω_d，并记录相关参数，自行设计实验数据表。

（3）改变一组电路参数，如增、减 L 或 C 值，重复步骤（2）地测量，并做记录。随后仔细观察改变电路参数时 ω_d 与 α 的变化趋势，并记录相关参数。

四、实验报告要求

1. 根据观测结果，在方格纸上描绘二阶电路过阻尼、临界阻尼和欠阻尼的响应波形。
2. 测量欠阻尼振荡曲线上的 α 与 ω_d。
3. 归纳、总结电路元件参数改变对响应变化趋势的影响。
4. 对比仿真结果，分析实际电路和仿真电路的区别。

五、思考题

1. 根据二阶电路实验电路元件的参数，计算出处于临界阻尼状态的 R_2 值。
2. 在示波器荧光屏上，如何测得二阶电路零输入响应欠阻尼状态的衰减常数 α 和振荡频率 ω_d？

实验二　负阻抗变换器

一、实验目的

1. 加深对负阻抗概念的认识，掌握对含有负阻抗电路的分析研究方法。
2. 了解负阻抗变换器的组成原理及其应用。
3. 掌握负阻抗变换器的各种测量方法。

二、实验原理

负阻抗是电路理论中的一个重要基本概念，在工程实践中有着广泛的应用。有些非线性元件（如隧道二极管）在某个电压或电流范围内具有负阻特性。除此之外，一般都由一个有源双口网络来形成一个等效的线性负阻抗。该网络由线性集成电路或晶体管等元件组成，这样的网络称作负阻抗变换器。

1. 实验电路图

负阻抗变换器的实验电路图如图 1-3-2-1 所示。

2. 理论公式

按有源网络输入电压、电流与输出电压、电流的关系，负阻抗变换器可分为电流倒置型（INIC）和电压倒置型（VNIC），其示意图如图 1-3-2-2 所示。

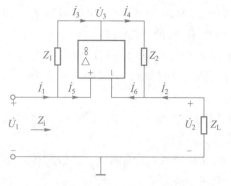

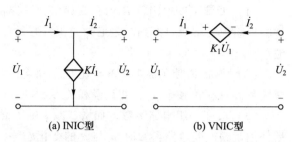

图 1-3-2-1　负阻抗变换器的实验电路图　　　　　　图 1-3-2-2　负阻抗变换器示意图

在理想情况下，负阻抗变换器的电压、电流关系如下。

INIC 型：$\dot{U}_2 = \dot{U}_1$，$\dot{I}_2 = K\dot{I}_1$（K 为电流增益）

VNIC 型：$\dot{U}_2 = -K_1\dot{U}_1$，$\dot{I}_2 = -\dot{I}_1$（$K_1$ 为电压增益）

本实验用线性运算放大器组成如图 1-3-2-2（a）所示的 INIC 型电路，在一定的电压、电流范围内可获得良好的线性度。

由图 1-3-2-1 所示电路，根据运放的理论可知

$$\dot{U}_1 = \dot{U}_+ = \dot{U}_- = \dot{U}_2, \quad \dot{I}_5 = \dot{I}_6 = 0, \quad \dot{I}_1 = \dot{I}_3, \quad \dot{I}_2 = -\dot{I}_4$$

$$Z_i = \frac{\dot{U}_1}{\dot{I}_1} \quad \dot{I}_3 = \frac{\dot{U}_1 - \dot{U}_3}{Z_1}, \quad \dot{I}_4 = \frac{\dot{U}_3 - \dot{U}_2}{Z_2} = \frac{\dot{U}_3 - \dot{U}_1}{Z_2}$$

所以
$$\dot{I}_4 Z_2 = -\dot{I}_3 Z_1, \quad -\dot{I}_2 Z_2 = -\dot{I}_1 Z_1,$$

即
$$\frac{\dot{U}_2}{Z_L} Z_2 = -\dot{I}_1 Z_1$$

所以
$$\frac{\dot{U}_2}{\dot{I}_1} = \frac{\dot{U}_1}{\dot{I}_1} = Z_i = -\frac{Z_1}{Z_2} \cdot Z_L = -KZ_L \left(\diamondsuit \ K = \frac{Z_1}{Z_2} \right)$$

当 $Z_1 = R_1 = R_2 = Z_2 = 1$ kΩ 时，$K = \dfrac{Z_1}{Z_2} = \dfrac{R_1}{R_2} = 1$

（1）若 $Z_L = R_L$ 时，$Z_i = -KZ_L = -R_L$

（2）若 $Z_L = \dfrac{1}{j\omega C}$ 时，$Z_i = -KZ_L = -\dfrac{1}{j\omega C} = j\omega L \left(\diamondsuit \ L = \dfrac{1}{\omega^2 C} \right)$

（3）若 $Z_L = j\omega L$ 时，$Z_i = -KZ_L = -j\omega L = \dfrac{1}{j\omega C} \left(\diamondsuit \ C = \dfrac{1}{\omega^2 L} \right)$

（2）和（3）表明，负阻抗变换器可实现容性阻抗和感性阻抗的互换。

三、设计要求

1. 实验前需仿真实验内容。

2. 测量负阻抗变换器的伏安特性。

测量负阻抗变换器的伏安特性，计算电流增益 K 及等值负阻。负阻抗变换器的实验电路图如图 1-3-2-1 所示。

U_1 接直流可调稳压电源，Z_L 接电阻箱。改变电阻箱 R_L 的参数，测量不同 U_1 时的 I_1 值，并记录数据。自行设计数据记录表。同时，计算等效负阻和电流增益，绘制负阻抗变换器的伏安特性曲线 $U_1 = f(I_1)$。

3. 阻抗变换及相位观察。

阻抗变换及相位观察实验电路图如图 1-3-2-3 所示。

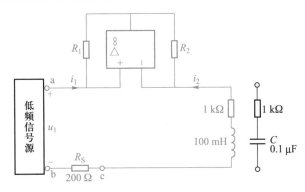

图 1-3-2-3　阻抗变换及相位观察实验电路图

接线时，信号源的高端接 a，低（"地"）端接 b，双踪示波器的"地"端接 b，Y_A、Y_B 分别接 a、c。图中的 R_S 为电流取样电阻。因为电阻两端的电压波形与流过电阻的电流波形同相，所以用示波器观察 R_S 上的电压波形就反映了电流 i_1 的相位。

（1）调节低频信号使 $U_1 \leqslant 3$ V，改变信号源频率（$f = 500 \sim 2\,000$ Hz），用双踪示波器观察 u_1 与 i_1 的相位差，判断是否具有容抗特征。

（2）用 0.1 μF 的电容 C 代替 L，重复（1）地观察，判断是否具有感抗特征。

四、实验报告要求

1. 完成计算并绘制特性曲线。
2. 总结对 INIC 型负阻抗变换器的认识。

五、思考题

对于 RLC 串联电路，比较计算机仿真实验与实际实验的不同，分析原因。

实验三　无源滤波器的设计与仿真

一、实验目的

1. 掌握测量 R、C 无源滤波器的幅频特性的方法。
2. 了解由 R、C 构成的无源滤波器及其特性。
3. 通过理论计算、仿真分析和实验测试加深对无源滤波器的认识。

二、实验原理

滤波器是一种二端口电路，能够让一定频率范围内的电压或电流通过，而将此频率范围之外的电压或电流加以抑制或使其急剧衰减。无源滤波器可以用 *RLC* 等无源元件构成，按幅频特性的不同，可分为低通、高通、带通和带阻滤波器等几种，图 1-3-3-1 给出了低通、高通、带通和带阻滤波器的典型幅频特性。

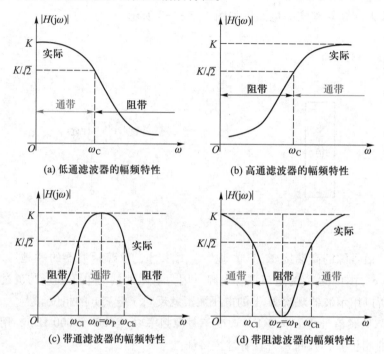

(a) 低通滤波器的幅频特性　　(b) 高通滤波器的幅频特性

(c) 带通滤波器的幅频特性　　(d) 带阻滤波器的幅频特性

图 1-3-3-1 各种滤波器的典型幅频特性

1. 一阶 *RC* 低通滤波电路

图 1-3-3-2 所示为一阶 *RC* 低通滤波电路。

以电容元件两端电压作为输出电压，其与输入电压的关系为

$$\dot{U}_{\mathrm{o}} = \dot{U}_{\mathrm{i}} \cdot \frac{1}{1+\mathrm{j}\omega RC}$$

电压放大函数为

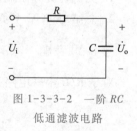

图 1-3-3-2 一阶 *RC*
低通滤波电路

$$H(\mathrm{j}\omega) = \frac{\dot{U}_{\mathrm{o}}}{\dot{U}_{\mathrm{i}}} = \frac{1}{1+\mathrm{j}\omega RC}$$

幅频特性为

$$|H(\mathrm{j}\omega)| = \frac{1}{\sqrt{1+(\omega RC)^{2}}}$$

其幅频特性如图 1-3-3-1 （a）所示，为低通滤波器。

2. 一阶 *RC* 高通滤波电路

图 1-3-3-3 所示为一阶 *RC* 高通滤波电路。

以电阻元件两端电压作为输出电压，通过分析可得其幅频特性为

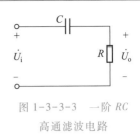

图 1-3-3-3 一阶 RC 高通滤波电路

$$|H(j\omega)| = \frac{\omega RC}{\sqrt{1+(\omega RC)^2}}$$

其幅频特性如图 1-3-3-1（b）所示，为高通滤波器。

3. 一阶 RC 带通滤波电路

图 1-3-3-4 所示为一阶 RC 带通滤波电路。

其幅频特性如图 1-3-3-1（c）所示，为带通滤波器。

4. 一阶 RC 带阻滤波电路

图 1-3-3-5 所示为一阶 RC 带阻滤波电路。

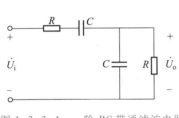

图 1-3-3-4 一阶 RC 带通滤波电路

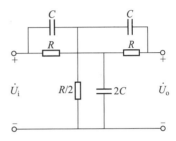

图 1-3-3-5 一阶 RC 带阻滤波电路

其幅频特性如图 1-3-3-1（d）所示，为带阻滤波器。

三、设计要求

1. 选择合适的电路参数，使一阶 RC 低通滤波电路的截止频率为 $\omega_0 = 10^4$ rad/s，一阶 RC 高通滤波电路的截止频率为 $\omega_0 = 10^3$ rad/s，一阶 RC 带通滤波电路的中心频率为 $\omega_0 = 10^5$ rad/s。

2. 实验前设计相关参数，仿真实验内容，通过波特仪观测其幅频特性并记录下来，然后观测相频特性（选做）。

3. 在实验装置上连接电路，固定输入信号幅值，改变信号源的频率，用示波器观测输出波形，分析输出电压，绘制幅频特性曲线；观测相位变化，绘制相频特性曲线（选做）。

4. 自行选择参数，观测带阻滤波器的相关特性。

四、实验报告要求

1. 画出各滤波器的幅频特性曲线，并与仿真分析结果进行比较分析。

2. 完成思考题，总结 RC 无源滤波器的特点。

3. 比较虚拟仿真实验和实际操作实验的方法有何不同。

五、思考题

1. 从滤波器的一些数学表达式中，如何理解滤波的概念？

2. 根据低通、高通、带通滤波器的幅频特性，你认为全通滤波器的幅频特性应当如何？

实验四 非正弦交流电路的分析与仿真

一、实验目的

1. 加深对非正弦有效值关系式的理解。
2. 分析非正弦交流电路中电感和电容对电流波形的影响。

二、实验原理

如果给定的周期函数 $f(t)$ 满足狄里赫利条件（函数在任意有限区间内，具有有限个极值点与不连续点），则该周期函数定可展开为一个收敛的正弦函数级数。在电路分析中，我们所遇到的周期函数通常均满足该条件。这样

$$f(t) = a_0 + \sum_{k=1}^{\infty} (a_k \cos k\omega t + b_k \sin k\omega t)$$

$$= A_0 + \sum_{k=1}^{\infty} A_{km} \cos (k\omega t + \psi_k)$$

电压与电流均可展开为如下傅里叶级数

$$u(t) = U_0 + \sum_{k=1}^{\infty} U_{km} \cos (k\omega t + \varphi_{uk})$$

$$i(t) = I_0 + \sum_{k=1}^{\infty} I_{km} \sin (k\omega t + \varphi_{ik})$$

则电压 $u(t)$ 的有效值为

$$U = \sqrt{U_0^2 + U_1^2 + U_2^2 + U_3^2 + \cdots}$$

电流 $i(t)$ 的有效值为

$$I = \sqrt{I_0^2 + I_1^2 + I_2^2 + I_3^2 + \cdots}$$

其中，U_0 和 I_0 是非正弦电压和电流的恒定分量，而 U_1 和 I_1、U_2 和 I_2、$\cdots$ 分别为电压和电流各次谐波的有效值。

如果将这一非正弦电压作用于 RL 串联电路，由于电感 L 对高次谐波呈现的阻抗大，因而电流中谐波次数越高其越不明显，结果就是电流波形比电压波形更接近于正弦波形。

如果将这一非正弦电压作用于 RC 串联电路，由于电容 C 对高次谐波呈现的阻抗小，因而电流中谐波次数越高其越显著，结果就是电流波形比电压波形更偏离正弦波形。

三、设计要求

1. 观察基波波形。电源 u_1 的频率为 50 Hz，电压幅值为 110 V，用示波器观察 u_1 的波形，并将结果绘制在坐标纸上。
2. 观察三次谐波波形。电源 u_3 的频率为 150 Hz，电压幅值为 50 V，用示波器观察 u_3 的波形，并将结果绘制在坐标纸上。
3. 观察马鞍波形与尖顶波形。
（1）同时接通电源 u_1 和电源 u_3，用示波器观察两个电源叠加后的电压 u_{13} 的波形，并

将结果绘制在坐标纸上。

（2）将电源 u_3 的正负极性对换，用示波器观察两个电源叠加后的电压 u'_{13} 的波形，并将结果绘制在坐标纸上。

（3）分析电压 u_{13} 和电压 u'_{13} 的波形关系。

4. 构建一个 *RL* 串联电路，同时接通电源 u_1 和电源 u_3，改变电感 *L* 的参数，通过示波器观察电阻电压和电感电压的波形，分析电感元件参数对非正弦电流的影响。

5. 构建一个 *RC* 串联电路，同时接通电源 u_1 和电源 u_3，改变电容 *C* 的参数，通过示波器观察电阻电压和电容电压的波形，分析电容元件参数对非正弦电流的影响。

四、实验报告要求

1. 自行设计电路，选择合适参数，画出基波、三次谐波、马鞍波和尖顶波的波形图。
2. 分别绘出 *RL* 和 *RC* 串联电路中总的电压波形与电流波形。

五、思考题

试设计一个低通滤波电路，分析电感和电容参数对高频电流的作用。

实验五　指针式万用表的设计、仿真、安装与调试

一、常用万用表设计要求

1. 基本要求

用已有的微安表头设计一只万用表，功能要求如下：

（1）测量直流电流挡分为 2.5 A，250 mA，25 mA，2.5 mA，0.25 mA，0.15 mA。

（2）测量直流电压挡分为 2.5 V，10 V，50 V，250 V，1 000 V，10 kV。

（3）测量交流电流挡分为 10 A、1 A、100 mA。

（4）测量交流电压挡分为 10 V，50 V，250 V，1 000 V，10 kV。

（5）测量电阻分为 10 Ω，100 Ω，1 kΩ，10 kΩ，100 kΩ，1 MΩ。

（6）测量 NPN、PNP 晶体管的放大倍数 β 和 MOS 管的跨导 g_m。

2. 扩展要求

（1）能测量一定范围微法量级的电容。

（2）能测量一定范围毫亨量级的电感。

二、万用表部分功能的设计案例

指针式万用表目前基本上已被数字万用表取代，但磁电式表头构成的指针式仪表仍有广泛的市场，原因在于人的天性更适于观察、记忆图像，而不是数字，人们从数字仪表上得到的数字信息相对图像而言很容易遗忘，尤其容易遗忘不断变化的数字。所以，各种车、船、飞机上的速度测量仪表，化工企业中常用的压力表、流量表等都仍使用磁电式表头构成的指针式仪表，这些指针式仪表基本都是用相应的传感器对非电量信息进行采集，转化成电信号，再通过磁电式微安表头+指针+表盘进行显示的。故磁电式表头构成的指针式万用表的

电学基础地位仍然存在，它的设计、安装及调试能力仍是检验电气工程技术人员专业基础知识和技能水平的一面镜子。本实验与传统实验不同的地方是在设计、安装和调试中充分运用了先进的仿真工具进行辅助，让设计者在设计中切实认识到仿真工具对电子系统的设计、安装、调试效率的提高有着积极的作用。仿真工具对教学质量、效率的提高的作用也非常明显，比如，过去老师批改实验报告时，必须认真核对学生设计过程中的计算数据，有了仿真工具后，老师只需要求学生提交各个单元电路的设计结果的仿真验证源文件，老师打开仿真验证源文件后，直接在设计表头旁再串接一个校准表头（不用设置），运行一下，对比两个表头的数值就知道学生的设计质量了，这大大减轻了老师的教学工作量，很好地适应了今天"大众化"的本科教学现状。

下面设计、仿真一台简单、便携的指针式万用表，用以介绍设计调试与仿真辅助的方法。本案例设计指标如下：

（1）测量直流电流挡分为 250 mA，2.5 mA，100 μA。

（2）测量直流电压挡分为 2.5V，10V，50 V，250V。

（3）测量交流电流挡分为 2.5 mA，0.25 mA。

（4）测量交流电压挡分为 10 V，50 V，250 V，1 kV。

（5）测量电阻分为 10 Ω，100 Ω，1 kΩ，10 kΩ。

（6）测量 NPN、PNP 晶体管的放大倍数 β。

1. 认识指针式万用表的表头

（1）磁电式物理表头

指针式万用表的表头是一支灵敏度较高的磁电式微安表。它的直流灵敏度（即满偏电流值）I_g，一般为几十至几百微安，本案例选用的微安表头满偏电流为 $I_g = 83.3$ μA，将仿真表头设置到 83.3 μA。

当直流电流 I 流经表头时，产生的电磁力矩 $M_t = NIBS$，此时游丝因扭转而产生反向力矩 $M_T = \alpha\theta$（其中 α 为游丝扭转系数），当两力矩平衡时，指针偏角为 θ，则流经电流与偏转角之间的关系为

$$I = \frac{\alpha}{NBS}\theta = K\theta$$

指针偏角 θ 线性地表示出直流电流的量值，N 为线圈匝数，B 为磁感应强度，S 为线圈横截面积。

当经整流的非正弦周期电流 $|i(t)|$ 流经表头时，产生瞬时电磁力矩 $M_i = |i(t)|NBS$，根据动量矩定理，合外力矩的冲量等于物体角动量的增量，则有

$$(M_i - M_T)\,\mathrm{d}t = \Delta(I\omega)$$

其中 M_T 为指针游丝弹力力矩，I 为转动部分的转动惯量，ω 为角速度，当频率较高（$f > 10$ Hz）时，偏转指针基本保持稳定的偏角 θ，则

$$\int_0^T \left[N\,|i(t)|\,BS - \alpha\theta\right]\mathrm{d}t = \Delta(I\omega) = 0$$

$$\int_0^T |i(t)|\,\mathrm{d}t = \frac{\alpha}{NBS}\theta \cdot T = K\theta \cdot T$$

故非正弦周期电流整流平均值 I_{rect} 为

$$I_{rect} = \frac{1}{T}\int_0^T |i(t)|\,\mathrm{d}t = K\theta$$

可见非正弦周期电流整流平均值与等量值直流电流产生相同的偏角 θ，故指针偏角 θ 亦可线性表示出非正弦周期电流的整流平均值。

指针式万用表的磁电式物理表头有一定的直流电阻 R_g，一般为几百欧至几千欧。为了设计计算及调试方便，通常在表头上再串联一个与表头内阻 R_g 接近的可调电阻 R_0，使表头支路电阻（R_g+R_0）可以调为一个简单整数。比如：目前设计选用的表头，$R_g \approx 950 \sim 1\,050\ \Omega$，故 R_0 选用 $1\,000\ \Omega$ 可调电阻，使（R_g+R_0）$= 1\,500\ \Omega$，称其为表头支路电阻 $R_C = R_g + R_0$，串接电阻后的物理表头如图 1-3-5-1（a）所示。

（2）磁电式仿真表头

磁电式仿真表头是设计完成后，用于仿真验证用的，故磁电式仿真表头的电参数必须和磁电式物理表头的电参数一样。具体方法为：选用软件里的 Multimeter（模拟万用表）直流电流挡做表头，双击图 1-3-5-1（b）中"XMM1"，在出现的仪表界面上按下相应按钮切换成测直流电流功能，点击 Set...，按照磁电式物理表头电参数设置该仿真表头参数，将 Ammeter overrange 设置到 83.3 μA，Ammeter resistance 设置到 950 Ω，具体操作如图 1-3-5-1（c）所示。

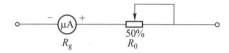

(a) 串接电阻后的物理表头

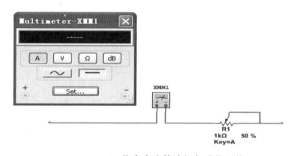

(b) 仿真表头的选择与功能切换

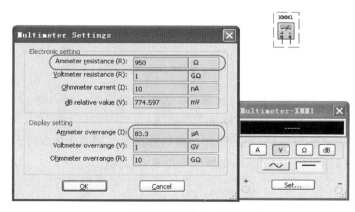

(c) 仿真表头的内部参数设置

图 1-3-5-1　指针式万用表的物理表头、仿真表头参数设置

2. 直流电流的测量

（1）表头量程扩展电路方案选择

图 1-3-5-1（a）所示的表头支路所测电流不能超过表头满偏电流 I_g，为了测量较大的电流，需进行电流扩程。图 1-3-5-2 是两种扩程方式。其中，图 1-3-5-2（a）为开路式扩程，它的严重缺点是载流换挡时全电流经表头，使表头过流甚至烧毁。因此，开路时扩程不能用于电流测量电路。图 1-3-5-2（b）为闭路式扩程电路，与表头固定并联电阻 R_S，而并有 R_S 的表头叫综合表头。综合表头的满偏电流为 I_C。流过 R_S 的电流为 I_S，为了最大限度地提高表头灵敏度，又便于计算，取 I_C 为最接近于 I_g 的整数值。如这次设计我们选择的表头，$I_g = 83.3\ \mu A$，取 $I_C = 100\ \mu A$。

（2）表头扩展量程并联电阻的计算方法

根据 KVL 方程列出的表头扩展量程并联电阻的计算方法如下

$$R_S(I_C - I_g) - I_g R_G = 0$$

则

$$R_S = \frac{I_g \cdot R_G}{I_C - I_g}$$

对于本案例所选表头：

$$R_S = 83.3\ \mu A \times 1.5\ k\Omega / (100\ \mu A - 83.3\ \mu A) \approx 7.5\ k\Omega$$

为了获得不同的电流量程，可以用若干电阻 R_1、R_2、R_3、$\cdots$、R_n 串联，使 $R_1 + R_2 + R_3 + \cdots + R_n = R_S$，从这些串联电阻之间抽头，可获得不同的量程 I_n，如图 1-3-5-2（c）（d）所示。

本例对万用表直流电流的量程共选择 3 挡，说明设计方法。其他量程的设计方法与此相同。

$$I_1 = 250\ mA$$
$$I_2 = 2.5\ mA$$
$$I_3 = 100\ \mu A = I_C$$

R_S 的串联电阻为（学生报告要补充出串联电阻计算公式的推导过程）

$$R_1 = \frac{(R_G + R_S)I_g}{I_1} = \frac{(1.5 + 7.5) \times 10^3 \times 83.3 \times 10^{-6}}{250 \times 10^{-3}}\ \Omega \approx 3\ \Omega$$

$$R_2 = \frac{(R_G + R_S)I_g}{I_2} - R_1 = \frac{(1.5 + 7.5) \times 10^3 \times 83.3 \times 10^{-6}}{2.5 \times 10^{-3}}\ \Omega - 3\ \Omega \approx 297\ \Omega$$

$$\cdots\cdots$$

$$R_n = \frac{(R_G + R_S)I_g}{I_n} - (R_1 + R_2 + R_3 + \cdots + R_{n-1})$$

由于 $I_3 = 100\ \mu A$，电流量值较小，转换开关容易引起误差，故 100 μA 挡不通过转换开关，直接从表面引出，也就是图 1-3-5-2 中的"+"符号端。

如果仿真，将图 1-3-5-2 中的电流表用仿真软件里的万用表代替即可，如图 1-3-5-3 所示，该图是仿真校验 250 mA 量程的电路，万用表设置同图 1-3-5-1（b）（c），表头校准表不需设置。

思考：

① R_1 在电路中有什么作用，如何取值？

② I_C 为什么取接近于 I_g 的整数值？

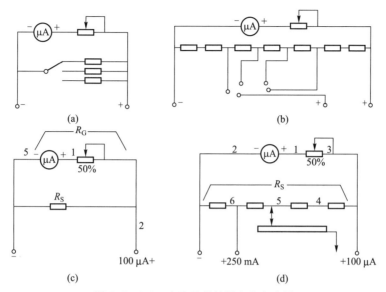

图 1-3-5-2　表头量程扩展电路方案图

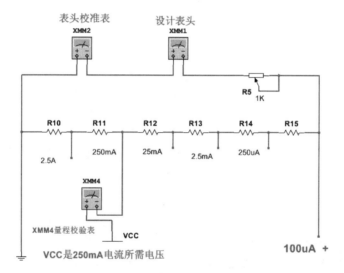

图 1-3-5-3　直流电流设计仿真图

③ 为什么电流挡量程转换只能采用闭路转换？

3. 直流电压的测量

增加了 R_S 的综合表头测得的最大电流很低，根据 $U_G = \dfrac{R_G R_S}{R_G + R_S} I_G$ 可知，需根据最小电流量程 I_G 串入不同降压电阻，电压量程采用开路转换形式。

直流电压的测量原理图如图 1-3-5-4 所示。

综合表头直流电压灵敏度 $K_D = 1/I_G$（满量程电流越小，灵敏度越高），将分母 I_G 用 V/R 取代，K_D 的单位为 Ω/V，$K_D = 1\ \Omega/\mathrm{V}$ 的含义是：1 A 理想表头（内阻 = 0），承受 1 V 电压，需要外接 1 Ω 电阻。

55

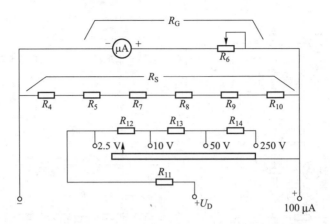

图 1-3-5-4　直流电压的测量原理图

本例所用万用表综合表头的直流电压灵敏度 $K_D = \dfrac{1}{100\ \mu A} = 10\ k\Omega/V$；综合表头内阻 $R_A = R_G // R_S = 1.5\ k\Omega // 7.5\ k\Omega = 1.25\ k\Omega$。

直流电压量程 U_D 为 2.5 V，10 V，50 V，250 V 四挡。各挡降压电阻 R_D 为

$$R_D = K_D U_D - R_A\ (K_D U_D\ \text{是量程所需总电阻,学生报告中需有公式推导过程})$$

故各挡降压电阻分别为 R_{11}，R_{12}，R_{13}，R_{14}，其中

$$R_{11} = (10 \times 2.5 - 1.25)\ k\Omega = 23.75\ k\Omega$$

$$R_{12} = 10 \times (10 - 2.5)\ k\Omega = 75\ k\Omega$$

$$R_{13} = 10 \times (50 - 10)\ k\Omega = 400\ k\Omega$$

$$R_{14} = 10 \times (250 - 50)\ k\Omega = 2\ M\Omega$$

如果仿真，将图 1-3-5-4 中的电流表用仿真软件里的万用表代替即可，如图 1-3-5-5 所示，万用表的设置同图 1-3-5-1 (b)(c)。滑动触点用仿真软件里的单刀单掷开关代替。

思考题：

① 直流电压灵敏度表达直流电压表的什么特性？如何求得直流电压灵敏度？

② 为什么电压挡采用开路转换，而且只能开路转换？

③ R_{14} 后面再串入 7.5 MΩ 的电阻作 1 000 V 挡有什么好处？

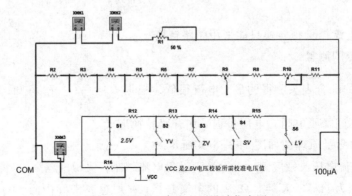

图 1-3-5-5　直流电压设计仿真图

4. 交流电流与交流电压的测量

（1）交流电流测量电路的设计

由上面可知磁电式仪表可以测量周期电流的整流平均值，对于正弦电流，全波整流平均值与正弦电流有效值关系为 $I_{rect} = 2\sqrt{2}I/\pi$，而半波整流时（$I$ 为正弦交流电流的有效值），

$$I_{rect} = \sqrt{2}I/\pi$$

其中，I_{rect} 为正弦交流电流的平均值，即正弦电流半波整流平均值为其有效值的 $\sqrt{2}/\pi$。

万用表通常利用测量半波整流平均值，对应测量正弦电流有效值 $I = \dfrac{\pi}{\sqrt{2}}I_{rect}$。

为了减少挡位，一般的万用表均不设置使用很少的交流电流测量挡。

本例万用表综合表头的最小量程为 $I_G = 100~\mu A$，则

$$I_{min} = \frac{\pi}{\sqrt{2}} \times 100~\mu A \approx 222.2~\mu A$$

为了设计方便，其交流综合表头电流灵敏度 $I = 250~\mu A$，电压灵敏度 $K_A = 4~k\Omega/V$，由于二极管半波整流时，二极管反向穿透电流存在泄漏，使得锗管的整流效率为 0.98，硅管的整流效率为 0.99。

$$I_{rect} = \frac{\sqrt{2}}{\pi}I \cdot \eta$$

交流电流的测量原理图如图 1-3-5-6 所示。

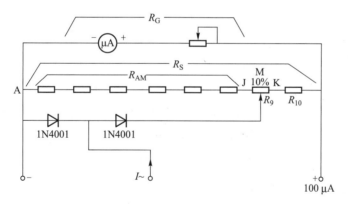

图 1-3-5-6　交流电流的测量原理图

如图 1-3-5-4 所示的本案例万用表内

$$I_M = I_{rect} = \frac{\sqrt{2}}{\pi} \times 250~\mu A \times 0.99 \approx 111.4~\mu A$$

故在 R_S 电阻上抽头位置为

$$R_{AM} = \frac{R_G + R_S}{I_{rect}} \cdot I_g$$

本案例万用表取 $R_{AM} = \dfrac{9~k\Omega}{111.4~\mu A} \times 83.3~\mu A \approx 6.73~k\Omega$。考虑二极管整流效率的差异以

及表头满偏电流 I_g 的误差，I_M 应有 $\pm 5\%$ 的可调范围。

当 $I_{M1} = 111.4 \times 1.05\ \mu A \approx 117\ \mu A$ 时，$R_{AJ} \approx 6.41\ k\Omega$，$I_{M2} = 111.4 \times 0.95 \approx 105.8\ \mu A$，$R_{AK} \approx 7.08\ k\Omega$，$R_{AK} - R_{AJ} \approx 0.67\ k\Omega$，故设可变电阻 $R_9 = 650\ \Omega$ 用于调试。

$$R_{10} = R_S - R_{AM} - \frac{R_9}{2} \quad (R_{AM} \text{中也包含了} \frac{1}{2} R_9)$$

$$R_{10} \approx 7.5\ k\Omega - 6.73\ k\Omega - R_9/2 = 445\ \Omega$$

取标称值电阻 $R_{10} = 510\ \Omega$，$R_9 = 650\ \Omega$。

$I = 250\ \mu A$ 时，交流电压灵敏度 $K_\mu = 1/250\ \mu A = 4\ k\Omega/V$

交流表头内阻

$$R_M = \frac{R_{AM}(R_G + R_S - R_{AM})}{R_G + R_S} \approx \frac{6.73 \times (1.5 + 7.5 - 6.73)}{7.5 + 1.5}\ k\Omega \approx 1\ 697.45\ \Omega$$

故本设计案例所用交流表头内阻

$$R_M = 1\ 698\ \Omega$$

100 mA 和 1 A 交流电流挡具体电路的设计方法请参照直流电流测量电路的设计。

（2）交流电压测量电路的设计

流经交流表头的半波电流有效值为 $\frac{I}{\sqrt{2}} \eta \approx 175\ \mu A$。其有效电压值

$$U_M = R_M \times I \times \frac{1}{\sqrt{2}} \times \eta \approx 1\ 698 \times 175 \times 10^{-6}\ V \approx 0.297\ V$$

二极管正向压降为 0.7 V，交流电压测量共分为 10 V，50 V，250 V，1 kV 四挡，如图 1-3-5-7 所示，各降压电阻

$$R_{15} = K_A (10 - U_M - 0.7) \approx 36.4\ k\Omega$$

$$R_{16} = K_A (50 - 10) = 160\ k\Omega$$

$$R_{17} = K_A (250 - 50) = 800\ k\Omega$$

$$R_{18} = K_A (1\ 000 - 250) = 3\ M\Omega$$

交流电压的测量原理图如图 1-3-5-7 所示。

上述电阻 $R_{15} \sim R_{18}$ 是针对电压灵敏度为 4 kΩ/V 设计的，故直流电压仍可利用此电阻总阻值，保持直流电压灵敏度为 4 kΩ/V 的条件下，实现 1 000 V 挡的测量，如图 1-3-5-8 所示，其满偏电流 $I_5 = 250\ \mu A$，则

$$R_5 = (R_G + R_S) / I_S \times I_g - (R_1 + R_2 + R_3 + R_4) = 2\ 700\ \Omega$$

表头内阻变为 $R_F = 3\ k\Omega \times 6\ k\Omega / 9\ k\Omega = 2\ k\Omega$

应串分压电阻为 4 kΩ/V $\times$ 1 000 V $-$ 2 kΩ = 3.998 MΩ，即该电阻应用于交流 1 000 V 挡的降压电阻时，测量电压误差仅为万分之五。

如果仿真，将图 1-3-5-6 至图 1-3-5-8 中的电流表用仿真软件里的万用表代替即可，设置同图 1-3-5-1（b）（c），滑动触点用仿真软件里的单刀单掷开关代替，如图 1-3-5-5 所示。

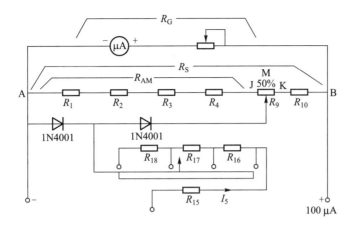

图 1-3-5-7　交流电压的测量原理图

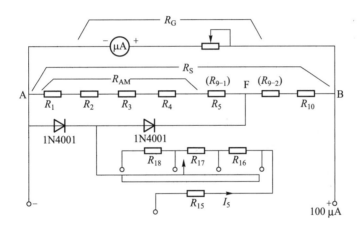

图 1-3-5-8　1 000 V 交流电压的测量原理图

思考（如图 1-3-5-6 所示）：

① 半波整流电流为什么不从 J 点引入，而要选 M 点？

② 如何确定 R_9 的大小？

③ 交流电压灵敏度为什么总比直流电压灵敏度低？

④ 为什么计算半波电流引入 M 时用 I_{rect}，而计算表头压降时，用半波有效值 $\dfrac{I}{\sqrt{2}}\eta$？

5. 电阻的测量

从 R_S 上各电阻间任意插头，串入一个电阻 R_{19} 和电池，即可用于测量电阻阻值，如图 1-3-5-9 所示。

当外电路短路（即负载电阻 $R_X = 0$）时，对于一定的电池电动势，调整串联电阻 R_S 上的抽头点，使表头指针满偏，总电流为 I_a，此时闭合电路的总电阻称为中心值电阻 R_a，当外电路被测电阻 $R_X = R_a$ 时，闭合电路中电流为 I_a，当然表头指针偏角为最大偏角的一半。

当 $R_X = 0$ 时，指针偏角为 θ_M；

当 $R_X = R_a$ 时，指针偏角为 $1/2\theta_M$；

59

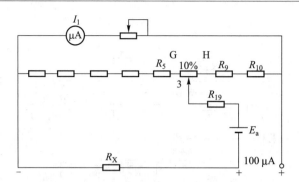

图 1-3-5-9 电阻的测量原理图

当 $R_X = 2R_a$ 时，指针偏角为 $1/3\theta_M$；

当 $R_X = NR_a$ 时，指针偏角为 $\dfrac{1}{(N+1)}\theta_M$。

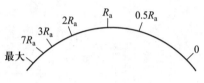

图 1-3-5-10 指针偏角示意图

指针表盘上非线性地标出指针不同偏角所对应的外侧电阻的阻值，如图 1-3-5-10 所示，偏角越大，示数越稀，偏角越小，示数越密。

常用电阻挡测量电路有三种，如图 1-3-5-11 （a）（b）（c）所示。

图 1-3-5-11 （a）所示电路在电池电压变化时，调整可变电阻，则中心值变化太大，图 1-3-5-11 （b）所示电路在调整可变电阻时，表头灵敏度太大，会产生较大误差，唯有图 1-3-5-11 （c）所示电路当电池电压在 1.2~1.8 V 之间变化时，其测量误差均很小，在 R_s 的串联支路上，各点抽头时的满偏电流图如图 1-3-5-12 所示。电阻挡抽头宜选在 $(R_G + R_s)/2$ 的 N 点附近。此时，综合表头电流为 $2 \times I_a \approx 166.6\ \mu A$。为了计算方便，取 $I_N = 150\ \mu A$。

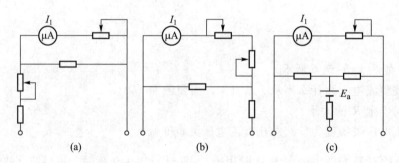

图 1-3-5-11 常用电阻挡测量电路

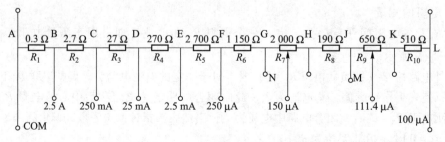

图 1-3-5-12 各点抽头时的满偏电流图

① 当电池电动势等于 1.5 V 时，中心值电阻 $R_a = \dfrac{E_a}{150\ \mu A} = 10\ k\Omega$。

根据电阻并联分流定理，R_S 支路上抽头点与 A 点间电阻 $R_{AN} = \dfrac{R_G + R_S}{150\ \mu A} \cdot I_g = 4.998\ k\Omega \approx 5\ k\Omega$（学生报告中需有该公式的推导过程）。

综合表头内阻为 2.22 kΩ，则应串入电阻

$$R_{19} \approx R_a - 2.22\ k\Omega = 7.78\ k\Omega$$

② 当电池电动势大于 1.5 V 时，N 点左移。

电池电动势 $E_a = 1.8$ V 时，

$$\left[\frac{R_{AG}(R_G + R_S - R_{AG})}{R_G + R_S} + R_{19}\right] I_{N1} = 1.8\ V$$

$$\frac{R_{AG}}{R_G + R_S} I_{N1} = I_g$$

代入数值可求得 $\qquad\qquad R_{AG} = 4.15\ k\Omega$

③ 当电池电动势小于 1.5 V 时，N 点右移。

当电池电动势 $E_a = 1.2$ V 时，

$$\left[\frac{R_{AH}(R_G + R_S - R_{AH})}{R_G + R_S} + R_{19}\right] I_{N2} = 1.2\ V$$

$$\frac{R_{AH}}{R_G + R_S} \cdot I_{N2} = I_g$$

代入数值可求得 $\qquad\qquad R_{AH} = 6.07\ k\Omega$

故 $\qquad\qquad\qquad\qquad R_{GH} = R_7 = 6.07\ k\Omega$

因此用可变电阻代替 R_7

故 $\qquad R_6 = 4.15\ k\Omega - (R_1 + R_2 + R_3 + R_4 + R_5) = 1.15\ k\Omega$

$$R_8 = 7.5\ k\Omega - (R_1 + R_2 + R_3 + R_4 + R_5 + R_6 + R_7 + R_9 + R_{10})$$

$$= 7.5\ k\Omega - (4.15 + 2 + 0.65 + 0.51)\ k\Omega$$

$$= 0.19\ k\Omega = 190\ \Omega$$

上述情况中，电阻挡中心值电阻分别为

$$\left(\frac{4.15 \times 4.85}{9} + 7.78\right)\ k\Omega \approx 10.02\ k\Omega$$

$$\left(\frac{6.15 \times 2.85}{9} + 7.78\right)\ k\Omega \approx 9.73\ k\Omega$$

其误差为 0.29 kΩ，相对误差为 2.9%，小于 5%。符合电阻挡 5% 的误差要求。

要测量较小电阻时，应将中心值电阻降低，故采用并联电阻的办法，如图 1-3-5-13 所示。

中心值为 $10 \times 100\ \Omega = 1\ \text{k}\Omega$ 时，需并联电阻 R_{20}。

中心值为 $10 \times 10\ \Omega = 100\ \Omega$ 时，需并联电阻 R_{21}。

中心值为 $10 \times 1\ \Omega = 10\ \Omega$ 时，需并联电阻 R_{22}。

由于 $R_{20} // 10\ \text{k}\Omega = 1\ \text{k}\Omega$，则 $R_{20} \approx 1.11\ \text{k}\Omega$。

由于 $R_{21} // 10\ \text{k}\Omega = 100\ \Omega$，则 $R_{21} \approx 101\ \Omega$。

由于 $R_{22} // 10\ \text{k}\Omega = 10\ \Omega$，则 $R_{22} \approx 10.01\ \Omega$。

当转换开关的接触电阻阻值极低时，只考虑电池内阻的影响，取

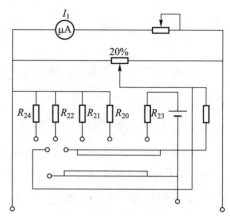

图 1-3-5-13　测量较小电阻的方法

$$R_{20} = 1.1\ \text{k}\Omega \quad R_{21} = 100\ \Omega \quad R_{22} = 9\ \Omega$$

为了测量较高电阻，需提高中心值电阻，使之为 $100\ \text{k}\Omega$，故应串入 $90\ \text{k}\Omega$ 电阻，除去电池内阻约 $2\ \text{k}\Omega$，应串入电阻 $R_{23} = 88\ \text{k}\Omega$。为了能获得 $150\ \mu\text{A}$ 的电流，需提高电源电动势 E_a 至 $15\ \text{V}$。

如果仿真，将图 1-3-5-7 至图 1-3-5-9 中的电流表用仿真软件里的万用表代替即可，其设置同图 1-3-5-1 （b）（c）。滑动触点用仿真软件里的单刀单掷开关代替。

思考：

① 中心值电阻 $R_Z = 12\ \text{k}\Omega$，应如何设计电阻挡电路？

② 这样设计是否会造成 R_7 和 R_9 的重叠？

6. 晶体管电流放大倍数的测量

（1）NPN 管 β 参数的测量

设计参考电路如图 1-3-5-14 （a）所示，NPN 管基极电阻 $R_3 = 20.5\ \text{k}\Omega$。

（2）PNP 管 β 参数的测量

设计参考电路如图 1-3-5-14 （b）所示。设计过程由同学们自己完成。

图 1-3-5-14 （b）中，分流电阻 $R_2 = 20.5\ \text{k}\Omega$，PNP 管基极电阻 $R_3 = 43.2\ \text{k}\Omega$。

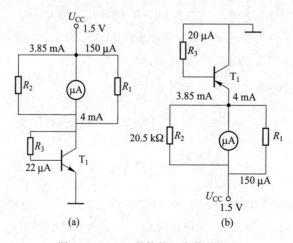

图 1-3-5-14　晶体管 β 参数的测量

由于设计参考电路图没有考虑晶体管穿透电流，故该方案测量出的 $h_{FE}(\beta)$ 值有一定误差。同学们也可以重新选择其他更精确的测量方案。

如果仿真，将图 1-3-5-11 至图 1-3-5-12 中的电流表用仿真软件里的万用表代替即可，其设置同图 1-3-5-1（b）（c）。

7. 保护电路

在表头上并联反向并联的两只二极管，其作用是在误差测量过程中，当电流过大，造成表头电压大于 0.7 V 及表头电流超过 700 μA（0.7 V/R_g）时泄流，保护表头。与之并联的电解电容可以对脉电流削顶，防止对表头的冲击。因此，此表误挡时，一般不会烧坏表头，但有可能烧坏其他元件。电气原理图如图 1-3-5-15 所示。

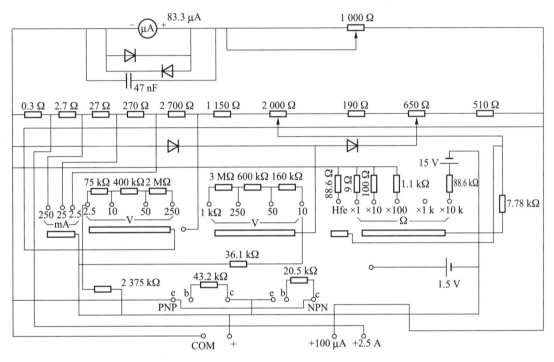

图 1-3-5-15　电气原理图

如果仿真，将图 1-3-5-15 中的电流表用仿真软件里的万用表代替即可，其设置同图 1-3-5-1（b）（c）。仿真时，可暂不考虑保护电路的元件。

以上是一个指针式万用表的设计、仿真案例，供设计者参考，本案例虽然强调仿真的作用，但若有条件，能在实验室进行实物安装、调试将更加理想。

三、安装与调试

用实验室物理安装、调试方法进行实物安装、调试，实验室准备好 100 μA 表头，按照安装图安装，图 1-3-5-16 是安装图示例。安装要求：元件布置合理，检查无误，无虚假焊接，即可进行初测。初测方法是转换开关指向 2.5 mA，转换簧片对准 3 脚，适度旋紧螺母；对准转换簧片，用一标准用表测量各挡电阻，其数据大致如下：2.5 mA 挡为 30 Ω，25 mA 挡为 3 Ω，250 mA 挡为 0.3 Ω，2.5 V 挡为 25 kΩ，10 V 挡为 100 kΩ，250 V、1 kV

挡电阻≥500 kΩ；交流 10 V 挡为 40 kΩ 左右，50 V 挡为 200 kΩ 左右。图 1-3-5-16（a）和（b）是 MF-50 型万用表接线图。

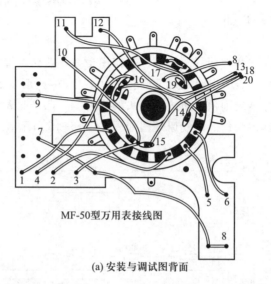

MF-50型万用表接线图

(a) 安装与调试图背面

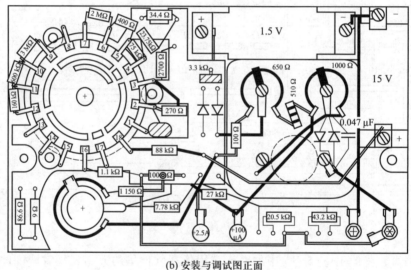

(b) 安装与调试图正面

图 1-3-5-16　安装图示例

电阻挡初测。加上电池，表笔短接电阻各挡调零自如即可，测量精度使用精密电阻测试，调整微调电阻即可。

100 μA 校正：按图 1-3-5-17（a）接线，调整与表头串联的可变电阻为 1 000 Ω，使表头灵敏度为 100 μA。注意校正完后换挡，以备交流校正用。

电压挡和 250 V 交流电压校正：按图 1-3-5-17（b）接线，调整表内微调可变电阻即可。调交流电压挡时注意安全，以防触电。

仿真校正的原理同上，下面给出仿真电流和电压校准电路及设计表头校准电路，如

图 1-3-5-18、图 1-3-5-19、图 1-3-5-20 所示，其他量程校准电路类似，交流挡仿真校准时，只需将相关直流电压电源改成交流电压电源即可，注意校准用万用表（图中所示 XMM2）的精度和范围要大于表头用万用表（图中所示 XMM1）的精度和范围，设置方法参见前面表头设置，只做仿真的同学要重点关注仿真校准方法。

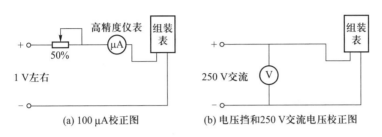

(a) 100 μA校正图　　　　　(b) 电压挡和250 V交流电压校正图

图 1-3-5-17　校正图

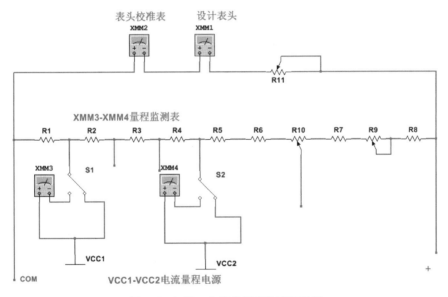

图 1-3-5-18　电流多量程仿真校准图

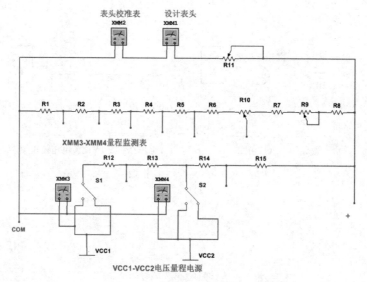

图 1-3-5-19 电压多量程仿真校准图

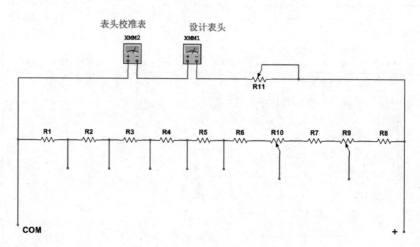

图 1-3-5-20 虚拟表头校准图

第二部分 模拟电子技术实验

一 基 础 实 验

实验一 常用虚拟与实际电子仪器、仪表、设备的使用

一、实验目的

1. 掌握仿真工具中常用虚拟模拟、数字电子仪器、仪表的使用。

2. 认识常用虚拟与实际电子仪器、仪表、设备的区别，掌握实际仪器、仪表、设备、实验专用导线质量的判断。了解实际电子仪器、仪表的主要技术指标。

3. 掌握直流电压、可变电阻、二极管、晶体管的质量测量。

4. 学会撰写、整理线上、线下实验资料。

5. 掌握仿真工具在实验中的运用，体会"工程仿真"的作用。

二、预习要求

1. 基本要求

（1）查阅本指导书附录和相关资料，认识、了解常用电子仪器、仪表在专业知识体系中的地位和作用。

（2）学习相关视频，完成预习报告后，再完成相应的作业。

2. 仿真步骤

1）原理仿真（注意：仿真图保存时，要保证再次打开时一定要有数据、波形）

（1）在仿真环境中的电路绘图区，放入与虚拟实验箱上左侧电压值（标称值）相同的 5 个直流电压源（注意不能同名），用虚拟模拟万用表 multimeter 直流电压挡进行测量，将结果与误差填入虚表 2-1-1-1 中。

虚表 2-1-1-1

标称值					
虚测值					
误差					

（2）在仿真环境中的电路绘图区中放入与虚拟实验箱上右侧、虚拟负反馈放大器实验板上、虚拟运放实验板上参数变化范围值（标称值）大小相同的 9 个（各 3 个）可变电阻，并用虚拟模拟万用表 multimeter 电阻挡分别测量其最大值、最小值，计算出每个可变电阻的 2 个误差，将结果与误差填入虚表 2-1-1-2 中（注意：在误差栏单元格里填入从左下到右上的对角线，对角线左侧填入最小值端，对角线右侧填入最大值误差）。

虚表 2-1-1-2

标称值									
虚测值									
误差									

注意：标称值要根据 DAM-II 实验箱、虚拟运放实验板、虚拟负反馈放大器实验板上的实际情况填写。

（3）虚拟模拟示波器 oscilloscope、虚拟模拟函数发生器 function generator 和虚拟模拟万用表 multimeter 交流电压挡的使用（0 dB 对应幅值为 10 V）。

① 双击虚拟模拟函数发生器 function generator 图标，调整输出信号为正弦波，频率为 5 kHz，幅值 V_p 为 5 V（注意 V_p 表示最大值）。

② 双击虚拟模拟示波器 oscilloscope 图标，调整幅值、周期单位至接近被测值，但幅值比被测值要略大一些，周期比被测值要略小一些。

③ 点击打开后的虚拟模拟示波器 oscilloscope 的右下 Reverse（反向）按钮，使屏幕背景变白。

④ 将虚拟模拟函数发生器 function generator、虚拟模拟万用表 multimeter、虚拟模拟示波器 oscilloscope 相连，虚拟模拟万用表 multimeter 选交流电压挡（有效值）。分别填写虚表 2-1-1-3 中各个衰减挡下的各项参数（dB = $20\lg V_2/V_1$）。

虚表 2-1-1-3

项目	虚拟模拟函数发生器幅度衰减						备注
	0 dB		−20 dB		−40 dB		
	幅度	频率	幅度	频率	幅度	频率	
虚拟模拟函数发生器显示值 V_{p-p}/V							
虚拟模拟万用表交流挡测量值	不填		不填		不填		
虚拟模拟示波器测量值 V_{p-p}/V							
虚拟模拟万用表 dB 挡/dB	不填		不填		不填		

2）工程仿真（注意：仿真图保存时，要保证再次打开时一定要有数据、波形）

（1）用虚拟数字万用表 Agilent multimeter 直流电压挡测量虚拟实验箱上左侧的 5 个直流输出电压值，将结果同"原理仿真"中的结果进行对比。

（2）用虚拟数字万用表 Agilent multimeter 电阻挡测量虚拟实验箱、虚拟运放实验板、虚拟负反馈放大器实验板上的可变电阻（每种虚拟设备最少测 3 个可变电阻），将结果同"原理仿真"中的结果进行对比。

（3）虚拟数字示波器 Tekronix oscilloscope、虚拟数字函数发生器 Agilent function

generator 和虚拟数字万用表 Agilent multimeter 交流电压挡（有效值）的使用方法如下。

① 打开虚拟数字函数发生器 Agilent function generator 电源，输出 5 kHz、峰-峰值为 10 V 的正弦波。

② 打开虚拟数字示波器 Tekronix oscilloscope 电源，任选择一个通道（4 选 1）与虚拟数字函数发生器 Agilent function generator 相连，将周期、幅值单位调至接近被测值(峰-峰值为 10 V、周期为 0.2 ms，注意：Tekronix oscilloscope 幅值/div 显示在屏幕左下方，周期时间/div 显示在屏幕下方中偏右的位置)。

③ 将虚拟数字函数发生器 Agilent function generator、虚拟数字万用表 Agilent multimeter、虚拟数字示波器 Tekronix oscilloscope 相连，虚拟数字万用表调到交流电压挡（有效值），分别读出虚表 2-1-1-3 中的各个参数，将结果同"原理仿真"中的结果进行对比。

三、实验原理

模拟电子技术实验中常用仪器、仪表同实验电路的关系框图如图 2-1-1-1 所示。

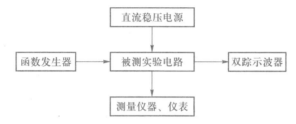

图 2-1-1-1　模拟电子技术实验中常用仪器、仪表同实验电路的关系框图

四、实验内容与步骤

1. 基本要求

（1）熟悉实验平台，用实验平台检验专用导线的质量。

（2）用万用表电压挡测试 DAM-II 实验箱的直流输出电压，填入表 2-1-1-1 中。

表 2-1-1-1

标称值					
实测值					
误差					

注意：标称值要根据实验装置的实际情况填写。

（3）用万用表电阻挡测试 DAM-II 实验箱、虚拟运放实验板、虚拟负反馈放大器实验板上可变电阻的参数范围，填入表 2-1-1-2 中。

表 2-1-1-2

电阻挡自选挡位						
标称值						
实测值						
误差						

注意：标称值要根据实验装置的实际情况填写。

（4）双踪示波器、函数发生器、毫伏表的使用。

① 三种仪器接通电源。

② 函数发生器的输出选正弦波，频率选 5 kHz，峰–峰值为 10 V。

③ 毫伏表选择自动/手动，如选手动，则需选择量程（如果测未知量，则从最大量程开始）。

④ 将双踪示波器 CH1/CH2 通道的周期、幅值、亮度、聚焦、触发源、触发方式等旋钮/按钮调至正常状态（GND 状态时水平亮线在屏幕中央，注意其与虚拟示波器的异同处）。

⑤ 将函数发生器测试线同双踪示波器相连，分别读出其在各衰减挡要求下的电压值和频率值，填入表 2-1-1-3 中。

⑥ 把函数发生器测试线同毫伏表测试线相连（同色相接），分别在毫伏表上读出表 2-1-1-3 中各衰减挡要求下的各项参数（$dB = 20\lg V_2/V_1$）。实际万用表交流电压挡（有效值）测量时，要注意与毫伏表（有效值）测量值进行对比。（思考：实际操作为什么会有毫伏表?）

表 2-1-1-3

项目	虚拟函数发生器幅度衰减						备注
	0 dB		−20 dB		−40 dB		
	幅度	频率	幅度	频率	幅度	频率	
虚拟函数发生器显示值 V_{p-p}/V							
毫伏表测量值（有效值）	不填		不填		不填		
双踪示波器测量值 V_{p-p}/V							
万用表交流电压挡测量值（有效值）	不填		不填		不填		

（5）用万用表二极管挡测量虚拟运放实验板上 4 只二极管的质量，根据原理定方法，将结果填入自制表格中。

（6）用万用表二极管挡测量虚拟负反馈实验板上 3 只独立晶体管的质量，根据原理定方法，将结果填入自制表格中。

2. 扩展要求

（1）测量所用物理万用表交流挡误差 10% 时的带宽上限。

（2）用仿真软件构建电容移相电路，并用软件中的示波器观察，并记录结果。

（3）如何用万用表检查 5 号电池的电量，写出方法。

五、线上和线下应交资料及要求

1. 线上应交资料及要求

（1）本实验线上教学资源成绩截图。

（2）实验预习报告（写在电子版模板上）。

（3）本实验"原理仿真"所用仿真工具源文件。

（4）本实验"工程仿真"所用仿真工具源文件。

（5）电子版实验报告（将手写的实验报告拍照，编辑成 word 文档）。

说明：① 本次实验报告数据分析主要写万用表和毫伏表实测值的误差原因。

　　　② 进实验室后，以上 5 种线上资料要按时上交给学习委员。

2. 线下应交资料及要求（手写实验报告）

（1）简写原理/设计过程，详细记录实验过程（附上与身份证明同框的实验结果的图片，实际仪器、仪表要有波形或数据，数据不清楚的请在图片上标注）。

（2）撰写"实验结果与数据分析"（撰写实际操作毫伏表与万用表测交流参数的误差分析和影响因素分析）。

（3）回答本实验的思考题（不少于 2 题）。

（4）记录实验过程中遇到的印象最深刻的问题及解决过程（写在实验体会中）。

注意：实验报告要写在专门的纸质模板上（班级统一发放），待课程结束后，统一上交给学习委员。

六、实验设备

请根据实际情况如实记录实验中用到的仪器、仪表、实验台及实验板编号、主要元器件（名称、型号、数量）。

七、思考题

1. 虚拟万用表 dB 功能挡测出的数据是什么？它同虚拟万用表交流挡测出的数据有什么关系？

2. 写出虚拟仪器、仪表同物理仪器、仪表相比还不完善之处，查资料，画出模拟物理函数发生器和示波器的内部电路的原理框图。

3. 毫伏表能否测量直流信号？对非正弦信号的有效值可以直接用毫伏表测量吗？

4. 示波器已能正常显示波形时，仅将 t/div 旋钮从 1 ms 位置旋到 10 μs 位置，屏幕上显示的波形周期是增大还是减小？

5. 用示波器定量测量波形幅度和周期时，如果要读精确，应把哪两个旋钮顺时针旋到底？

八、实验体会

主要写完成本实验后自己的感想和建议。

实验二　BJT 单管放大电路的测量

一、实验目的

1. 学会放大器静态工作点的调试方法，分析静态工作点对放大器性能的影响。

2. 掌握放大器电压放大倍数的测量方法。

3. 掌握输入电阻、输出电阻及最大不失真输出电压的测量方法。

4. 进一步理解静态工作点、电流放大倍数、电压放大倍数等理论知识点。

5. 掌握仿真工具在实验中的运用，体会"工程仿真"的作用。

二、预习要求

1. 基本要求

（1）根据图 2-1-2-1 所示电路和理论知识估算、预测电路参数。

（2）预测时 $R_P = 50 \text{ k}\Omega$，$\beta = 150$，$r_{bb'} = 300 \ \Omega$。

（3）在仿真工具中，仿照图 2-1-2-1 所示电路进行原理仿真，验证估算、预测的电路参数。

（4）根据原理仿真，在虚拟实验设备上进行工程仿真，提前熟悉实验环境。

2. 估算内容与仿真步骤

1）估算内容

（1）根据实验原理中的公式计算预表 2-1-2-1 中的各项参数（思考 I_B 怎么填）。

预表 2-1-2-1

电压计算值				电流计算值	
U_B/V	U_C/V	U_E/V	$U_{R_{b2}+R_P}$/V	I_B/μA	I_C/mA

（2）根据实验原理中的公式计算预表 2-1-2-2 中 A_u 的参数（思考 R_L 与 A_u 的关系）。

预表 2-1-2-2

条件	计算值
R_L	A_u
$R_L = \infty$	
$R_L = 2.4 \text{ k}\Omega$	

2）仿真步骤

（1）原理仿真（注意：仿真图保存时，要保证再次打开时一定要有数据、波形）

① 在仿真工具上搭建如图 2-1-2-1 所示电路，调整静态工作点，分别用虚拟模拟万用表和虚拟数字万用表测量调好的静态工作点（具体方法请参考附录十一中的实验二），并将数字万用表的测量结果，填在虚表 2-1-2-1 中，模拟万用表的测量结果可作为参考。

虚表 2-1-2-1

虚测值				虚测算值	
U_B/V	U_C/V	U_E/V	$U_{R_{b2}+R_P}$/V	I_B/μA	I_C/mA

② 在步骤①的基础上，分别用虚拟模拟示波器 oscilloscope、虚拟模拟函数发生器 function generator 测量电路的交流参数，将结果填在虚表 2-1-2-2 中。

③ 再用虚拟数字示波器 Tekronix oscilloscope、虚拟数字函数发生器 Agilent function generator 重复步骤②，参照虚表 2-1-2-2 自制表格填入结果。

④ 再用虚拟模拟万用表 multimeter 交流挡（有效值）和虚拟数字万用表 Agilent multimeter 交流挡（有效值）分别重复步骤②，参照虚表 2-1-2-2 自制表格填入结果。

虚表 2-1-2-2

条件	虚测值		虚测算值
R_L	U_i/mV	U_O/V	A_u
$R_L = \infty$			
$R_L = 2.4\ \text{k}\Omega$			

⑤ 在步骤①、②的基础上，调整 R_P，观察静态工作点对输出波形 U_O 的影响，具体方法可以参照附录十一，将结果记录在虚表 2-1-2-3 中。（思考实际电子产品在什么条件下静态工作点会改变，举例说明会发生的现象，写在"实验体会"中。）

虚表 2-1-2-3

R_P 值	U_B	U_C	U_E	U_{CE}	画出输出波形
正常不失真					
明显看到上半周失真					
明显看到下半周失真					

⑥ 记录电路中其他关键节点的电压或波形，用于工程仿真参考。

⑦ 将该电路所用虚拟器件晶体管的质量检验方法仿真图放在预习报告中。

（2）工程仿真（注意：仿真图保存时，要保证再次打开时一定要有数据、波形）

① 在仿真软件中打开课程提供的虚拟实验设备。

② 对照原理仿真电路，在虚拟实验设备上找到相同元器件，完成连线，连线不要接在虚拟实验设备元器件引线的端头上（需错过端头少许），以免修正时改变虚拟实验设备的固有布局结构（改动布局的仿真会被扣分）。

③ 在电路的输入、输出端分别接上虚拟函数发生器和虚拟示波器，并调整好电路元器件参数，观察、测量，将结果同"原理仿真"中的结果进行对比。

④ 记录电路中关键节点的电压或波形，用于实际操作时的故障排除。

三、实验原理

1. BJT 单管放大器实验电路

BJT 单管放大器实验电路如图 2-1-2-1 所示。

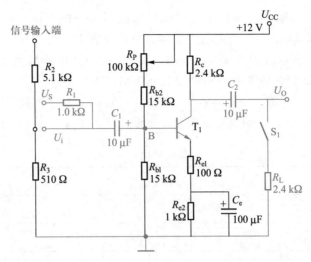

图 2-1-2-1 BJT 单管放大器实验电路

（注意：实验时，图中有一处需要自己连线完成，请认真分析）

2. 理论公式

$$U_B = \frac{R_{b1}}{R_{b1} + R_{b2} + R_P} U_{CC} \qquad (2-1-2-1)$$

$$I_E = \frac{V_B - V_{BE}}{R_{e1} + R_{e2}} \approx I_C \qquad (2-1-2-2)$$

$$A_u = -\beta \frac{R_c /\!/ R_L}{r_{be} + (1+\beta) R_{e1}} \qquad (2-1-2-3)$$

$$r_{be} = r_{bb'} + (1+\beta) \frac{26 \text{ mV}}{I_E} \qquad (2-1-2-4)$$

$$R_i = R_{b1} /\!/ R'_{b2} /\!/ r'_{be}$$

$$R'_{b2} = R_{b2} + R_P \qquad (2-1-2-5)$$

$$r'_{be} = r_{be} + (1+\beta) R_{e1}$$

$$R_o = R_c \qquad (2-1-2-6)$$

3. 输入、输出电阻的测量

（1）输入电阻 R_i 的测量

为了测量放大器的输入电阻，按图 2-1-2-2 所示电路在被测放大器的输入端与信号源之间串入一已知电阻 R，在放大器正常工作的情况下，用交流毫伏表测出 U_s 和 U_i，则根据输入电阻的定义可得

$$R_i = \frac{U_i}{I_i} = \frac{U_i}{\dfrac{U_R}{R}} = \frac{U_i}{U_s - U_i} R$$

测量时应注意以下几点：

① 由于电阻 R 两端没有电路公共接地点，因此测量 R 两端电压 U_R 时必须分别测出 U_s 和 U_i，然后按 $U_R = U_s - U_i$ 求出 U_R 值。

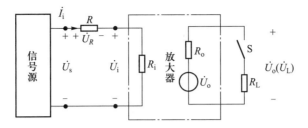

图 2-1-2-2　输入、输出电阻测量电路

② 电阻 R 的值不宜取得过大或过小，以免产生较大的测量误差，通常取 R 与 R_i 为同一数量级为好。

（2）输出电阻 R_o 的测量

按图 2-1-2-2 所示电路，在放大器正常工作条件下，测出输出端不接负载 R_L 时的输出电压 U_o 和接入负载后的输出电压 U_L，根据

$$U_L = \frac{R_L}{R_o + R_L} U_o$$

即可求出

$$R_o = \left(\frac{U_o}{U_L} - 1 \right) R_L$$

在测量中应注意，必须保持 R_L 接入前后输入信号的大小不变。

四、实验内容与步骤

1. 基本要求

（1）能对实验所用仪器、仪表及元器件的质量进行检验和判断。

（2）仿照"原理仿真"测量图 2-1-2-1 所示电路的直流（静态工作点）参数、交流参数。

（3）观察 R_P 的变化对输出波形的影响。

2. 扩展要求

（1）测量电路的输入电阻 R_i。

（2）测量电路的输出电阻 R_o。

（3）测量最大输出功率和带宽（$f_H - f_L$）。

（4）用物理电子元器件组装、调试该电路，并向老师答辩，请老师检查。

3. 实验步骤

（1）用专用导线接好如图 2-1-2-1 所示电路。

（2）静态工作点测量。接通电源，并按实验电路图接好函数发生器和示波器，函数发生器输出 10 kHz，峰-峰值在 4 V 左右的正弦信号输入电路，用实验法调好静态工作点（调节 R_P 使波形上下尽量对称，逐渐加大输入信号的幅值，使波形最大且不失真），使 $U_i = 0$，测量并记下 U_B、U_E、U_C 及 U_{Rb2+RP}。填入表 2-1-2-1 中，I_B、I_C 用间接测量法测算。

（3）调试过程方法请参考附录十一中实验二或线上相关视频，注意，晶体管正常工

作时 U_{BE} 电压在 0.6 V 左右，如果该电压正常，但输出波形不放大，则需检查导线和元器件，尤其要检查可变电阻是否有质量问题。

表 2-1-2-1

实测					测算	
U_B/V	U_C/V	U_E/V	U_{Rb2+RP}/V	$R_{b2}+R_P$/Ω	I_B/μA	I_C/mA

（4）放大倍数测量。在上一步的基础上，用示波器或毫伏表分别测量当 $R_L = \infty$ 及 $R_L = 2.4\ \mathrm{k}\Omega$ 时的输入电压 U_i 和输出电压 U_o，并用双踪示波器显示，根据测量值计算出 A_u，填入表 2-1-2-2 中。

表 2-1-2-2

条件	实测		测算
R_L	U_i/mV	U_o/V	A_u
$R_L = \infty$			
$R_L = 2.4\ \mathrm{k}\Omega$			

（5）观察工作点对输出波形的影响。保持输入信号不变，增大和减小 R_P，观察 U_o 波形变化，测量并记录在表 2-1-2-3 中。

表 2-1-2-3

R_P 值	U_B	U_C	U_E	U_{CE}	画出输出波形
正常不失真					
明显看到上半周失真					
明显看到下半周失真					

（6）当输入信号由 4 V 左右变为 0.4 V 或 0.1 V 时，重复第（2）（4）步，记入类似的自制表格中。将输入信号频率调到 500 kHz，记录其实验与 10 kHz、峰-峰值为 4 V 输入时的异同处。

（7）测量放大器的输入电阻 R_i 和输出电阻 R_o。

按本实验原理中叙述的方法，测出本放大器在步骤（3）条件下的输入电阻 R_i 和输出电阻 R_o。

（8）测量该电路的最大动态范围 U_{om} 和输出功率。

$$P_o = \frac{1}{2} \frac{U_{om}^2}{R_L} \quad （输出交流电压取最大有效值）$$

（9）测量该电路的 f_L、f_H，并计算带宽 BW。

测量方法请参考附录十一中的实验四。也可以在预习时，在仿真环境中用幅频特性测试仪测量（见附录六中附图 6-19 中正数第 6 个仪表），具体使用方法可自学。

五、线上和线下应交资料及要求

1. 线上应交资料及要求

（1）本实验线上教学资源成绩截图。

（2）实验预习报告（写在电子版模板上）。

（3）本实验"原理仿真"所用仿真工具源文件。

（4）本实验"工程仿真"所用仿真工具源文件。

（5）电子版实验报告（将手写的实验报告拍照，编辑成 word 文档）。

说明：① 本次实验报告数据分析主要写预测计算、仿真、实测数据的误差原因。

② 进实验室后，以上 5 种线上资料要按时上交给学习委员。

2. 线下应交资料及要求（手写实验报告）

（1）简写原理/设计过程，详细记录实验过程（附上与身份证明同框的实验结果的图片，实际仪器、仪表要有波形或数据，数据不清楚的请在图片上标注）。

（2）撰写"实验结果与数据分析"（写实验计算、仿真数据与实际操作数据的误差分析）。

（3）回答本实验的思考题（不少于 2 题）。

（4）记录实验过程中遇到的印象最深刻的问题及解决过程（写在实验体会中）。

注意：实验报告要写在专门的纸质模板上（班级统一发放），待课程结束后，统一上交给学习委员。

六、实验设备

请根据实际情况如实记录实验中用到的仪器、仪表、实验台及实验板编号、主要元器件（名称、型号、数量）。

七、思考题

1. 家用电器内的放大电路出现非线性失真的原因是什么？如何消除失真？

2. R_L 对放大器电压放大倍数有何影响？为什么？

3. R_{e1} 的值对交流放大倍数有无影响？为什么？对波形失真有无影响？为什么？

4. 测量静态工作点和放大倍数时只用万用表行吗？为什么？

八、实验体会

主要写完成本实验后自己的感想和建议。

实验三　BJT 低频 OTL 功率放大器

一、实验目的

1. 进一步理解 BJT 低频 OTL 功率放大器的工作原理。

2. 学会 BJT 低频 OTL 功率放大器的调试及主要性能指标的测量方法。

3. 了解自举电路在 OTL 电路中所起的作用。

4. 掌握仿真工具在实验中的运用，体会"工程仿真"的作用。

二、预习要求

1. 基本要求

（1）根据图 2-1-3-1 所示电路和理论知识估算、预测电路参数。

（2）在仿真工具上搭建如图 2-1-3-1 所示电路，进行原理仿真，验证估算、预测的电路参数。

（3）根据原理仿真，在虚拟实验设备上做工程仿真，提前熟悉实际实验环境。

2. 估算内容与仿真步骤

1）估算内容

（1）根据实验原理中的公式估算、预测 T_1、T_2、T_3 的基极、集电极、发射极的电压，填入自制表中（自制表可参考表 2-1-3-1）。

（2）根据实验原理中的公式估算、预测电路最大输出电压、最大输出功率、输出效率，填入自制表中（自制表可参考表 2-1-3-2）。

2）仿真步骤

（1）原理仿真（注意：仿真图保存时，要保证再次打开时一定要有数据、波形）

选择与实验室仪器、仪表相似的虚拟仪器、仪表完成以下内容。

① 仿真实验电路，如图 2-1-3-1 所示，调整好电路后，测量 T_1、T_2、T_3 的基极、集电极、发射极的电压，填入自制表中（自制表可参考表 2-1-3-1）。

② 调整好电路后，测量电路最大输出电压、最大输出功率、输出效率和频率响应，填入自制表中（自制表可参考表 2-1-3-2）。

③ 完成该电路所用虚拟晶体管（NPN、PNP）的质量检验仿真，截图要放在预习报告中。

④ 记录电路中关键节点的电压或波形，用于工程仿真参考。

（2）工程仿真（注意：仿真图保存时，要保证再次打开时一定要有数据、波形）

① 在仿真软件中打开课程提供的虚拟实验设备。

② 对照原理仿真电路，在虚拟实验设备上找到相同元器件，完成连线，连线不要接在虚拟实验设备元器件引线的端头上（需错过端头少许），以免修正时改变虚拟实验设备的固有布局结构（改动布局的仿真会被扣分）。

③ 在电路的输入、输出端分别接上虚拟函数发生器和虚拟示波器，并调整好电路元器件参数，观察、测量将结果同"原理仿真"中的结果进行对比。

④ 记录电路中关键节点的电压或波形，用于实际操作时的故障排除。

三、实验原理

1. BJT 低频 OTL 功率放大器

BJT 低频 OTL 功率放大器如图 2-1-3-1 所示。

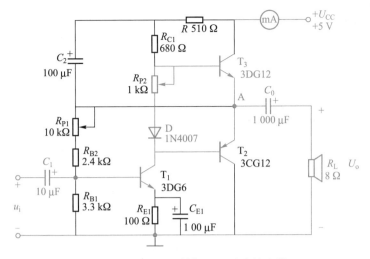

图 2-1-3-1　BJT 低频 OTL 功率放大器

2. 理论公式

最大不失真输出功率

$$P_{om} = \frac{U_{CC}^2}{8R_L} \qquad (2-1-3-1)$$

输出效率

$$\eta = \frac{P_{om}}{P_E} \qquad (2-1-3-2)$$

四、实验内容与步骤

1. 基本要求

（1）能对实验所用仪器、仪表及元器件的质量进行检验和判断。

（2）调整静态工作点并测量。

（3）测量最大不失真输出功率 P_{om}。

（4）测量输出效率 η。

（5）测量频率响应。

2. 扩展要求

（1）观察自举电容 C_2 的作用，断开 C_2，用示波器观察输出波形幅度的变化。

（2）用物理电子元器件组装、调试该电路，并向老师答辩，请老师检查。

3. 实验步骤

（1）按图 2-1-3-1 所示电路连接实验电路。

（2）静态工作点的调试与测量。

① 方法一：将输入信号旋钮旋至零，可变电阻 R_{P2} 置最小值，调节 R_{P1}，用直流电压表测量 A 点电位，使 $U_A = \frac{1}{2} U_{CC}$。

② 方法二：输入 $f = 1$ kHz 的正弦电压信号，调节 R_{P1} 使波形上下尽量对称，逐渐加大输入信号的幅值，使波形最大且不失真，如有交越失真，则调节 R_{P2}，用示波器观察输出

电压波形的交越失真；当交越失真刚好消失时，停止调节 R_{P2}。使 $U_i = 0$，用直流毫安表测量电源输出电流，用万用表读出 T_1、T_2、T_3 各极的电压，将数据填入表 2-1-3-1 中。

表 2-1-3-1　（$I_{C2} = I_{C3} =$ 　mA　$U_A =$ 　，U_A 填实测值，2.5 V 是理论值）

测量参数	元器件		
	T_1	T_2	T_3
U_B/V			
U_C/V			
U_E/V			

（3）最大不失真输出功率 P_{om} 的测量。

输入端接 $f = 1$ kHz 的正弦信号 u_i，输出端用示波器观察输出电压 U_o 的波形。逐渐增大 u_i 的幅值，使输出电压达到最大不失真输出，用毫伏表或示波器观察测量负载 R_L 上的电压 U_o 的有效值，并计算最大不失真输出功率 P_{om}，将数据填入表 2-1-3-2 中。

（4）输出效率 η 的测量。

当输出电压为最大不失真输出时，读出直流毫安表中的电流值，此电流即为直流电源供给的平均电流 I_{dc}（有一定误差），由此可近似求得 $P_E = U_{CC} I_{dc}$，再根据上面测得的 P_{om}，即可求出功率放大器的输出效率 η，将数据填入表 2-1-3-2 中。

（5）频率响应的测量。

在输入信号 u_i 保持不变，输出波形不失真的前提下，调节频率 f，寻找电路的下限频率 f_L 和上限频率 f_H，将数据填入表 2-1-3-2 中。

表 2-1-3-2

C_2	U_{om}/V	P_{om}/W	η	f_L/ Hz	f_H/kHz
有					
无					

（6）观察自举电容 C_2 的作用。

（7）断开 C_2，用示波器观察输出波形幅度的变化。重复上述测量，将结果填入表 2-1-3-2 中，并与前面的测量结果相比较。

五、线上和线下应交资料及要求

1. 线上应交资料及要求

（1）本实验线上教学资源成绩截图。

（2）实验预习报告（写在电子版模板上）。

（3）本实验"原理仿真"所用仿真工具源文件。

（4）本实验"工程仿真"所用仿真工具源文件。

（5）电子版实验报告（将手写的实验报告拍照，编辑成 word 文档）。

说明：① 本次实验报告数据分析主要写预测计算、仿真、实测数据的误差原因。

　　　② 进实验室后，以上 5 种线上资料要按时上交给学习委员。

2. 线下应交资料及要求（手写实验报告）

（1）简写原理/设计过程，详细记录实验过程（附上与身份证明同框的实验结果的图片，实际仪器、仪表要有波形或数据，数据不清楚的请在图片上标注）。

（2）撰写"实验结果与数据分析"（写实验计算、仿真数据与实际操作数据的误差分析）。

（3）回答本实验的思考题（不少于 2 题）。

（4）记录实验过程中遇到的印象最深刻的问题及解决过程（写在实验体会中）。

注意：实验报告要写在专门的纸质模板上（班级统一发放），待课程结束后，统一上交给学习委员。

六、实验设备

请根据实际情况如实记录实验中用到的仪器、仪表、实验台及实验板编号、主要元器件（名称、型号、数量）。

七、思考题

1. 为什么取消 C_2 后，电路动态范围要减小？

2. 交越失真产生的原因是什么？电路中哪几个元件用来克服交越失真？

3. 电路中可变电阻 R_{P2} 如果开路或短路，对电路工作有何影响？

4. 调试中应注意什么问题？

5. 分析电路的自激现象，提出解决办法。

八、实验体会

主要写完成本实验后自己的感想和建议。

实验四　BJT 电压串联负反馈放大电路验证

一、实验目的

1. 进一步理解 BJT 电压串联负反馈的相关理论。

2. 观察负反馈对放大电路放大倍数、带宽等参数的影响。

3. 进一步理解射极跟随器的特性和作用。

4. 掌握仿真工具在实验中的运用，体会"工程仿真"的作用。

二、预习要求

1. 基本要求

（1）根据实验电路和所学过的理论知识预估该实验中表 2-1-4-1、表 2-1-4-2 的参数，预估时 R_{12} 可暂定为 50 kΩ，R_{13} 为 25 kΩ，R_{17} 为 40 kΩ。本实验开环（不加负反馈）时，预估值的计算方法请参照模拟电子技术实验中基础实验的实验二 BJT 单管放大电路的测量，计算时先算后级电路（含晶体管 T_2 放大电路），再算前级电路（含晶体管 T_1 放大电路，因后级输入电阻是前级负载电阻），估算 β 值的方法同实验二中的方法一样。

（2）在仿真工具上搭建如图 2-1-4-1 所示电路，进行原理仿真，验证预估数据。

（3）在课程提供的虚拟实验设备上进行工程仿真。

2. 估算内容与仿真步骤

1）估算内容

（1）根据实验原理计算预表 2-1-4-1 中各项参数，方法：先计算后级（含晶体管 T_2），首先计算 U_{B2} 和 U_{E2}，然后计算出 I_{E2}、r_{be2} 和 U_{C2}，再计算出 r'_{be}、r_{i2} 和 r_{o2}。

预表 2-1-4-1

测量项目	U_{B1}	U_{C1}	U_{E1}	U_{B2}	U_{C2}	U_{E2}
测量数据/V						

（2）根据实验原理计算预表 2-1-4-2 中各项参数，基本放大器（开环）参照模拟电子技术实验中基础实验的实验二 BJT 单管放大电路的测量，负反馈放大器（闭环）参照本实验原理中的式（2-1-4-1）、式（2-1-4-2）。

预表 2-1-4-2

基本放大器	A_u	$R_i/k\Omega$	$R_o/k\Omega$
负反馈放大器	A_{uf}	$R_{if}/k\Omega$	$R_{of}/k\Omega$

2）仿真步骤

（1）原理仿真（注意：仿真图保存时，要保证再次打开时一定要有数据、波形）

① 在仿真工具上搭建如图 2-1-4-1 所示电路，调整好静态工作点，分别用与实验室实际仪器、仪表操作相似的虚拟仪器、仪表测量电路的静态工作点（方法请参考附录十一中的实验二），并将测量结果填在虚表 2-1-4-1 中。

虚表 2-1-4-1

测量项目	U_{B1}	U_{C1}	U_{E1}	U_{B2}	U_{C2}	U_{E2}
测量数据/V						

② 在步骤①基础上，用与实验室实际仪器、仪表操作相似的虚拟仪器、仪表测量电路的交流参数，将结果填在虚表 2-1-4-2 中，注意 U_o、U_L 和 U_s、U_i 的区别，填表时，A_{ui}、A_{uf} 要注明输出参数选用的是 U_o 还是 U_L。

虚表 2-1-4-2

基本放大器	U_s/mV	U_i/mV	U_L/V	U_o/V	A_{uf}	$R_i/k\Omega$	$R_o/k\Omega$
负反馈放大器	U_s/mV	U_i/mV	U_L/V	U_o/V	A_{uf}	$R_{if}/k\Omega$	$R_{of}/k\Omega$

③ 在步骤①基础上，测量电路带宽，具体方法请参考附录十一中的实验四，将结果填在虚表 2-1-4-3 中，也可以用虚拟幅频特性测试仪测量（见附录六中附图 6-19 中正数第 6 个仪表），具体使用方法可自学。

虚表 2-1-4-3

基本放大器	f_L/Hz	f_H/kHz	Δf/Hz
负反馈放大器	f_{Lf}/Hz	f_{Hf}/kHz	Δf_f/Hz

④ 记录电路中关键节点的电压或波形，用于工程仿真参考。

（2）工程仿真（注意：仿真图保存时，要保证再次打开时一定要有数据、波形）

① 在仿真软件中打开课程提供的虚拟实验设备。

② 对照原理仿真电路，在虚拟实验设备上找到相同元器件，完成连线，连线不要接在虚拟实验设备元器件引线的端头上（需错过端头少许），以免修正时改变虚拟实验设备的固有布局结构（改动布局的仿真会被扣分）。

③ 在电路的输入、输出端分别接上虚拟函数发生器和虚拟示波器，并调整好电路元器件参数，观察、测量将结果同"原理仿真"中的结果进行对比。

④ 记录电路中关键节点的电压或波形，用于实际操作时的故障排除。

三、实验原理

1. BJT 电压串联负反馈放大电路

图 2-1-4-1 为 BJT 电压串联负反馈放大电路实验原理图，若需稳定输出电压，减小从信号源所取电流，可引入电压串联负反馈，闭合开关。

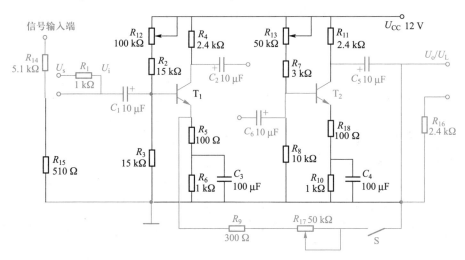

图 2-1-4-1　BJT 电压串联负反馈放大电路实验原理图

（注意：实验时，图中有两处需要自己连线完成，请认真分析）

2. 理论公式

（1）闭环电压放大倍数

$$A_{uf} = \frac{A_u}{1 + A_u F_u} \qquad (2-1-4-1)$$

其中，$A_u = U_o / U_i$——基本放大器（无反馈）的电压放大倍数，即开环电压放大倍数；

$1 + A_u F_u$——反馈深度，它的大小决定了负反馈对放大器性能改善的程度。

（2）反馈系数

$$F_u = \frac{R_{F1}}{R_f + R_{F1}}$$
(2-1-4-2)

其中，R_{F1}——第一级发射极交流负反馈电阻（电路中的 R_5）。

（3）输入电阻

$$R_{if} = (1 + A_u F_u) R_i$$
(2-1-4-3)

其中，R_i——基本放大器的输入电阻。

（4）输出电阻

$$R_{of} = \frac{R_o}{1 + A_{uo} F_u}$$
(2-1-4-4)

其中，R_o——基本放大器的输出电阻；

A_{uo}——基本放大器 $R_L = \infty$ 时的电压放大倍数（开环时）。

四、实验内容与步骤

1. 基本要求

（1）能对实验所用仪器、仪表及元器件的质量进行检验和判断。

（2）调整两级静态工作点并将测量结果填入表 2-1-4-1。

（3）测量基本放大器的各项性能指标。

（4）测量带电压负反馈时放大器的各项性能指标。

（5）比较两种情况下的通频带。

2. 扩展要求

（1）观察负反馈对非线性失真的改善，两级之间加入射极跟随器，再测量放大器的特性。

（2）用物理电子元器件组装、调试该电路，并向老师答辩，请老师检查。

3. 实验步骤

（1）测量静态工作点。

在图 2-1-4-1 所示电路中开关不闭合，先调第一级静态工作点。电路输入 10 kHz、幅度约 4 V 的正弦交流信号，用实验法调节第一级静态工作点，调好后，两级相连，示波器看第二级，出现严重双失真，适当减小函数发生器的信号（约 0.45 V）直到双失真消失，用实验法调节第二级静态工作点，并测量两级静态工作点，将结果填入表 2-1-4-1 中。

表 2-1-4-1

测量项目	U_{B1}	U_{C1}	U_{E1}	U_{B2}	U_{C2}	U_{E2}
测量数据/V						

（2）测量基本放大器的各项性能指标。

开关 S_1 不闭合，测量 U_s、U_i、U_L、U_o，记入表 2-1-4-2 中，并用双踪示波器显示 U_i、U_o 或 U_L，根据测量值计算 A_{uo} 或 A_{uL}、输入电阻 R_i 和输出电阻 R_o，填入表 2-1-4-2 中。

表 2-1-4-2

基本放大器	U_s/mV	U_i/mV	U_L/V	U_o/V	A_{uo}/A_{uL}	R_i/kΩ	R_o/kΩ
负反馈放大器	U_s/mV	U_i/mV	U_L/V	U_o/V	A_{uof}/A_{uLf}	R_{if}/kΩ	R_{of}/kΩ

（3）测量带电压负反馈时放大器的各项性能指标。

在上一步的基础上，开关闭合，测量 U_s、U_i、U_L、U_o，填入表 2-1-4-2 中，并计算出电压放大倍数 A_{uf}、输入电阻 R_{if} 和输出电阻 R_{of}，填入表 2-1-4-2 中。

（4）测量通频带。

保持 U_s 不变，分别在开关闭合和不闭合时，再增加和减小输入信号的频率，找出上、下限频率 f_H 和 f_L，填入表 2-1-4-3 中。

表 2-1-4-3

基本放大器	f_L/Hz	f_H/kHz	Δf/Hz
负反馈放大器	f_{Lf}/Hz	f_{Hf}/kHz	Δf_f/Hz

（5）观察负反馈对非线性失真的改善。

将实验电路改接成基本放大器形式，在输入端加入 $f = 10$ kHz 的正弦信号，输出端接示波器，逐渐增大输入信号的幅度，使输出波形开始出现失真，记下此时的波形和输出电压的幅度。再将实验电路改接成负反馈放大器形式，观察对输出波形失真的影响。

（6）在实验电路两级间加入射级跟随器，具体电路可参考附图 8-1（b），图中 Q_3 构成射级跟随器（实际负反馈实验板上射级跟随器的位置和 Q_3 相同），其与前、后两级共射放大电路的具体连接方法为：集电极接电源，基极接电容 C_2（10 μF）左边，发射极接后极输入，测量总的放大器交流基本参数，分析加入射级跟随器对交流基本参数的影响。

五、线上和线下应交资料及要求

1. 线上应交资料及要求

（1）本实验线上教学资源成绩截图。

（2）实验预习报告（写在电子版模板上）。

（3）本实验"原理仿真"所用仿真工具源文件。

（4）本实验"工程仿真"所用仿真工具源文件。

（5）电子版实验报告（将手写的实验报告拍照，编辑成 word 文档）。

说明：① 本次实验报告数据分析主要写预测计算、仿真、实测数据的误差原因。

② 进实验室后，以上 5 种线上资料要按时上交给学习委员。

2. 线下应交资料及要求（手写实验报告）

（1）简写原理/设计过程，详细记录实验过程（附上与身份证明同框的实验结果的图片，实际仪器、仪表要有波形或数据，数据不清楚的请在图片上标注）。

（2）撰写"实验结果与数据分析"（写实验计算、仿真数据与实际操作数据的误差分析）。

（3）回答本实验的思考题（不少于2题）。

（4）记录实验过程中遇到的印象最深刻的问题及解决过程（写在实验体会中）。

注意：实验报告要写在专门的纸质模板上（班级统一发放），待课程结束后，统一上交给学习委员。

六、实验设备

请根据实际情况如实记录实验中用到的仪器、仪表、实验台及实验板编号、主要元器件（名称、型号、数量）。

七、思考题

1. 怎样把负反馈放大器改接成基本放大器？为什么要把 R_f 并接在输入端和输出端？

2. 如按深度负反馈估算，闭环电压放大倍数 A_{uf} 的值为多少？其和测量值是否一致？为什么？

3. 如输入信号存在失真，能否用负反馈来改善？

4. 在两级之间加入射极跟随器后，对基本参数 A_u、R_i、R_o 会产生哪些影响，为什么？

八、实验体会

主要写完成本实验后自己的感想和建议。

实验五 低频集成功率放大器的测量

一、实验目的

1. 进一步理解功率放大器的工作原理。

2. 学会低频集成功率放大器电路的调试及主要性能指标的测量方法。

3. 掌握仿真工具在实验中的运用，体会"工程仿真"的作用。

二、预习要求

1. 基本要求

（1）查阅实验用低频集成功率放大器 TDA2030 的相关资料，了解其内部电路工作原理及主要参数的含义。

（2）在仿真工具上搭建如图 2-1-5-1（a）所示电路，进行原理仿真。

（3）在课程提供的虚拟实验设备上进行工程仿真。

2. 估算内容与仿真步骤

1）估算内容

（1）计算图 2-1-5-1（a）所示电路的放大倍数，填入自制表中。

（2）根据实验原理中的公式计算最大不失真输出功率、输出效率，填入自制表中。

2）仿真步骤

（1）原理仿真（注意：仿真图保存时，要保证再次打开时一定要有数据、波形）

在仿真工具中，调整好图 2-1-5-1（a）所示电路的输入信号幅值、频率后，用与实验室实际仪器、仪表操作相似的虚拟仪器、仪表测量电路的放大倍数、最大不失真输出功率、输出效率和频率响应范围，填入自制表中。

（2）工程仿真（注意：仿真图保存时，要保证再次打开时一定要有数据、波形）

① 在仿真软件中打开课程提供的虚拟实验设备。

② 对照原理仿真电路，在虚拟实验设备上找到相同元器件，完成连线，连线不要接在虚拟实验设备元器件引线的端头上（需错过端头少许），以免修正时改变虚拟实验设备的固有布局结构（改动布局的仿真会被扣分）。

③ 在电路的输入、输出端分别接上虚拟函数发生器和虚拟示波器，并调整好电路元器件参数，输入先通过 10 kΩ 电阻接地，测量输出电压是否为 0 V，如果误差大则应该判断该元器件损坏。然后在输入端输入 0.4 V、1 kHz 的正弦波测量出电路的放大倍数、最大不失真输出功率、输出效率和频率响应范围，将结果同"原理仿真"中的结果进行对比。

④ 记录电路中关键节点的电压或波形，用于实际操作时的故障排除。

三、实验原理

1. 低频集成功率放大器 TDA2030

图 2-1-5-1 所示为低频集成功率放大器 TDA2030 的工作原理图及引脚图。

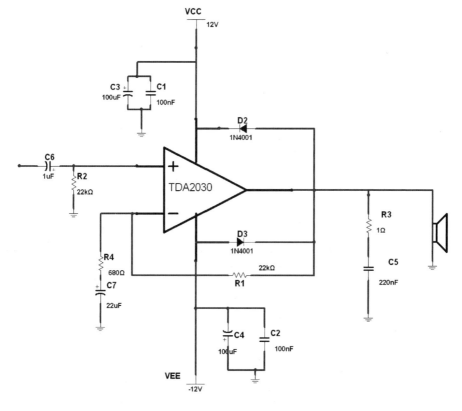

(a)

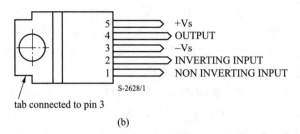

(b)

图 2-1-5-1　低频集成功率放大器 TDA2030 的工作原理图及引脚图

2. TDA2030 的极限参数和电参数

（1）极限参数

供电电压		±18 V	输入电压	0.4 V
			存储温度	−65 ℃～150 ℃
消耗功率	22W		操作温度	0 ℃～70 ℃
			结温度	150 ℃

（2）电参数

参数	条件	最小值	典型值	最大值	单位
操作电压		4	12	18	V
静态电流	$U_s = 6V$，$U_N = 0$		4	8	mA
输出功率	$U_s = 18V$，$R_L = 4\Omega$，$THD = 10\%$，$f = 40～1.5\ MHz$	14	12		W
	$U_s = 18V$，$R_L = 8\ \Omega$，$THD = 10\%$，$f = 40～1.5\ MHz$	8	9		W
电压增益	$U_s = 6V$，$f = 1\ kHz$，1、8 节点间连一个 10 μF 电容		90		dB
			30		dB
带宽	$U_s = 6V$，1、8 节点空载		5		MHz
失真度	$U_s = 6V$，$f = 1\ kHz$，1、8 节点空载		0.2		%
电源抑制比	$U_s = 6V$，$f = 1\ kHz$，1、8 节点空载		50		dB
输入阻抗 偏置电流	$U_s = 6V$，2、3 节点空载		5 000 500		kΩ mA

3. 理论公式

最大不失真输出功率

$$P_{om} = \frac{U_{CC}^2}{2R_L}$$

输出效率

$$\eta = \frac{P_{om}}{P_E}$$

四、实验内容与步骤

1. 基本要求

（1）能对实验所用仪器、仪表及元器件的质量进行检验和判断。

（2）测量静态工作点。

（3）测量最大不失真输出功率 P_{om}。

（4）测量输出效率 η。

（5）测量频率响应。

2. 扩展要求

（1）用物理电子元器件组装、调试该电路，并向老师答辩，请老师检查。

（2）测量图 2-1-5-2 所示 TDA2030 另一应用电路的放大倍数，同前面测得的结果相比较，有什么差别？找出原因。查阅 TDA2030 内部电路图，并用仿真软件仿真。

3. 实验步骤

（1）按图 2-1-5-1 所示电路连接实验电路。

（2）静态工作点的测量。

将输入端交流短路，接通+12 V直流电源，测量静态总电流及集成块各引脚对地电压并记入自拟表格中。

（3）最大不失真输出功率 P_{om} 的测量。

输入端接 $f=1$ kHz 的正弦信号 u_i，输出端用示波器观察输出电压 U_o 的波形。逐渐增大 u_i 的幅值，使输出电压达到最大不失真输出，用毫伏表或示波器观察测量负载 R_L 上的电压 U_o 的有效值，并计算最大不失真输出功率 P_{om}，将数据填入表 2-1-5-1 中。

（4）输出效率 η 的测量。

当输出电压为最大不失真输出时，读出直流毫安表中的电流值，此电流即为直流电源供给的平均电流 I_{dc}（有一定误差），由此可近似求得 $P_E = U_{CC}I_{dc}$，再根据上面测得的 P_{om}，即可求出功率放大器的输出效率 η，将数据填入表 2-1-5-1 中。

（5）频率响应的测量。

在输入信号 u_i 保持不变，输出波形不失真的前提下，调节频率 f，寻找电路的下限频率 f_L 和上限频率 f_H，将数据填入表 2-1-5-1 中。

表 2-1-5-1

U_{om}/V	P_{om}/W	η	f_L/Hz	f_H/kHz

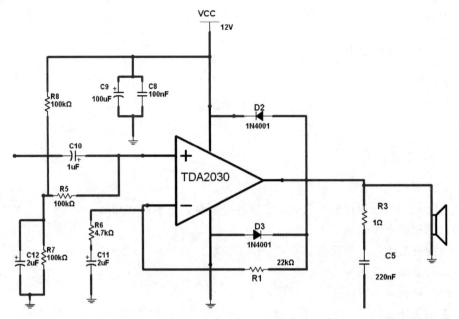

图 2-1-5-2 TDA2030 另一应用电路

五、线上和线下应交资料及要求

1. 线上应交资料及要求

（1）本实验线上教学资源成绩截图。

（2）实验预习报告（写在电子版模板上）。

（3）本实验"原理仿真"所用仿真工具源文件。

（4）本实验"工程仿真"所用仿真工具源文件。

（5）电子版实验报告（将手写的实验报告拍照，编辑成 word 文档）。

说明：① 本次实验报告数据分析主要写预测计算、仿真、实测数据的误差原因。

② 进实验室后，以上 5 种线上资料要按时上交给学习委员。

2. 线下应交资料及要求（手写实验报告）

（1）简写原理/设计过程，详细记录实验过程（附上与身份证明同框的实验结果的图片，实际仪器、仪表要有波形或数据，数据不清楚的请在图片上标注）。

（2）撰写"实验结果与数据分析"（写实验计算、仿真数据与实际操作数据的误差分析）。

（3）回答本实验的思考题（不少于 2 题）。

（4）记录实验过程中遇到的印象最深刻的问题及解决过程（写在实验体会中）。

注意：实验报告要写在专门的纸质模板上（班级统一发放），待课程结束后，统一上交给学习委员。

六、实验设备

请根据实际情况如实记录实验中用到的仪器、仪表、实验台及实验板编号、主要元器件（名称、型号、数量）。

七、思考题

1. 阅读 TDA2030 的相关资料，该资料对 TDA2030 特征是如何描述的。

2. 阅读 TDA2030 的相关资料，该资料对 TDA2030 应用注意事项的描述都有哪些。

3. TDA2030 的应用电路还有哪些应用形式？画出电路图。

八、实验体会

主要写完成本实验后自己的感想和建议。

实验六　集成运算放大器指标测量

一、实验目的

1. 掌握集成运算放大器主要指标的测量方法。

2. 通过对集成运算放大器 μA741 指标的测量，了解集成运算放大器主要参数的定义和表示方法。

3. 掌握在仿真工具中测试集成运算放大器指标的方法。

4. 掌握仿真工具在实验中的运用，体会"工程仿真"的作用。

二、预习要求

1. 基本要求

（1）查阅 μA741 的相关资料，了解它的主要参数。

（2）了解测试信号的频率选取的原则。

（3）仿真各个参数的测试方法。

2. 仿真步骤

（1）原理仿真（注意：仿真图保存时，要保证再次打开时一定要有数据、波形）

仿真时要选用与实验室实际仪器仪表操作相似的虚拟仪器仪表。

① 测量输入失调电压 U_{os}。

按图 2-1-6-2 所示连接实验电路，用直流电压表测量输出端电压 U_{o1}，并计算 U_{os}。将数据填入自制的表格中（自制表可参照表 2-1-6-1）。

② 测量输入失调电流 I_{os}。

按图 2-1-6-3 所示连接实验电路，用直流电压表测量 I_{os}，并计算 I_{os}，将数据填入自制的表格中。

③ 测量开环差模电压放大倍数 A_{ud}。

按图 2-1-6-4 所示连接实验电路，运放输入端加 $f = 100$ Hz、$U_{id} = 30 \sim 50$ mV 的正弦信号，用示波器监视输出波形。用交流毫伏表测量 U_o 和 U_i，并计算 A_{ud}，将数据填入自制的表格中。

④ 测量共模抑制比 $CMRR$。

按图 2-1-6-5 所示连接实验电路，运放输入端加 $f = 100$ Hz、$U_{ic} = 1 \sim 2$ V 的正弦信号，用示波器监视输出波形。测量 U_{oc} 和 U_{ic}，计算 A_{uc} 及 $CMRR$，将 $CMRR$ 填入自制的表格中。

⑤ 测量 U_{icm} 及 U_{oPP}。

测量共模输入电压范围 U_{icm} 及输出电压最大动态范围 U_{oPP}，将数据填入自制的表格中。

⑥ 记录电路中关键节点的电压或波形，用于工程仿真参考。

（2）工程仿真（注意：仿真图保存时，要保证再次打开时一定要有数据、波形）

① 在仿真软件中打开课程提供的虚拟实验设备。

② 对照原理仿真电路，在虚拟实验设备上找到相同元器件，完成连线，连线不要接在虚拟实验设备元器件引线的端头上（需错过端头少许），以免修正时改变虚拟实验设备的固有布局结构（改动布局的仿真会被扣分）。

③ 在电路的输入、输出端分别接上虚拟函数发生器和虚拟示波器，并调整好电路元器件参数，观察、测量，将结果同"原理仿真"中的结果进行对比。

④ 记录电路中关键节点的电压或波形，用于实际操作时的故障排除。

三、实验原理

1. μA741 简介

集成运算放大器是模拟集成电路，和其他半导体器件一样，也是用一些性能指标来衡量其质量的优劣的。为了正确使用集成运放，必须了解它的主要参数指标。集成运放的各项指标通常是用专用仪器来进行测量的，这里介绍的是一种简易测量方法。

本实验采用的集成运放型号为 μA741（或 F007），其引脚图如图 2-1-6-1 所示，它是八脚双列直插式器件，②脚和③脚为反相和同相输入端，⑥脚为输出端，⑦脚和④脚为正、负电源端，①脚和⑤脚为失调调零端，①脚和⑤脚之间可接入一只几十 kΩ 的可变电阻，并将滑动触点接到负电源端，⑧脚为空脚。

2. μA741 主要指标测量

（1）输入失调电压 U_{os}

对于理想运放而言，当输入信号为零时，其输出也为零，但是即使是最优质的集成组件，由于运放内部差分输入级参数的不完全对称，输出电压往往不为零。这种零输入时输出不为零的现象称为集成运放的失调，也叫"零点漂移"。

输入失调电压 U_{os} 是指输入信号为零时，输出端出现的电压折算到同相输入端的数值。

输入失调电压 U_{os} 的测量电路如图 2-1-6-2 所示。此时的输出电压 U_{o1} 即为输出失调电压，则输入失调电压

$$U_{os} = \frac{R_1}{R_1 + R_F} U_o$$

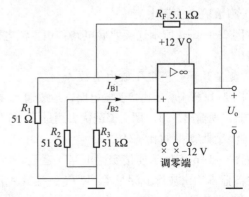

图 2-1-6-1　μA741 引脚图　　　　图 2-1-6-2　输入失调电压 U_{os} 的测量电路

实际测出的 U_o 可能为正，也可能为负，一般在 $1\sim5$ mV，对于高质量的运放，U_{os} 在 1 mV 以下。测量中应注意：① 将运放调零端开路。② 要求电阻 R_1 和 R_2、R_3 和 R_F 的参数严格对称。

（2）输入失调电流 I_{os}

输入失调电流 I_{os} 是指当输入信号为零时，运放的两个输入端的基极偏置电流之差，即

$$I_{os} = |I_{B1} - I_{B2}|$$

输入失调电流的大小反映了运放内部差分输入级两个晶体管 β 的失配度，由于 I_{B1}、I_{B2} 本身的数值已很小（微安级），因此它们的差值通常不是直接测量的，而要分两步进行：

① 如图 2-1-6-2 所示，在低输入电阻下，测出输出电压为 U_{o1}，如前所述，这是由输入失调电压 U_{os} 引起的输出电压。

② 如图 2-1-6-3 所示，接入两个输入电阻 R_B，由于 R_B 阻值较大，流经它们的输入电流的差异将变成输入电压的差异，因此，也会影响输出电压的大小，可见测出两个电阻 R_B 接入时的输出电压 U_{o2} 后，若从中扣除输入失调电压 U_{os} 的影响，则输入失调电流 I_{os} 为

$$I_{os} = |I_{B1} - I_{B2}| = |U_{o2} - U_{o1}| \frac{R_1}{R_1 + R_F} \frac{1}{R_B}$$

一般，I_{os} 约为几十至几百纳安，高质量运放的 I_{os} 要低于 1 nA。

测量中应注意：① 将运放调零端开路。② 两输入端电阻 R_B 必须精确配对。

（3）开环差模电压放大倍数 A_{ud}

集成运放在没有外部反馈时的直流差模放大倍数称为开环差模电压放大倍数，用 A_{ud} 表示。它定义为开环输出电压 U_o 与两个差分输入端之间所加信号电压 U_{id} 之比。

按定义 A_{ud} 应是信号频率为零时的直流放大倍数，但为了测量方便，通常采用低频（几十赫兹以下）正弦交流信号进行测量。由于集成运放的开环电压放大倍数很高，难以直接进行测量，故一般采用闭环测量方法。A_{ud} 的测量方法有很多，现采用交、直流同时闭环的测量方法，如图 2-1-6-4 所示。

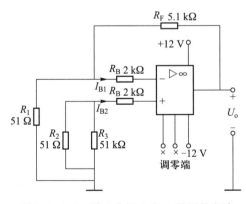

图 2-1-6-3　输入失调电流 I_{os} 的测量电路

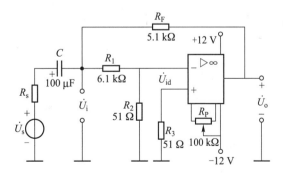

图 2-1-6-4　开环差模电压放大倍数 A_{ud} 的测量电路

被测运放一方面通过 R_F、R_1、R_2 完成直流闭环，以抑制输出电压漂移，另一方面通过 R_F 和 R_s 实现交流闭环，外加信号 U_s 经 R_1、R_2 分压，使 U_{id} 足够小，以保证运放工作在线性区，同相输入端电阻 R_3 应与反相输入端电阻 R_2 相匹配，以减小输入偏置电流的影响，电容 C 为隔直电容。被测运放的开环差模电压放大倍数为

$$A_{ud} = \frac{U_o}{U_{id}} = \left(1 + \frac{R_1}{R_2} \right) \frac{U_o}{U_i}$$

通常低增益运放的 A_{ud} 为 60~70 dB，中增益运放的 A_{ud} 约为 80 dB，高增益运放的 A_{ud} 在 100 dB 以上，可达 120~140 dB。

测量中应注意：① 测量前电路应首先消振及调零。② 被测运放要工作在线性区。

输入信号频率应较低，一般用 50~100 Hz，输出信号幅度应较小，且无明显失真。

（4）共模抑制比 $CMRR$

共模抑制比在应用中是一个很重要的参数，理想运放对输入的共模信号的输出为零，但在实际的集成运放中，输出不可能没有共模信号的成分，输出端共模信号越小，说明电路对称性越好，也就是说运放对共模干扰信号的抑制能力越强，即 $CMRR$ 越大。$CMRR$ 的测量电路如图 2-1-6-5 所示。

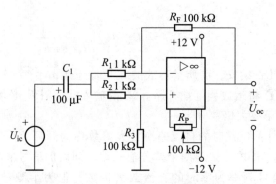

图 2-1-6-5　$CMRR$ 的测量电路

集成运放工作在闭环状态下的差模电压放大倍数为

$$A_d = -\frac{R_F}{R_1}$$

当接入共模输入信号 U_{ic} 时，测得 U_{oc}，则共模电压放大倍数为

$$A_c = \frac{U_{oc}}{U_{ic}}$$

得共模抑制比

$$CMRR = \left| \frac{A_d}{A_c} \right| = \frac{R_F}{R_1} \frac{U_{ic}}{U_{oc}}$$

测量中应注意：

① 消振与调零；

② R_1 与 R_2、R_3 与 R_F 之间阻值要严格对称。

③ 输入信号 U_{ic} 的幅度必须小于集成运放的共模输入电压范围 U_{icm}。

（5）共模输入电压范围 U_{icm}

集成运放所能承受的最大共模电压称为共模输入电压范围，超出这个范围时，运放的 $CMRR$ 会大大下降，输出波形会产生失真，有些运放还会出现"自锁"现象以及永久性的损坏。U_{icm} 的测量电路如图 2-1-6-6 所示。被测运放接成电压跟随器形式，输出端接示波器，观察最大不失真输出波形，从而确定 U_{icm} 值。

（6）输出电压最大动态范围 U_{oPP}

集成运放的动态范围与电源电压、外接负载及信号源频率有关。U_{oPP} 的测量电路如图 2-1-6-7 所示。

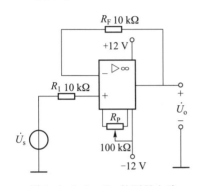

图 2-1-6-6 U_{icm} 的测量电路

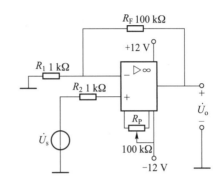

图 2-1-6-7 U_{oPP} 的测量电路

改变 U_s 幅度，观察 U_o 削顶失真的开始时刻，从而确定 U_o 的不失真范围，这就是运放在某一定电源电压下可能输出的电压峰-峰值 U_{oPP}。

四、实验内容与步骤

1. 基本要求

（1）能对实验所用仪器、仪表及元器件的质量进行检验和判断。

（2）测量输入失调电压 U_{os}。

（3）测量输入失调电流 I_{os}。

（4）测量开环差模电压放大倍数 A_{ud}。

2. 扩展要求

（1）测量共模抑制比 $CMRR$。实验电路如图 2-1-6-5 所示，运放输入端加 $f=100\ Hz$，$U_{ic}=1\sim2\ V$ 的正弦信号，用示波器监视输出波形。测量 U_{oc} 和 U_{ic}，计算 A_{uc} 及 $CMRR$，将 $CMRR$ 记入表 2-1-6-1 中。

（2）测量共模输入电压范围 U_{icm} 及输出电压最大动态范围 U_{oPP}。

3. 实验步骤

（1）测量输入失调电压 U_{os}。

实验电路如图 2-1-6-2 所示，用直流电压表测量输出端电压 U_o，并计算 U_{os}。记入表 2-1-6-1 中。

（2）测量输入失调电流 I_{os}。

实验电路如图 2-1-6-3 所示，用直流电压表测量输出端电压 U_o，并计算 I_{os}，记入表 2-1-6-1 中。

表 2-1-6-1

U_{os}/mV		I_{os}/nA		A_{ud}/dB		$CMRR$/dB	
实测值	典型值	实测值	典型值	实测值	典型值	实测值	典型值
	2~10		50~100		100~106		80~86

（3）测量开环差模电压放大倍数 A_{ud}。

实验电路如图 2-1-6-4 所示，运放输入端加入 f = 100 Hz、U_i = 30~50 mV 的正弦信号，用示波器监视输出波形。用交流毫伏表测量 U_o 和 U_i，并计算 A_{ud}，记入表 2-1-6-1 中。

五、线上和线下应交资料及要求

1. 线上应交资料及要求

（1）本实验线上教学资源成绩截图。

（2）实验预习报告（写在电子版模板上）。

（3）本实验"原理仿真"所用仿真工具源文件。

（4）本实验"工程仿真"所用仿真工具源文件。

（5）电子版实验报告（将手写的实验报告拍照，编辑成 word 文档）。

说明：① 本次实验报告数据分析主要写预测计算、仿真、实测数据的误差原因。

② 进实验室后，以上 5 种线上资料要按时上交给学习委员。

2. 线下应交资料及要求（手写实验报告）

（1）简写原理/设计过程，详细记录实验过程（附上与身份证明同框的实验结果的图片，实际仪器、仪表要有波形或数据，数据不清楚的请在图片上标注）。

（2）撰写"实验结果与数据分析"（写实验计算、仿真数据与实际操作数据的误差分析）。

（3）回答本实验的思考题（不少于 2 题）。

（4）记录实验过程中遇到的印象最深刻的问题及解决过程（写在实验体会中）。

注意：实验报告要写在专门的纸质模板上（班级统一发放），待课程结束后，统一上交给学习委员。

六、实验设备

请根据实际情况如实记录实验中用到的仪器、仪表、实验台及实验板编号、主要元器件（名称、型号、数量）。

七、思考题

1. 测量输入失调参数时，为什么运放反相及同相输入端的电阻要精选，以保证严格对称？

2. 测量输入失调参数时，为什么要将运放调零端开路，而在进行其他测量时，则要求对输出电压进行调零？

八、实验体会

主要写完成本实验后自己的感想和建议。

实验七　集成运算放大器的线性应用验证

一、实验目的

1. 进一步理解典型集成运算放大器线性运用的原理。
2. 掌握集成运算放大器调零的方法。
3. 掌握用集成运算放大器组成的比例运算、加法运算电路等应用电路的参数测量。
4. 在仿真工具中学会运算放大器的调零和直流信号源的构建。
5. 掌握仿真工具在实验中的运用，体会"工程仿真"的作用。

二、预习要求

1. 基本要求

（1）复习关于集成运算放大器线性运用的相关内容。

（2）预习、计算实验电路的参数。

（3）在仿真工具上，进行实验内容的原理仿真。

（4）根据原理仿真，在虚拟实验设备上进行工程仿真，熟悉实际实验环境。

2. 估算内容与仿真步骤

1）估算内容

（1）根据实验原理中的公式计算预表 2-1-7-1、预表 2-1-7-2 中的各项参数，预估 U_o 的波形。

预表 2-1-7-1

U_i	60 mV	0.5 V	0.7 V	−50 mV	−0.4 V	备注
U_o（计算）						
A_u（计算）						

预表 2-1-7-2 （$U_i = 0.5$ V，$f = 1\,000$ Hz）

项目	参数	预测 U_i 和 U_o 的波形	A_u 计算值
U_i/V	0.5		
U_o/V			

（2）根据实验原理中的公式计算预表 2-1-7-3 中的各项参数（反相加法器）。

预表 2-1-7-3

U_{i1}	60 mV	0.5 V	0.2 V	备注
U_{i2}	60 mV	0.4V	0.3 V	
U_o（计算）				
A_u（计算）				

（3）根据实验原理中的公式计算预表 2-1-7-4 中的各项参数（同相比例放大器）。

预表 2-1-7-4

U_i	60 mV	0.5 V	0.7 V	-50 mV	-0.4 V	备注
U_o（计算）						
A_u（计算）						

2）仿真步骤

（1）原理仿真（注意：仿真图保存时，要保证再次打开时一定要有数据、波形）

以下步骤①、②、③用与实验室实际仪器、仪表操作相似的虚拟仪器、仪表进行原理仿真，反相加法器一定要用直流系统做一遍（输入、输出均用直流信号源和万用表直流挡，直流信号源的构建见步骤⑤）。

① 在仿真软件上验证预表 2-1-7-1、预表 2-1-7-2 中的计算值，将结果记录在虚表 2-1-7-1、虚表 2-1-7-2 中。

虚表 2-1-7-1

U_i	60 mV	0.5 V	0.7 V	-50 mV	-0.4 V	备注
U_o（虚测）						
A_u（虚测算）						

虚表 2-1-7-2　（U_i=0.5 V，f=1 000 Hz）

项目	参数	记录 U_i 和 U_o 的波形	A_u	
			虚测算值	计算值
U_i/V	已知			
U_o/V				

② 在仿真软件上验证预表 2-1-7-3 中的计算值，将结果记录在虚表 2-1-7-3 中。

虚表 2-1-7-3

U_{i1}	60 mV	0.5 V	0.2 V	备注
U_{i2}	60 mV	0.4V	0.3 V	
U_o（虚测）				
A_u（虚测算）				

③ 在仿真软件上验证预表 2-1-7-4 中的计算值，将结果记录在虚表 2-1-7-4 中。

虚表 2-1-7-4

U_i	60 mV	0.5 V	0.7 V	−50 mV	− 0.4 V	备注
U_o（虚测）						
A_u（虚测算）						

④ 记录电路中关键节点的电压或波形，用于工程仿真参考。

⑤ 仿真调零，按图 2-1-7-7（a）所示搭建电路，测量输出端的电压范围。将数据填入自制表格（调零可用于质量检验，仿真是掌握方法，效果必须在实际操作中观察）。

⑥ 直流信号源制作，按图 2-1-7-7（b）所示搭建电路，测量 U_a、U_b 输出端 2 种接法（C 接 G，D 接 I 或 E；A 接 H，B 接 K 或 F）的电压范围，将数据填入自制表格（注意：D 接 I 或 E，B 接 K 或 F 时电压范围的变化）。

（2）工程仿真（注意：仿真图保存时，要保证再次打开时一定要有数据、波形）

① 在仿真软件中打开课程提供的虚拟实验设备。

② 对照原理仿真电路，在虚拟实验设备上找到相同元器件，完成连线，连线不要接在虚拟实验设备元器件引线的端头上（需错过端头少许），以免修正时改变虚拟实验设备的固有布局结构（改动布局的仿真会被扣分）。

③ 在电路的输入、输出端分别接上虚拟函数发生器和虚拟示波器，并调整好元器件参数，观察、测量，将结果同"原理仿真"中的结果进行对比。

④ 记录电路中关键节点的电压或波形，用于实际操作时的故障排除。

三、实验原理

1. 反相比例运算电路

（1）理论公式

对于理想运放，其输出电压与输入电压之间的关系见下式（公式中的元件编号，见图 2-1-7-1）。

$$A_u = \frac{U_o}{U_i} = \frac{R_1}{R_2} \qquad (2-1-7-1)$$

为了减小输入级偏置电流引起的运算误差，在图 2-1-7-1 中同相输入端应接入平衡电阻 R_3、R_4（$R_3 = R_2$，$R_4 = R_1$）。

（2）原理图

反相比例运算电路原理图，如图 2-1-7-1 所示。

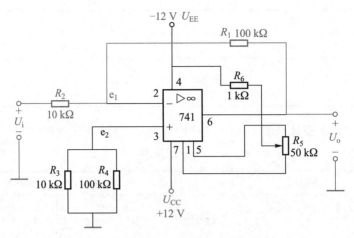

图 2-1-7-1 反相比例运算电路原理图

2. 反相加法运算电路

（1）理论公式

反相加法运算电路的输出电压与输入电压之间的关系见下式（公式中的元件编号，见图 2-1-7-2）。

$$U_o = -\left(\frac{R_1}{R_7}U_{i1} + \frac{R_1}{R_2}U_{i2}\right) \tag{2-1-7-2}$$

当 $R_7 = R_2 = R$ 时

$$U_o = -\frac{R_1}{R}U_i \qquad U_i = U_{i1} + U_{i2}$$

同相端电阻 $R_8 /\!/ R_3 /\!/ R_4$，$R_8 = R_3 = 10\ \text{k}\Omega$，$R_4 = R_1 = 100\ \text{k}\Omega$。

（2）原理图

反相加法运算电路原理图，如图 2-1-7-2 所示。

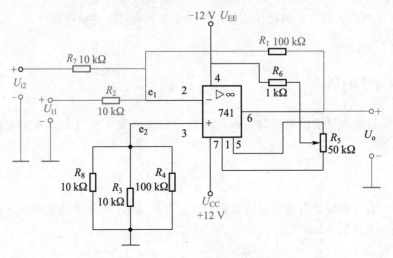

图 2-1-7-2 反相加法运算电路原理图

3. 同相比例运算电路

（1）理论公式

同相比例运算电路的输出电压与输入电压之间的关系见下式（公式中的元件编号，见图 2-1-7-3）。

$$U_{\text{o}} = \left(1 + \frac{R_1}{R_2}\right) U_{\text{i}} \qquad (2-1-7-3)$$

当上式中的 $R_2 \to \infty$ 时，$U_{\text{o}} = U_{\text{i}}$，即得到如图 2-1-7-3（b）所示的电压跟随器。图 2-1-7-3（a）中，$R_3 = R_2$，$R_4 = R_1$，用以减小漂移和起保护作用。一般 R_1 取 100 kΩ，R_1 太小起不到保护作用，太大则影响跟随性。

（2）原理图

同相比例运算电路原理图如图 2-1-7-3（a）所示，电压跟随器原理图如图 2-1-7-3（b）所示。

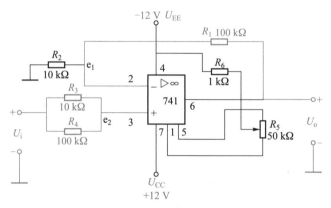

(a) 同相比例运算电路原理图

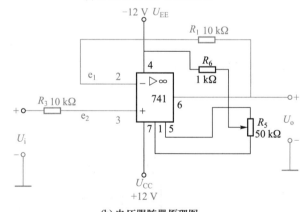

(b) 电压跟随器原理图

图 2-1-7-3　同相比例运算电路和电压跟随器原理图

4. 同相加法运算电路

（1）理论公式

同相加法运算电路的输出电压与输入电压之间的关系见下式（公式中的元件编号，见图 2-1-7-4）。

$$K_{a} = \frac{R_4}{R_3 + R_4}, \quad K_{b} = \frac{R_3}{R_3 + R_4} \qquad U_{o} \approx \frac{R_2 + R_1}{R_2}(K_{a}U_{i1} + K_{b}U_{i2}) \qquad (2-1-7-4)$$

（2）原理图

同相加法运算电路原理图如图 2-1-7-4 所示。

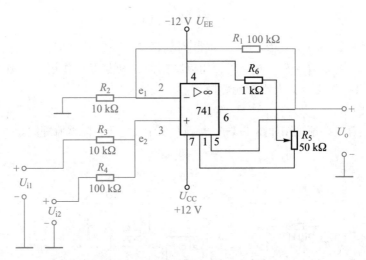

图 2-1-7-4　同相加法运算电路原理图

5. 减法运算电路（差分放大）

（1）理论公式

如果 $R_2 = R_3$，$R_1 = R_4$，减法运算电路（差分放大）的输出电压与输入电压之间的关系见下式（公式中的元件编号，见图 2-1-7-5）。

$$U_{o} = \frac{R_1}{R_2}(U_{i1} - U_{i2}) \qquad (2-1-7-5)$$

（2）原理图

图 2-1-7-5 是减法运算电路原理图。

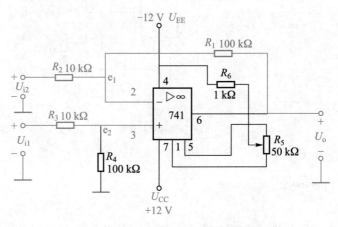

图 2-1-7-5　减法运算电路原理图

6. 积分运算电路

（1）理论公式

在理想化条件下，输出电压 u_0 的公式见式（2-1-7-6）和式（2-1-7-7）。

$$u_0(t) = -\frac{1}{R_1 C}\int_0^t u_i \mathrm{d}t + u_c(0) \qquad (2\text{-}1\text{-}7\text{-}6)$$

式中，$u_c(0)$ 是 $t=0$ 时刻电容 C 两端的电压值，即初始值。

如果 $u_i(t)$ 是幅值为 E 的阶跃电压，并设 $u_c(0)=0$，则

$$u_0(t) = -\frac{1}{R_1 C}\int_0^t E \mathrm{d}t = -\frac{E}{R_1 C}t \qquad (2\text{-}1\text{-}7\text{-}7)$$

即输出电压 $u_0(t)$ 随时间增长而线性下降。显然 RC 的数值越大，达到给定的 u_0 值所需的时间就越长。输出电压所能达到的最大值受集成运放最大输出范围的限值。

（2）原理图

反相积分运算电路原理图如图 2-1-7-6 所示。

注意：将图中 S_1 闭合，用于电路调零。实验时，应将 S_1、S_2 打开，以免因 R_2 的接入造成积分误差。S_2 闭合可使电容 C 迅速放电，使电压 $u_c(0)=0$，并可控制积分起始点，即在加入直流电压 U_i（0.5 V）后，只要 S_2 一打开，电容就将被恒流充电，电路也就开始进行积分运算。

7. 进实验室操作集成运算放大器时还需要调零和制作直流信号源，具体电路图如图 2-1-7-7（a）（b）所示。

注意：将 C 点与 G 点相连，D 点与 E 点相连，A 点与 H 点相连，B 点与 F 点相连，即可构成用于实验的两路直流信号源。U_a、U_b 分别为信号源输出，调整 R_{14}、R_{15} 即可改变 U_a、U_b 的输出电压。

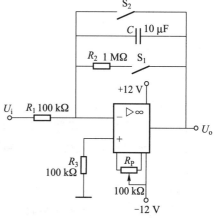

图 2-1-7-6 反相积分运算电路原理图

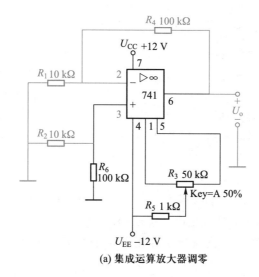

(a) 集成运算放大器调零

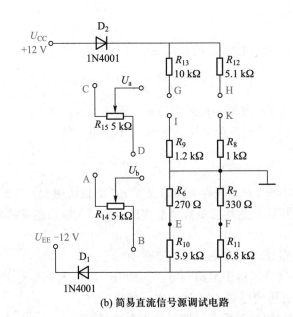

(b) 简易直流信号源调试电路

图 2-1-7-7   集成运算放大器调零和简易直流信号源调试电路

四、实验内容与步骤

1. 基本要求

（1）能对实验所用仪器、仪表及元器件的质量进行检验和判断。

（2）完成集成运算放大器调零和简易直流信号源的构建，方法如图 2-1-7-7（a）（b）所示。

（3）按原理图连线。

（4）实验结束后收拾好实验台，将结果交老师验收，并将用过的仪器、仪表关掉电源，放回原位。

2. 基本内容

（1）验证反相比例运算电路。

（2）验证反相加法运算电路。

（3）验证同相比例运算电路。

3. 扩展要求

（1）验证电压跟随器。

（2）验证同相加法运算电路。

（3）验证减法运算电路。

（4）验证积分运算电路。

4. 反相比例运算电路的实验步骤

（1）按图 2-1-7-1 连接实验电路，接通±12 V 电源。

（2）输入表 2-1-7-1 中直流电压，用万用表直流电压挡测量输出电压 U_o，填入表 2-1-7-1 中。

表 2-1-7-1

U_i	60 mV	0.5 V	0.7 V	−50 mV	−0.4 V	备注
U_{e1}						
U_{e2}						
U_o（实测值）						
A_u（测算值）						

（3）输入 $f=1\,000$ Hz、$U_i=0.5$ V 的正弦交流信号，测量相应的 U_o，并用示波器观察 U_o 和 U_i 的相位关系，填入表 2-1-7-2 中。

表 2-1-7-2 （$U_i=0.5$ V，$f=1\,000$ Hz）

项目	参数	U_i 和 U_o的波形	A_u	
			测算值	计算值
U_i/V	已知			
U_o/V				

5. 反相加法运算电路的实验步骤

（1）按图 2-1-7-2 连接实验电路。

（2）输入信号采用直流信号，从简易直流信号源上引出，按表 2-1-7-3 进行设置，用直流电压表测量输入电压 U_{i1}、U_{i2} 及输出电压 U_o，填入表 2-1-7-3 中。

表 2-1-7-3

U_{i1}	60 mV	0.5 V	0.2 V	备注
U_{i2}	60 mV	0.4 V	0.3 V	
U_o（实测）				

6. 同相比例运算电路的实验步骤

（1）按图 2-1-7-3（a）连接实验电路。实验步骤同反相比例运算电路的实验步骤，将结果记入表 2-1-7-4 中，将交流信号测试记录在表 2-1-7-5 中。

表 2-1-7-4

U_i	60 mV	0.5 V	0.7 V	−50 mV	−0.4 V	备注
U_o（实测）						
A_u（测算）						

（2）将图 2-1-7-3（a）中的 R_2 断开，得图 2-1-7-3（b）电路，重复（1）中步骤，将结果记录在与表 2-1-7-4 相同的表格中，将交流信号测量结果记录在与表 2-1-7-5 相同的表格中。

表 2-1-7-5　（$U_i = 0.5\ V$　$f = 1\ 000\ Hz$）

项目	参数	U_i 和 U_o 的波形	A_u	
			测算值	计算值
U_i/V				
U_o/V				

7. 扩展要求内容的具体实验步骤

（1）对于扩展要求的内容，请同学根据电路原理再参考基本要求里的表格自己设计相关表格进行实验或仿真。

（2）用物理电子元器件组装、调试该电路，并向老师答辩，请老师检查。

五、线上和线下应交资料及要求

1. 线上应交资料及要求

（1）本实验线上教学资源成绩截图。

（2）实验预习报告（写在电子版模板上）。

（3）本实验"原理仿真"所用仿真工具源文件。

（4）本实验"工程仿真"所用仿真工具源文件。

（5）电子版实验报告（将手写的实验报告拍照，编辑成 word 文档）。

说明：① 本次实验报告数据分析主要写预测计算、仿真、实测数据的误差原因。

② 进实验室后，以上 5 种线上资料要按时上交给学习委员。

2. 线下应交资料及要求（手写实验报告）

（1）简写原理/设计过程，详细记录实验过程（附上与身份证明同框的实验结果的图片，实际仪器、仪表要有波形或数据，数据不清楚的请在图片上标注）。

（2）撰写"实验结果与数据分析"（写实验计算、仿真数据与实际操作数据的误差分析）。

（3）回答本实验的思考题（不少于 2 题）。

（4）记录实验过程中遇到的印象最深刻的问题及解决过程（写在实验体会中）。

注意：实验报告要写在专门的纸质模板上（班级统一发放），待课程结束后，统一上交给学习委员。

六、实验设备

请根据实际情况如实记录实验中用到的仪器、仪表、实验台及实验板编号、主要元器件（名称、型号、数量）。

七、思考题

1. 在反相加法运算电路中，如 U_{i1} 和 U_{i2} 均采用直流信号，当运算放大器的电源电压是 ± 12 V 时，U_{i1}、U_{i2} 的大小不应超过多少伏？

2. 实验中测量 e_1、e_2 点的电压的意义是什么？

3. 写出同相加法运算电路的 U_o 公式的推导过程。

4. 同相比例放大器与反相比例放大器的区别是什么？

八、实验体会

主要写完成本实验后自己的感想和建议。

实验八　集成运算放大器的非线性应用验证

一、实验目的

1. 验证过零比较器、反向滞回比较器、同相滞回比较器的工作原理。

2. 进一步理解集成运算放大器的非线性应用的工作原理。

3. 验证集成运算放大器产生三角波、方波的工作原理。

4. 掌握仿真工具在实验中的运用，体会"工程仿真"的作用。

二、预习要求

1. 基本要求

（1）复习有关比较器的内容。

（2）复习有关三角波、方波发生器的工作原理。

（3）预测、仿真各个实验步骤中的实验结果。

（4）该实验稳压管的稳压值均为 6 V，图 2-1-8-5 中 R_p 取中间值。

（5）在虚拟运放实验板上面进行仿真。

（6）在仿真工具上对本实验内容进行原理仿真。

（7）根据原理仿真，在虚拟实验设备上进行工程仿真，提前熟悉实验环境。

2. 估算内容与仿真步骤

1）估算内容

（1）根据运放非线性应用的理论原理，预估图 2-1-8-2 中过零比较器 u_i 悬空时 u_o 的电压。

（2）根据运放非线性应用的理论原理，预估图 2-1-8-2 中过零比较器输入 2 V、1 kHz 正弦波时输出的波形。

（3）根据运放非线性应用的理论原理，预估图 2-1-8-3 中反相滞回电压比较器输入 2 V、1 kHz 正弦波时的拐点值和输出的波形。

（4）根据运放非线性应用的理论原理，预估图 2-1-8-4 中简单方波发生器的频率和幅值。

（5）根据运放非线性应用的理论原理，预估图 2-1-8-5 中三角波、方波发生器的频率和幅值。

2）仿真步骤

（1）原理仿真（注意：仿真图保存时，要保证再次打开时一定要有数据、波形）

以下步骤①、②、③、④用与实验室实际仪器、仪表操作相似的虚拟仪器、仪表进行原理仿真（包括本实验所用虚拟器件 μA741 质量检验‑运放调零方法），具体内容见本实验"四、实验内容与步骤"，仿真时，记录电路中关键节点的电压或波形，用于工程仿真参考。

① 在仿真工具中，对图 2‑1‑8‑2 所示电路进行原理仿真，验证估算、预测的电压、波形。

② 在仿真工具中，对图 2‑1‑8‑3 所示电路进行原理仿真，验证估算、预测的拐点值和输出波形。

③ 在仿真工具中，对图 2‑1‑8‑4 所示电路进行原理仿真，验证估算、预测的简单方波发生器的频率和幅值。

④ 在仿真工具中，对图 2‑1‑8‑5 所示电路进行原理仿真，验证估算、预测的三角波、方波发生器的频率和幅值。

（2）工程仿真（注意：仿真图保存时，要保证再次打开时一定要有数据、波形）

① 在仿真软件中打开课程提供的虚拟实验设备。

② 对照原理仿真电路，在虚拟实验设备上找到相同元器件，完成连线，连线不要接在虚拟实验设备元器件引线的端头上（需错过端头少许），以免修正时改变虚拟实验设备的固有布局结构（改动布局的仿真会被扣分）。

③ 在电路的输入、输出端分别接上虚拟函数发生器和虚拟示波器，并调整好元器件参数，观察、测量，将结果同"原理仿真"中的结果进行对比。

④ 记录电路中关键节点的电压或波形，用于实际操作时的故障排除。

三、实验原理（注意：本实验中的原理图省略了运放型号、电源和引脚编号）

1. 电压比较器

（1）理论公式

当 $U_i < U_R$ 时，$U_o = U_Z$；当 $U_i > U_R$ 时，$U_o = -U_D$。

该电路以 U_R 为界，当输入电压 U_i 变化时，输出端反映出两种状态：高电位和低电位。

（2）原理图和传输特性

图 2‑1‑8‑1（a）（b）为电压比较器原理图和传输特性。

2. 过零比较器

（1）理论公式

当 $U_i > 0$ 时，$U_o = -(U_Z + U_D)$。当 $U_i < 0$ 时，$U_o = +(U_Z + U_D)$。

（2）原理图和传输特性

图 2‑1‑8‑2（a）（b）为过零比较器原理图和传输特性。

3. 反相滞回电压比较器

（1）理论公式

$$U_\Sigma = \frac{R_2}{R_f + R_2} U_{o+} \qquad U_\Sigma = \frac{R_2}{R_f + R_2} U_{o-} \qquad (2\text{-}1\text{-}8\text{-}1)$$

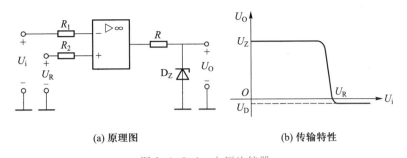

图 2-1-8-1　电压比较器

（图中元件 R_1 和 R_2 的阻值是 10 kΩ，R 的阻值是 2 kΩ，D_Z 的稳压值是 6 V 左右）

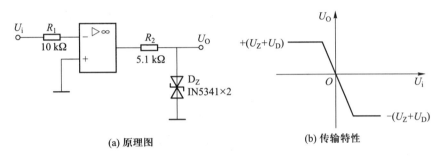

图 2-1-8-2　过零比较器

（2）原理图、实验电路图和传输特性

图 2-1-8-3（a）（b）（c）为反相滞回电压比较器原理图、实验电路图和传输特性。

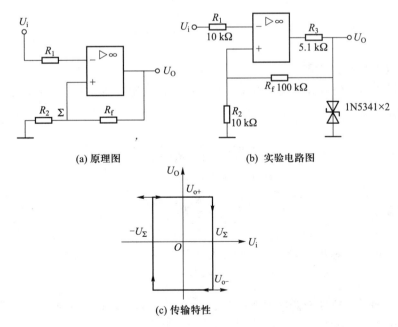

图 2-1-8-3　反相滞回电压比较器

4. 简单方波发生器

（1）理论公式

电路振荡频率

$$f_o = \frac{1}{2R_f C_f \ln\left(1 + \dfrac{2R_2}{R_1}\right)}$$ （2-1-8-2）

式中，$R_1 = R_1' + R_P'$，$R_2 = R_2' + R_P''$。

方波输出幅值　　　　　　　　$U_{OM} = \pm U_Z$

调节可变电阻 R_P（即改变 R_2/R_1），可以改变振荡频率，也可通过改变 R_f（或 C_f）来实现振荡频率的调节。

（2）原理图

图 2-1-8-4 所示为简单方波发生器原理图，它由滞回比较器及简单 RC 积分电路组成。它的特点是线路简单，可用于对方波要求不高的场合。

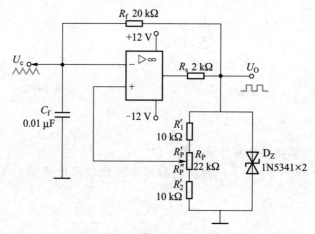

图 2-1-8-4　简单方波发生器原理图

5. 方波和三角波发生器

由集成运放构成的方波和三角波发生器一般均包括比较器和 RC 积分器两大部分。

（1）理论公式

电路振荡频率　　　　$f_o = \dfrac{R_2}{4R_1(R_F + R_P)C_f}$　　　　（2-1-8-3）

方波幅值　　　　　　$U_{om}' = \pm U_Z$　　　　　　　（2-1-8-4）

三角波幅值　　　　　$U_{om} = \dfrac{R_1}{R_2}U_Z$　　　　　　（2-1-8-5）

从理论公式可以看出，调节 R_P 可以改变振荡频率，改变比值 $\dfrac{R_1}{R_2}$ 可调节三角波的幅值。

（2）方波和三角波发生器原理图如图 2-1-8-5 所示。方波和三角波发生器输出波形理论参考图如图 2-1-8-6 所示。

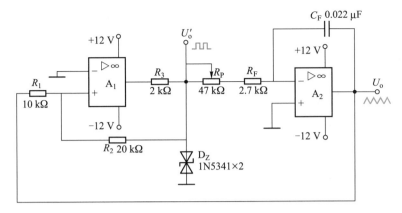

图 2-1-8-5　方波和三角波发生器原理图

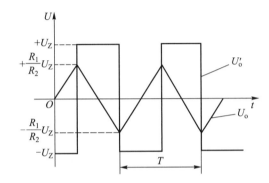

图 2-1-8-6　方波和三角波发生器输出波形理论参考图

6. 同相滞回比较器

（1）理论公式

同相端电压
$$U_+ = \frac{R_1}{R_1+R_F}U_o + \frac{R_F}{R_1+R_F}U_i$$

（2）原理图

同相滞回比较器电路原理图如图 2-1-8-7 所示。

7. 双限比较器

（1）理论原理

过零比较器和滞回比较器仅能鉴别输入电压 U_i 比参考电压 U_R 高或低的情况，它能指示出 U_i 值是否处于 U_R^+ 和 U_R^- 之间。如果 $U_R^- < U_i < U_R^+$，则双限比较器的输出电压 U_o 等于运放的正饱和输出电压（$+U_{omax}$），如果 $U_i < U_R^-$ 或 $U_i > U_R^+$，则双限比较器的输出电压 U_o 等于运放的负饱和输出电压（$-U_{omax}$）。

（2）原理图和传输特性

双限比较电路是由两个简单比较器组成的，图 2-1-8-8（a）（b）分别为双限比较器的原理图和传输特性，当输入电压满足 $U_R^- < U_i < U_R^+$ 时，U_o 为高电平，否则 U_o 为低电平。

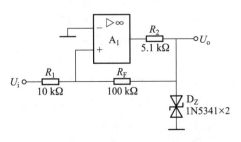

图 2-1-8-7　同相滞回比较器电路原理图

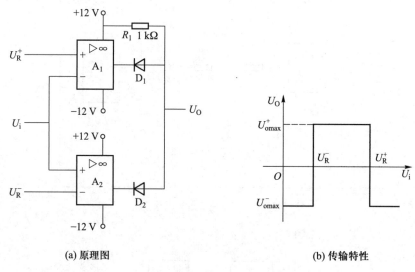

(a) 原理图   (b) 传输特性

图 2-1-8-8 双限比较器

四、实验内容与步骤

1. 基本要求

（1）对实验所用仪器、仪表及元器件的质量进行检验和判断。

（2）验证过零比较器。

（3）验证反相滞回比较器。

（4）验证方波发生器。

（5）验证方波和三角波发生器。

2. 扩展要求

（1）验证同相滞回比较器。

（2）验证电压比较器和双限比较器。

（3）用物理电子元器件组装、调试该电路，并向老师答辩，请老师检查。

3. 过零比较器的实验步骤

（1）实验电路如图 2-1-8-2 所示。

（2）测量 U_i 悬空时的 U_o 值。

（3）示波器基线调零，U_i 输入 1 000 Hz、幅值为 2 V 的正弦信号，观察并记录 U_i、U_o 波形，并从图中截取传输特性曲线。

4. 反相滞回比较器的实验步骤

（1）实验电路如图 2-1-8-3 所示。

（2）示波器基线调零。U_i 接 1 000 Hz，幅值为 2 V 的正弦信号，观察并记录 U_i、U_o 波形。读出图中波形跳变时 U_i 的临界值。

（3）将分压支路 100 kΩ 电阻改为 200 kΩ，重复上述实验，测量传输特性。

5. 方波发生器的实验步骤

（1）实验电路如图 2-1-8-4 所示，将测量值与预估计算值比较。

（2）将可变电阻 R_P 调至中心位置，用双踪示波器观察并描绘方波 U_o 的波形，测量并记录其幅值及频率。

（3）将可变电阻 R_P 调至中心位置，用双踪示波器观察并描绘锯齿波 U_c 的波形，记录之。同时用双踪示波器观察 U_o（注意 U_o 与 U_c 的对应关系。）

（4）改变 R_P 滑动触点的位置，观察 U_o、U_c 幅值及频率变化情况。把滑动触点调至最上端和最下端，测量并记录频率范围。

（5）将 R_P 恢复至中心位置，将一只稳压管短接，观察 U_o 波形，分析 D_Z 的限幅作用。

6. 方波和三角波发生器的实验步骤

（1）实验电路如图 2-1-8-5 所示，选择合适的元器件，连接实验电路。

（2）将可变电阻 R_P 调至预测结果位置，用双踪示波器观察并描绘三角波输出 U_o 及方波输出 U_o'，测其幅值、频率及 R_P 值，记录之，观察能否达到设计要求。

（3）改变 R_P 的位置，观察其对 U_o、U_o' 幅值及频率的影响。

（4）改变 R_1（或 R_2），观察其对 U_o、U_o' 幅值及频率的影响。

7. 同相滞回比较器的实验步骤

（1）实验电路如图 2-1-8-7 所示。

（2）参照反相滞回比较器，自拟实验步骤及方法。

（3）将结果与反相滞回比较器进行比较。

8. 双限比较器的实验步骤

（1）实验电路如图 2-1-8-8 所示。

（2）U_R^+、U_R^- 分别接 ± 1 V，U_i 接峰-峰值为 3 V 的正弦波。用示波器观察 U_o，在坐标上画出波形。

9. 电压比较器的实验电路图、实验步骤及所填表格请同学自己设计。

五、线上和线下应交资料及要求

1. 线上应交资料及要求

（1）本实验线上教学资源成绩截图。

（2）实验预习报告（写在电子版模板上）。

（3）本实验"原理仿真"所用仿真工具源文件。

（4）本实验"工程仿真"所用仿真工具源文件。

（5）电子版实验报告（将手写的实验报告拍照，编辑成 word 文档）。

说明：① 本次实验报告数据分析主要写预测计算、仿真、实测数据的误差原因。

　　　② 进实验室后，以上 5 种线上资料要按时上交给学习委员。

2. 线下应交资料及要求（手写实验报告）

（1）简写原理/设计过程，详细记录实验过程（附上与身份证明同框的实验结果的图片，实际仪器、仪表要有波形或数据，数据不清楚的请在图片上标注）。

（2）撰写"实验结果与数据分析"（写实验计算、仿真数据与实际操作数据的误差分析）。

（3）回答本实验的思考题（不少于 2 题）。

（4）记录实验过程中遇到的印象最深刻的问题及解决过程（写在实验体会中）。

注意：实验报告要写在专门的纸质模板上（班级统一发放），待课程结束后，统一上交给学习委员。

六、实验设备

请根据实际情况如实记录实验中用到的仪器、仪表、实验台及实验板编号、主要元器件（名称、型号、数量）。

七、思考题

1. 如果手中没有正弦波发生器，那么测量比较器的临界点还有什么办法？
2. 在波形发生器各电路中，"相位补偿"和"调零"是否需要？为什么？
3. 同相滞回比较器和反相滞回比较器的区别是什么？试举例它们的实际应用。
4. 过零比较器中，测量 U_i 悬空时的 U_o 值的意义是什么？
5. 过零比较器中，如果断开双向稳压管，则测得的电压估计是多少？

八、实验体会

主要写完成本实验后自己的感想和建议。

实验九　集成运算放大器的应用设计

一、设计要求（以下设计中电源电压 $U_{CC}=12$ V，$U_{EE}=-12$ V）

1. 用集成运放设计一个输入电压为 0.05 V，放大倍数为 -100 的反相比例运算电路。

2. 用集成运放设计一个输入电压为 0.1 V 和 0.4 V，放大倍数为 -10 的反相加法运算电路。

3. 用集成运放设计一个输入电压为 0.1 V，输出电压为 10.1 V 的同相比例运算电路。

二、预习要求

1. 基本要求
（1）根据设计要求设计、仿真相关电路及元器件参数。
（2）复习相关电路知识。
2. 估算内容与仿真步骤
1）估算内容
（1）根据设计要求设计反相比例运算电路，须写出详细设计过程。
（2）根据设计要求设计反相加法运算电路，须写出详细设计过程。
（3）根据设计要求设计同相比例运算电路，须写出详细设计过程。
2）仿真步骤
（1）原理仿真（注意：仿真图保存时，要保证再次打开时一定要有数据、波形）

用与实验室实际仪器、仪表操作相似的虚拟仪器、仪表进行原理仿真，验证电路设计是否满足要求。记录电路中关键节点的电压或波形，用于工程仿真参考。

（2）工程仿真（注意：仿真图保存时，要保证再次打开时一定要有数据、波形）

① 在仿真软件中打开课程提供的虚拟实验设备。

② 对照原理仿真电路，在虚拟实验设备上找到相同元器件，完成连线，连线不要接在虚拟实验设备元器件引线的端头上（需错过端头少许），以免修正时改变虚拟实验设备的固有布局结构（改动布局的仿真会被扣分）。

③ 在电路的输入、输出端分别接上虚拟函数发生器和虚拟示波器，并调整好元器件参数，观察、测量，将结果同"原理仿真"中的结果进行对比。

④ 记录电路中关键节点的电压或波形，用于实际操作时的故障排除。

三、设计提示

1. 反相比例运算电路

设计电路与分析验证电路是逆过程。设计电路时首先要抓住设计指标与元件之间的算法关系，确定核心元件参数，其他次要元件参数的确定则主要根据工作原理和设计者的电路设计经验来完成。下面简述反相比例运算电路的设计过程。

对于理想运放，反相比例运算电路的输出电压与输入电压之间的关系见下式（元件编号见图 2-1-9-1）。

$$U_o = -\frac{R_1}{R_2}U_i \qquad (2-1-9-1)$$

反相比例运算电路原理图如图 2-1-9-1 所示。

为了减小输入级偏置电流引起的运算误差，在同相输入端应接入平衡电阻 $R_3 = R_1$，$R_4 = R_2$。具体数值要根据电路原理和虚拟运放实验板上已有的元件确定。

该电路中核心参数就是 R_1 和 R_2 两个参数，但只有一个方程，所以只有假设一个参数再计算出另一个，假设值也必须在虚拟运放实验板上已有的元件范围里确定。

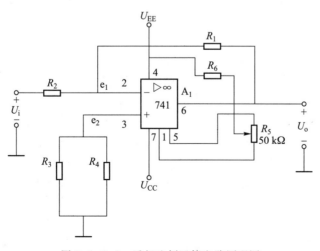

图 2-1-9-1　反相比例运算电路原理图

2. 反相加法运算电路

反相加法运算电路原理图如图 2-1-9-2 所示，它的输出电压与输入电压之间的关系见下式（元件编号见图 2-1-9-2）。

$$U_o = -\left(\frac{R_1}{R_2}U_{i1} + \frac{R_1}{R_7}U_{i2}\right) \qquad (2-1-9-2)$$

当 $R_2 = R_7$ 时

$$U_o = -\frac{R_1}{R_2}U_i$$

$$U_i = U_{i1} + U_{i2}$$

$$R_8 = R_1 \ // \ R_2 \ // \ R_7$$

该电路的设计方法与反相比例运算电路的设计方法相同，初次设计时最好假设 R_2 和 R_1 的值，其他参数由设计者根据所学电路原理和实验环境确定。

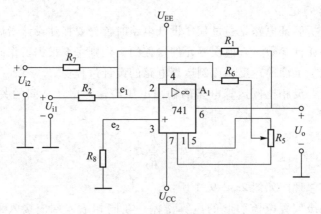

图 2-1-9-2 反相加法运算电路原理图

3. 同相比例运算电路

同相比例运算电路原理图如图 2-1-9-3 所示，它的输出电压与输入电压之间的关系见下式（元件编号见图 2-1-9-3）。设计该电路的方法与反相比例运算电路的设计方法相同。

$$U_o = \left(1 + \frac{R_1}{R_2}\right)U_i \qquad (2-1-9-3)$$

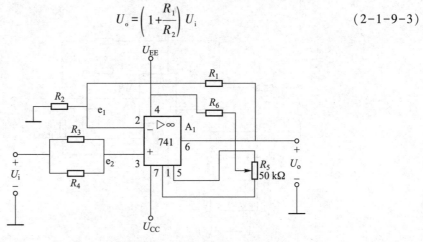

图 2-1-9-3 同相比例运算电路原理图

4. 方波和三角波发生器

方波和三角波发生器原理图如图 2-1-9-4 所示。算法关系见下式（元件编号见图 2-1-9-4），设计方法同上。

$$f = \frac{R_2}{4R_1(R_4+R_5)C_1}$$

$$U_{o1} = \pm U_Z$$

$$U_{o2} = \pm \frac{R_1}{R_2}U_Z \tag{2-1-9-4}$$

U_Z 是图 2-1-9-4 中 D_1 和 D_2 上的电压降。设计时，R_5、R_4、C_1 的值由经验确定。R_2 或 R_1 的值则可以先假设一个，再计算出另一个的值。

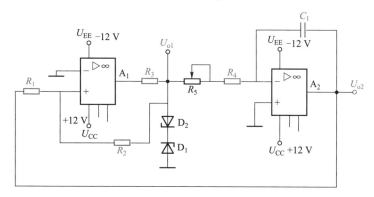

图 2-1-9-4　方波和三角波发生器原理图

四、实验内容与步骤

1. 集成运放调零和简易直流信号源

集成运放调零和简易直流信号源的构建与测量，如图 2-1-9-5 所示。

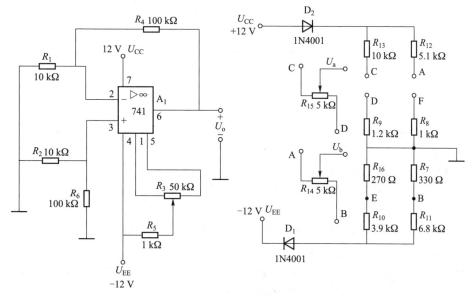

图 2-1-9-5　集成运放调零和简易直流信号源的构建与测量

2. 反相比例运算电路的设计验证

（1）在图 2-1-9-1 所示电路的基础上确定好元件参数，连接实验电路，接通 ±12 V 电源。

（2）输入 0.03 V 直流电压，用万用表直流电压挡测量输出电压，填入表 2-1-9-1 中。

表 2-1-9-1

U_i/V	U_o/V（实测值）	U_o/V（设计值）
0.03		

输入 $f=1\ 000$ Hz，$U_i=0.05$ V 的正弦交流信号，测量相应的 U_o，并用示波器观察 U_o 和 U_i 的相位关系，填入表 2-1-9-2 中。

表 2-1-9-2　（$U_i=0.05$ V，$f=1$ kHz）

项目	参数	U_i 和 U_o 的波形	A_u	
			测算值	设计值
U_i/V		O　　　　　t		
U_o/V		O　　　　　t		

3. 反相加法运算电路的设计验证

（1）在图 2-1-9-2 所示电路的基础上确定好元件参数，连接实验电路。

（2）输入信号采用直流信号，从简易直流信号源上引出，由实验者自行完成。

实验时要注意选择合适的直流信号幅度以确保集成运放工作在线性区。用直流电压表测量输入电压 U_{i1}、U_{i2} 及输出电压 U_o，填入表 2-1-9-3 中。

表 2-1-9-3

U_{i1}/V	0.1		0.5
U_{i2}/V	0.4		0.1
U_o/V			

注意：其他栏的电压值请自己设定，幅度不超出 ±0.5 V。

4. 同相比例运算电路的设计验证

（1）在图 2-1-9-3 所示电路的基础上确定好元件参数，连接实验电路。实验步骤与反相比例运算电路的实验步骤相同，将结果填入表 2-1-9-4 中。

（2）输入 $f=1\ 000$ Hz，$U_i=0.5$ V 的正弦交流信号，测量相应的 U_o，并用示波器观察 U_o 和 U_i 的相位关系，填入表 2-1-9-4 中。

（3）将图 2-1-9-3 所示电路中的 R_2 断开，去掉 R_4，$R_3=R_1$，重复实验步骤 2 中（1）～（2）的内容，对该电路进行验证，并写出其电路功能，表格需要自己设计。

表 2-1-9-4 （$U_i = 0.5$ V　$f = 1 \sim 5$ kHz）

项　　目	参　　数	U_i 和 U_o 的波形	A_u	
			测算值	设计值
U_i/V				
U_o/V				

5. 方波和三角波发生器的设计验证

（1）按设计选择和调整好元件，连接实验电路。

（2）分别测量方波和三角波的幅值和频率，填写在自制的表格里。

（3）对比测量值与计算值，如有误差，分析原因，并想办法解决。

6. 反相比例运算电路的设计验证

用集成运放设计一个放大倍数为 -1 000 的反相比例运算电路，并实验验证。分析误差产生的原因。

五、线上和线下应交资料及要求

1. 线上应交资料及要求

（1）本实验线上教学资源成绩截图。

（2）实验预习报告（写在电子版模板上）。

（3）本实验"原理仿真"所用仿真工具源文件。

（4）本实验"工程仿真"所用仿真工具源文件。

（5）电子版实验报告（将手写的实验报告拍照，编辑成 word 文档）。

说明：① 本次实验报告数据分析主要写预测计算、仿真、实测数据的误差原因。

② 进实验室后，以上 5 种线上资料要按时上交给学习委员。

2. 线下应交资料要求（手写实验报告）

（1）简写原理/设计过程，详细记录实验过程（附上与身份证明同框的实验结果的图片，实际仪器、仪表要有波形或数据，数据不清楚的请在图片上标注）。

（2）撰写"实验结果与数据分析"（写实验计算、仿真数据与实际操作数据的误差分析）。

（3）回答本实验的思考题（不少于 2 题）。

（4）记录实验过程中遇到的印象最深刻的问题及解决过程（写在实验体会中）。

注意：实验报告要写在专门的纸质模板上（班级统一发放），待课程结束后，统一上交给学习委员。

六、实验设备

请根据实际情况如实记录实验中用到的仪器、仪表、实验台及实验板编号、主要元器件（名称、型号、数量）。

七、思考题

1. 在反相加法运算电路中，如 U_{i1} 和 U_{i2} 用直流信号，为什么要限定不超出 ± 0.5 V？
2. 运放在实验中需要注意哪些问题？
3. 设计性实验同验证性实验的根本区别是什么？两者相比，哪一个是另一个的基础？
4. 实验中 ± 12 V 电源的误差对输出有什么影响？如何消除？

八、实验体会

主要写完成本实验后自己的感想和建议。

实验十　线性三端集成稳压器性能指标的测量与简单应用

一、实验目的

1. 学习和掌握线性三端集成稳压器性能指标的测量方法。
2. 认识线性三端集成稳压器扩展性能的方法。
3. 了解线性三端集成稳压器的简单应用。
4. 掌握仿真工具在实验中的运用，体会"工程仿真"的作用。

二、预习要求

1. 基本要求

（1）预习估算电路参数，查阅本实验所用稳压集成器件的 PDF 文档，了解内部电路工作原理及主要参数的含义。

（2）在仿真工具上对实验内容进行原理仿真。

（3）在课程提供的虚拟实验设备上对实验内容进行工程仿真。

2. 估算内容与仿真步骤

1）估算内容

（1）当图 2-1-10-2 所示电路的输入电压的有效值分别为 220 V、240 V、110 V，变压器变比分别为 14.5∶1、16∶1、7.3∶1 时，计算降压后的交流电压 u_2、桥式整流后的电压 U_1、滤波后的电压 U_2。

（2）根据（1）计算出 U_2，估算图 2-1-10-4 所示电路的输出电压。

（3）根据（1）计算出 U_2，确定图 2-1-10-5 所示电路输出电流为 3 A 时电阻 R_1 的阻值（$\beta = 150$，稳压器稳定工作输出电流为 0.5~1 A，晶体管 U_{BE} 为 0.7 V）。

2）仿真步骤

（1）原理仿真（注意：仿真图保存时，要保证再次打开时一定要有数据、波形）

用与实验室实际仪器、仪表操作相似的虚拟仪器、仪表进行原理仿真，仿真时，记录电路中关键节点的电压或波形，用于工程仿真参考。

① 根据图 2-1-10-2 所示电路，将 u_1 的有效值设为 220 V，变压器选用仿真工具中的变压器，型号为 1P1S（变比调整到 14.5∶1），仿真测量该电路桥式整流后的电压 U_1、

滤波后的电压 U_2、集成稳压器的输出 U_0、输出电流 I_0、稳压系数、输出电阻 R_0、输出纹波电压，将结果填入自制表格，验证是否符合理论估测值。

② 根据图 2-1-10-3、图 2-1-10-4 和图 2-1-10-5 所示电路，在仿真工具中选择相关元器件构建双电源电路、扩压电路、扩流电路，进行仿真测量，并记录测量结果。

③ 参考图 2-1-10-2 所示电路，在仿真工具中构建、仿真 79×× 系列集成稳压器应用电路，测量并记录结果。

④ 参考图 2-1-10-2 所示电路，查阅相关资料，在仿真工具中构建、仿真输出电压可调的 W317 集成稳压器应用电路，测量并记录结果。

（2）工程仿真（注意：仿真图保存时，要保证再次打开时一定要有数据、波形）

① 在仿真软件中打开课程提供的虚拟实验设备。

② 对照原理仿真电路，在虚拟实验设备上找到相同元器件，完成连线，连线不要接在虚拟实验设备元器件引线的端头上（需错过端头少许），以免修正时改变虚拟实验设备的固有布局结构（改动布局的仿真会被扣分）。

③ 在电路的输入、输出端分别接上虚拟函数发生器和虚拟示波器，并调整好元器件参数，观察、测量，将结果记录在自制的表格里。

④ 记录电路中关键节点的电压或波形，用于实际操作时故障排除。

三、实验原理

1. 线性三端集成稳压器

常用的线性三端集成稳压器有两个系列：一个是输出电压固定品种，如 78×× 系列、79×× 系列；另外一个为输出电压可调品种，如 W317 三端可调线性集成稳压器。线性三端集成稳压器的外形与工作原理图，如图 2-1-10-1 所示。实验电路图以 W7812 为例，如图 2-1-10-2 所示。线性三端集成稳压器输出双电源如图 2-1-10-3 所示。线性三端集成稳压器扩压应用如图 2-1-10-4 所示。线性三端集成稳压器扩流应用如图 2-1-10-5 所示。

2. 理论公式与参数

（1）78×× 系列

① 输出直流电压 $U_0 = +××$。例如 7812，$U_0 = +12$ V。

② 输出电流 L：0.1 A，M：0.5 A。

③ 电压调整率 10 mV/V。

④ 输出电阻 $R_0 = 0.15$ Ω。

⑤ 输入电压 U_I 的范围为 15~17 V。因为 U_I 一般要比 U_0 大 3~5 V 才能保证集成稳压器工作在线性区。

（2）79×× 系列

① 输出直流电压 $U_0 = -××$。例如 7012，$U_0 = -12$ V。

② 输出电流 L：0.1 A，M：0.5 A。

③ 电压调整率 10 mV/V。

④ 输出电阻 $R_0 = 0.15$ Ω。

⑤ 输入电压 U_I 的范围为 -17~-15 V。因为 U_I 一般要比 U_0 小 3~5 V，才能保证集成稳压器工作在线性区。

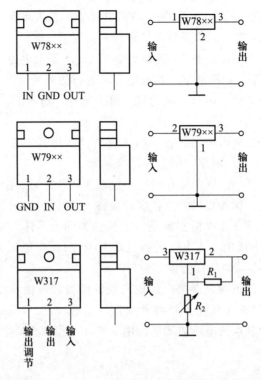

图 2-1-10-1　线性三端集成稳压器的外形与工作原理图

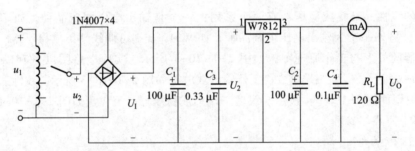

图 2-1-10-2　线性三端集成稳压器实验电路图

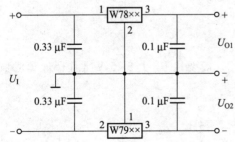
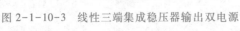

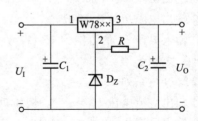

图 2-1-10-3　线性三端集成稳压器输出双电源　　图 2-1-10-4　线性三端集成稳压器扩压应用

（3）W317

① 输出电压计算公式　　　　　　$U_O \approx 1.25\left(1+\dfrac{R_2}{R_1}\right)$

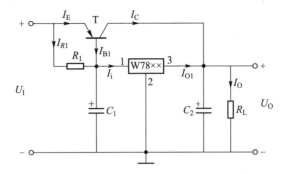

图 2-1-10-5 线性三端集成稳压器扩流应用

② 最大输入电压 $\qquad$ $U_{Im} = 40$ V

③ 输出电压范围 $\qquad$ $U_O = 1.2 \sim 37$ V

（4）扩展应用

① 78××系列扩流公式

$$R_1 = \frac{U_{BE}}{I_{R1}} = \frac{U_{BE}}{I_i - I_E} = \frac{U_{BE}}{I_{O1} - \dfrac{I_C}{\beta}}$$

其中，I_C 为晶体管 T 的集电极电流，$I_C = I_O - I_{O1}$；β 为 T 的电流放大系数；对于锗管，U_{BE} 可按 0.3 V 估算，对于硅管，U_{BE} 按 0.7 V 估算。

② 78××系列扩压公式

$$U_O = U_R + U_Z$$

注意：该应用要选择 R 适当的值，使稳压管 D_Z 工作在稳压区，则输出电压可以高于稳压器本身的输出电压。

③ 78××系列、79××系列双电源应用。

图 2-2-10-3 利用 78××系列、79××系列输出正、负双电源电路，例如需要 $U_{O1} = +15$ V，$U_{O2} = -15$ V，则可选用 W7815 和 W7915 三端稳压器，这时的 U_1 应为单电压输出时的两倍。

四、实验内容与步骤

1. 基本要求

（1）78××集成稳压器性能指标的测量。

（2）线性三端集成稳压器扩展应用。

2. 扩展要求

（1）79××集成稳压器性能指标的测量。

（2）W317 集成稳压器性能指标的测量。

3. 实验步骤

（1）78××集成稳压器性能指标的测量。

① 断开工频电源，按图 2-1-10-2 改接实验电路，取负载电阻 $R_L = 120$ Ω。接通工频 14 V 电源，测量 U_2 值；测量滤波电路输出电压 U_1（稳压器输入电压），集成稳压器输出

电压 U_0，它们的数值应与理论值大致符合，否则说明电路出了故障，设法查找故障并加以排除。

电路经初测进入正常工作状态后，才能进行各项指标的测量。

② 各项性能指标的测量。

● 输出电压 U_0 和最大输出电流 I_{Om} 的测量。

在输出端接负载电阻 $R_L = 120\ \Omega$，由于 W7812 输出电压 $U_0 = 12$ V，因此流过 R_L 的电流 $I_{Om} = \dfrac{12}{120}$ A $= 100$ mA，这时 U_0 应基本保持不变，若变化较大则说明集成块性能不良。

● 稳压系数 S 的测量。

● 输出电阻 R_o 的测量。

● 输出纹波电压的测量。

以上各项性能指标的测量方法请参考第二部分模拟电子技术实验中自学开放实验部分的实验十（S、R_o、纹波），把测量结果记入自拟表格中。

（2）线性三端集成稳压器扩展应用。

根据实验器材，选取图 2-1-10-3、图 2-1-10-4 或图 2-1-10-5 中各元器件，并自拟测量方法与表格，记录实验结果。

（3）79×× 集成稳压器性能指标的测量。

根据 79×× 工作原理和引脚功能，参考图 2-1-10-2 的接线方法，自拟电路图，并按照 78×× 系列性能指标的测量步骤测量。自拟表格记录相关数据。

（4）W317 集成稳压器性能指标的测量。

根据 W317 集成稳压器的工作原理和引脚功能，参考图 2-1-10-2 的接线方法，自拟电路图，并按照 78×× 系列性能指标的测量步骤测量。自拟表格记录相关数据。

五、线上和线下应交资料及要求

1. 线上应交资料及要求

（1）本实验线上教学资源成绩截图。

（2）实验预习报告（写在电子版模板上）。

（3）本实验"原理仿真"所用仿真工具源文件。

（4）本实验"工程仿真"所用仿真工具源文件。

（5）电子版实验报告（将手写的实验报告拍照，编辑成 word 文档）。

说明：① 本次实验报告数据分析主要写技术资料与实测数据的误差原因。

② 进实验室后，以上 5 种线上资料要按时上交给学习委员。

2. 线下应交资料及要求（手写实验报告）

（1）简写原理/设计过程，详细记录实验过程（附上与身份证明同框的实验结果的图片，实际仪器、仪表要有波形或数据，数据不清楚的请在图片上标注）。

（2）撰写"实验结果与数据分析"（写实验计算、仿真数据与实际操作数据的误差分析）。

（3）回答本实验的思考题（不少于 2 题）。

（4）记录实验过程中遇到的印象最深刻的问题及解决过程（写在实验体会中）。

注意：实验报告要写在专门的纸质模板上（班级统一发放），待课程结束后，统一上交给学习委员。

六、实验设备

请根据实际情况如实记录实验中用到的仪器、仪表、实验台及实验板编号、主要元器件（名称、型号、数量）。

七、思考题

1. 说明图 2-1-10-2 中 U_2、U_1、U_o 及 $\widetilde{U}_o$（纹波电压）的物理意义，并从实验仪器中选择合适的测量仪表。

2. 在桥式整流电路实验中，能否用双踪示波器同时观察 U_2 和 U_L 的波形，为什么？

3. 在桥式整流电路中，如果某个二极管发生开路、短路或反接三种情况，将会出现什么问题？

4. 为了使稳压电源的输出电压 $U_o = 12$ V，则其输入电压的最小值 U_{Imin} 应等于多少？交流输入电压 U_{2min} 又怎样确定？

5. 当稳压电源输出不正常，或输出电压 U_o 不随取样可变电阻 R_P 变化时，应如何找出故障所在？

八、实验体会

主要写完成本实验后自己的感想和建议。

实验十一　二极管及其应用电路

一、实验目的

1. 掌握二极管特性曲线及其参数的测量方法。
2. 掌握二极管的整流、限幅、钳位、开关、稳压的应用。
3. 进一步掌握仿真工具在基础实验中的应用。
4. 掌握仿真工具在实验中的运用，体会"工程仿真"的作用。

二、预习要求

1. 基本要求
（1）复习关于"二极管及其基本电路"的内容。
（2）估算本实验表格中相关参数值。
（3）在仿真工具中，对本实验内容进行仿真，验证估算的电路参数。
2. 估算内容与仿真步骤
1）估算内容
（1）填写表 2-1-11-7、表 2-1-11-8 的计算值。

（2）填写表 2-1-11-9 的计算值。

（3）填写表 2-1-11-10 的预测值。

（4）填写表 2-1-11-11、表 2-1-11-12、表 2-1-11-13 的计算值。

2）仿真步骤

（1）原理仿真（注意：仿真图保存时，要保证再次打开时一定要有数据、波形）

用与实验室实际仪器、仪表操作相似的虚拟仪器、仪表进行原理仿真。具体内容同本实验"四、实验内容与步骤"中"1. 开放实验室"，仿真时，记录电路中关键节点的电压或波形，用于工程仿真参考。

（2）工程仿真（注意：仿真图保存时，要保证再次打开时一定要有数据、波形）

① 在仿真软件中打开课程提供的虚拟实验设备，仿真"定点实验室"中的操作内容。

② 对照原理仿真电路，在虚拟实验设备上找到相同元器件，完成连线，连线不要接在虚拟实验设备元器件引线的端头上（需错过端头少许），以免修正时改变虚拟实验设备的固有布局结构（改动布局的仿真会被扣分）。

③ 在电路的输入、输出端分别接上虚拟函数发生器和虚拟示波器，并调整好元器件参数，观察、测量，将结果同"原理仿真"中的结果进行对比。

④ 记录电路中关键节点的电压或波形，用于实际操作时的故障排除。

三、实验原理

本实验在仿真环境和实际实验室中混合完成，通过本实验将更加进一步理解、巩固二极管的特性和基础应用。在实验中，将进一步熟悉虚拟、实际常用仪器、仪表和虚拟 IV 仪的使用。

1. 二极管特性曲线测量

二极管特性曲线测量电路，如图 2-1-11-1 所示。图（a）是二极管特性曲线测量原理图，图（b）是二极管特性曲线图。

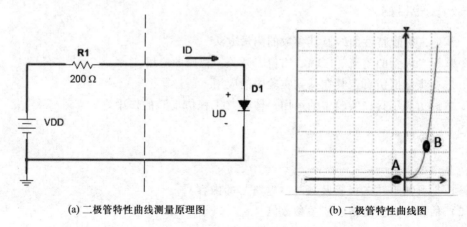

(a) 二极管特性曲线测量原理图　　　　(b) 二极管特性曲线图

图 2-1-11-1　二极管特性曲线测量电路

2. 理论公式

$$i_D = I_s \left(e^{u_D / U_T} - 1 \right) \qquad (2\text{-}1\text{-}11\text{-}1)$$

其中，I_s 为反向饱和电流，U_T 为温度的电压当量。

常温下（$T = 300$ K），

$$U_T = \frac{kT}{q} = 0.026 \text{ V} = 26 \text{ mV} \qquad (2-1-11-2)$$

四、实验内容与步骤

1. 开放实验室

（1）二极管 U-I 特性测量

二极管正向、反向 U-I 特性测量实验电路图，如图 2-1-11-2 所示，图（a）、图（b）是以二极管为测量对象，图（c）、图（d）是以晶体管基极、发射极为测量对象，按表 2-1-11-1~表 2-1-11-4 所给电压数据进行测量，将所测电流填入表 2-1-11-1~表 2-1-11-4 相应的位置。图（e）、图（f）是二极管正向、反向虚拟 IV 仪的测量结果，请同学们在图中 A 点、B 点之间选择对二极管特性有代表性的点，将其记录在表 2-1-11-5、表 2-1-11-6 中。

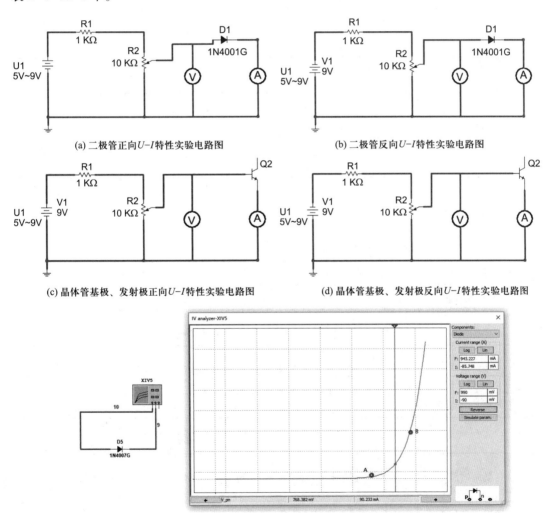

(a) 二极管正向U-I特性实验电路图　　　　(b) 二极管反向U-I特性实验电路图

(c) 晶体管基极、发射极正向U-I特性实验电路图　　(d) 晶体管基极、发射极反向U-I特性实验电路图

(e) 二极管正向虚拟IV仪测量方法图

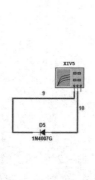
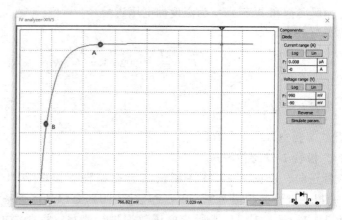

(f) 二极管反向虚拟IV仪测量方法图

图 2-1-11-2 二极管正向、反向 U–I 特性测量实验电路图

表 2-1-11-1 二极管正向 U–I 特性

正向电压/V	0	0.1	0.2	0.3	0.4	0.5	0.6
正向电流							

表 2-1-11-2 二极管反向 U–I 特性

反向电压/V	0	−0.5	−1	−2	−3	−4	−5
反向电流							

表 2-1-11-3 晶体管基极、发射极正向 U–I 特性

正向电压/V	0	0.1	0.2	0.3	0.4	0.5	0.6
正向电流							

表 2-1-11-4 晶体管基极、发射极反向 U–I 特性

反向电压/V	0	−0.5	−1	−2	−3	−4	−5
反向电流							

表 2-1-11-5 二极管正向虚拟 IV 仪测量

正向电压/V	（A 点）0.396	0.440	0.491	0.541	0.591	0.629	（B 点）0.679
正向电压对应的电流							

表 2-1-11-6 二极管反向虚拟 IV 仪测量

反向电压/V	（A 点）−0.280	−0.240	−0.200	−0.151	−0.105	−0.054	（B 点）−0.019
反向电压对应的电流							

（2）二极管静态特性测量

如图 2-1-11-3 所示，图（a）是理想模型实验电路图，图（b）是恒压模型实验电路图，图（c）是折线模型实验电路图。请在电源电压 U_{CC} 分别等于 12 V、1.2 V 时，计算、仿真验证，将结果填入表 2-1-11-7 和表 2-1-11-8 中。

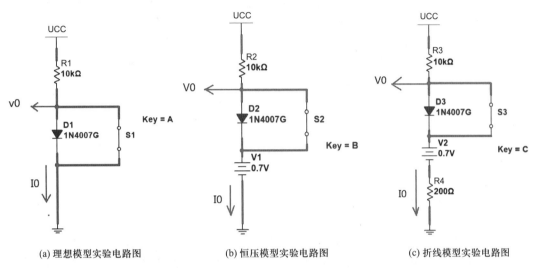

(a) 理想模型实验电路图　　　(b) 恒压模型实验电路图　　　(c) 折线模型实验电路图

图 2-1-11-3　二极管静态特性测量实验电路图

理想模型：$U_D = 0$；$I_D = U_{DD}/R$

恒压降模型：$U_D = 0.7$；$I_D = (U_{DD} - U_D)/R$

折线模型：$I_D = (U_{DD} - U_{th})/(R + r_D)$；$U_D = U_{th} + I_D r_D$

表 2-1-11-7　电源电压 = 12 V 时三种模型参数测量

二极管三种模型参数测量表（电源电压 = 12 V）

模型	二极管理想模型		二极管恒压降模型		二极管折线模型	
	U_o	I_o	U_o	I_o	U_o	I_o
计算值						
仿真测量值						

表 2-1-11-8　电源电压 = 1.2 V 时三种模型参数测量

二极管三种模型参数测试表（电源电压 = 1.2 V）

模型	二极管理想模型		二极管恒压降模型		二极管折线模型	
	U_o	I_o	U_o	I_o	U_o	I_o
计算值						
仿真测量值						

（3）二极管半波整流电路

二极管半波整流实验电路图如图 2-1-11-4 所示。当 $u_1 = 4\sin \omega t$ V，$R_1 = 1$ kΩ，$\omega = 314$，二极管选择 1N400× 系列时，观察、记录 U_1、U_o 的波形（示波器选双通道）。

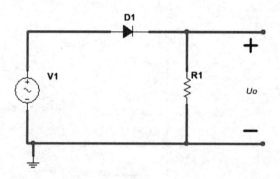

图 2-1-11-4　二极管半波整流实验电路图

（4）二极管限幅、钳位电路

① 二极管限幅电路

照图 2-1-11-5 构建电路，图（a）为直流信号源限幅测量电路。当 $R_1 = 1$ kΩ，$U_3 = 3$ V，二极管导通压降为 0.7 V，U_1 分别为 0 V、5 V、9 V 时，计算表 2-1-11-9 中的各项参数并仿真验证。图中（b）（c）（d）是交流信号限幅测量电路，当 $u_1 = 4\sin \omega t$V，频率为 50 Hz，直流电压为 3 V 时，观察、记录输入、输出波形（示波器选双通道）。

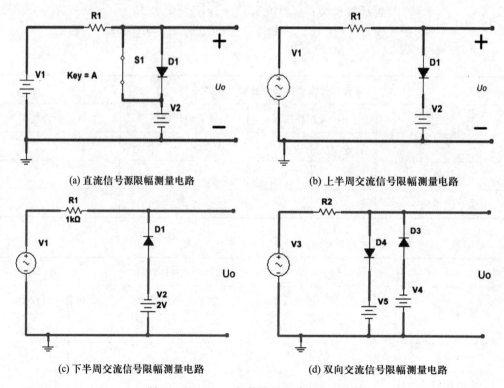

(a) 直流信号源限幅测量电路　　　　　　　　(b) 上半周交流信号限幅测量电路

(c) 下半周交流信号限幅测量电路　　　　　　(d) 双向交流信号限幅测量电路

图 2-1-11-5　二极管限幅电路实验电路图

表 2-1-11-9　二极管直流限幅电路静态特性测量

模型	二极管理想模型			二极管恒压降模型		
	$U_1 = 0$ V	$U_1 = 5$ V	$U_1 = 9$ V	$U_1 = 0$ V	$U_1 = 5$ V	$U_1 = 9$ V
U_o 计算值						
U_o 仿真测量值						

② 二极管钳位电路。

照图 2-1-11-6 构建电路，设二极管导通压降为 0.7 V，$u_1 = 4\sin \omega t$ V，$\omega = 314$，$C_1 = 1 \mu$f，分别在开关打开和闭合时，观察、记录 U_1、U_o 稳态时的波形。

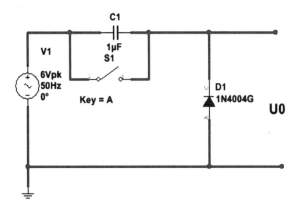

图 2-1-11-6　二极管钳位电路实验电路图

（5）二极管开关电路

照图 2-1-11-7 构建电路，根据表 2-1-11-10 给出的 S_1、S_2、S_3 的电压值，完成表 2-1-11-10 中其他内容，表 2-1-11-10 中的通、断判断可在相应支路上串接电流表完成。

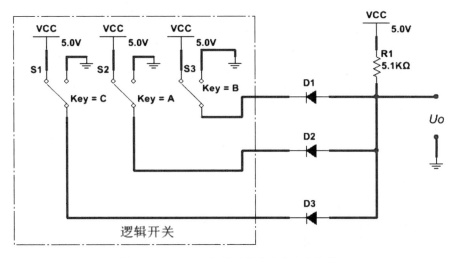

图 2-1-11-7　二极管开关电路实验电路图

表 2-1-11-10　二极管开关实验电路状态表（二极管按恒压模型分析）

S_1/V	S_2/V	S_3/V	D 工作状态预测（通/断）			D 工作状态仿真测量（通/断）			U_o 分析结果	U_o 仿真测量结果
			D_3	D_2	D_1	D_3	D_2	D_1		
0	0	0								
0	0	5								
0	5	0								
0	5	5								
5	0	0								
5	0	5								
5	5	0								
5	5	5								

（6）二极管小信号分析验证

照图 2-1-11-8 构建电路，$u_1 = 0.5\sin \omega t$，$\omega = 314$，$u_2 = 2 \sim 5$ V，$R_1 = 2$ kΩ，计算表 2-1-11-11 中的各项参数，并仿真验证，绘出交流波形，分析误差原因。

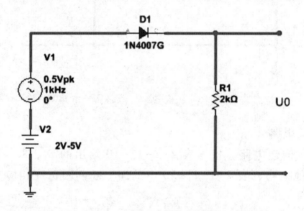

图 2-1-11-8　二极管小信号分析验证实验电路图

表 2-1-11-11　二极管小信号分析验证

项目	直流电流/mA	U_o 直流电压分量/V	微变电阻/Ω	U_o 交流电压分量/V	U_o 电压总量/V	备注
计算值						
仿真测算值						

（7）二极管低电压稳压电路

① 照图 2-1-11-9 构建电路，$U_{CC} = 12$ V，$R_1 = 2$ kΩ，$R_2 = 1$ kΩ，D_1、D_2 导通电压为 0.7 V，计算表 2-1-11-12、表 2-1-11-13 中的各项参数，并仿真验证，分析误差原因。

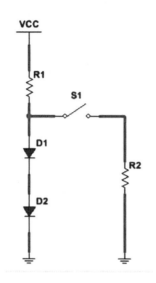

图 2-1-11-9　二极管低电压稳压电路实验电路图

表 2-1-11-12　二极管低电压稳压电路测试表（$U_{cc} = 12$ V）

参数	不带负载 R_L		
	I_D	r_d	备注
计算值			
仿真测算			

表 2-1-11-13　二极管低电压稳压电路 ΔU_o 测试表

参数	U_{cc} 电压波动 ±10%		
	不带负载 R_L	带负载 R_L	备注
ΔU_o 计算值			
ΔU_o 仿真测算			

② 图 2-1-11-9 所示电路中其他条件不变，将二极管由 2 只变成 4 只，接线方法不变，仿照表 2-1-11-12 和表 2-1-11-13 自制表格完成各项参数的计算与仿真。

2. 定点实验室

本实验实际操作以下内容。

（1）二极管半波整流电路

在实验室运放实验板上，构建图 2-1-11-4 所示电路，自己根据预习、原理仿真确定信号、元器件参数值、型号，定性画出 U_o 的波形。

（2）二极管限幅、钳位电路

① 二极管限幅电路。

在实验室运放实验板上，照图 2-1-11-5 构建电路，并验证。图中（b）（c）（d）是交流信号限幅测量电路，自己根据预习、原理仿真确定信号、元器件参数值、型号。观察、记录输入、输出交流电压的波形。

② 二极管钳位电路。

在实验室运放实验板上，照图 2-1-11-6 构建电路，并仿真。自己根据预习、原理仿真确定信号、元器件参数值、型号。观察、记录输入、输出交流电压的波形。

3. 扩展要求

（1）在仿真环境中用虚拟 IV 仪测量齐纳、变容、肖特基、光电、发光二极管的特性曲线，并比较它们的不同之处。

（2）在仿真环境中完成第二部分模拟电子技术实验中自学开放实验部分实验十二中本实验没有涵盖的内容。

五、线上和线下应交资料及要求

1. 线上应交资料及要求

（1）本实验线上教学资源成绩截图。

（2）实验预习报告（写在电子版模板上）。

（3）本实验"原理仿真"所用仿真工具源文件。

（4）本实验"工程仿真"所用仿真工具源文件。

（5）电子版实验报告（将手写的实验报告拍照，编辑成 word 文档）。

说明：① 本次实验报告数据分析主要写预测计算、仿真、实测数据的误差原因。

② 进实验室后，以上 5 种线上资料要按时上交给学习委员。

2. 线下应交资料及要求（手写实验报告）

（1）简写原理/设计过程，详细记录实验过程（附上与身份证明同框的实验结果的图片，实际仪器、仪表要有波形或数据，数据不清楚的请在图片上标注）。

（2）撰写"实验结果与数据分析"（写实验计算、仿真数据与实际操作数据的误差分析）。

（3）回答本实验的思考题（不少于 2 题）。

（4）记录实验过程中遇到的印象最深刻的问题及解决过程（写在实验体会中）。

注意：实验报告要写在专门的纸质模板上（班级统一发放），待课程结束后，统一上交给学习委员。

六、实验设备

请根据实际情况如实记录实验中用到的仪器、仪表、实验台及实验板编号、主要元器件（名称、型号、数量）。

七、思考题

1. 静态工作点和工作点有什么区别？

2. 用虚拟 IV 分析仪测量二极管特性，如果特性曲线是折线，则分析其原因。

3. 用虚拟万用表测二极管特性，可变电阻的作用是什么？需要调整它的什么？

4. 上半周交流信号限幅测量电路中直流电压值范围是多少？

5. 二极管钳位的作用是什么？在输出端加负载电阻后，波形会发生什么变化，画图说明。

6. 选用运放实验板负电源的二极管做钳位实验，如果波形出现底部畸变，应该怎么处理，分析是什么原因造成的。

八、实验体会

主要写完成本实验后自己的感想和建议。

二　自学开放实验

实验一　基本共射放大电路的测量

一、实验目的

1. 认识基本共射放大电路，学会测量它的静态工作点。
2. 掌握共射放大电路放大倍数的测量方法。
3. 掌握基本共射放大电路输入电阻、输出电阻的测量方法。
4. 与基础实验部分实验二的输出波形比较，研究波形失真的原因。

二、预习要求

1. 根据实验电路和所学过的理论知识预估、仿真表 2-2-1-1、表 2-2-1-2 中的实验结果。
2. 预测时，$\beta = 150$，R_6 取中值。

三、实验原理

1. 实验原理图

双极型晶体管单管基本共射放大电路实验原理图，如图 2-2-1-1 所示。

2. 理论公式（元件编码见图 2-2-1-1）

$$U_{CEO} \approx U_{CC} - I_{CQ}R_2$$

$$A_u = \frac{U_o}{U_i} = -\frac{\beta R'_L}{r_{be}} \quad R'_L = R_2 // R_7 \text{（}R_7\text{接入电路时）}$$

$$R_i = R_b // r_{be} \quad R_b = R_1 + R_6$$

$$R_o \approx R_2$$

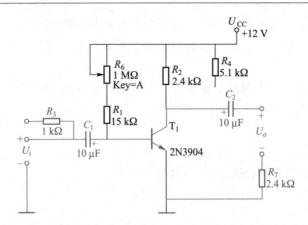

图 2-2-1-1　双极型晶体管单管基本共射放大电路实验原理图

3. 输入电阻、输出电阻的间接测量方法

（1）输入电阻 R_i 的测量

为了测量放大器的输入电阻，按图 2-2-1-2 所示电路在被测放大器的输入端与信号源之间串入一已知电阻 R，在放大器正常工作的情况下，用交流毫伏表测出 U_s 和 U_i，根据输入电阻的定义可得

$$R_i = \frac{U_i}{I_i} = \frac{U_i}{\dfrac{U_R}{R}} = \frac{U_i}{U_s - U_i} R$$

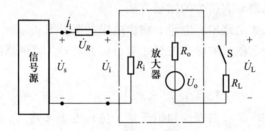

图 2-2-1-2　输入、输出电阻测量电路

测量时应注意下列几点：

① 由于电阻 R 两端没有电路公共接地点，因此测量 R 两端电压 U_R 时必须分别测出 U_s 和 U_i，然后按 $U_R = U_s - U_i$ 求出 U_R 值。

② 电阻 R 的值不宜取得过大或过小，以免产生较大的测量误差，通常取 R 与 R_i 为同一数量级为好。

（2）输出电阻 R_o 的测量

按图 2-2-1-2 所示电路，在放大器正常工作条件下，测出输出端不接负载 R_L 的输出电压 U_o 和接入负载后的输出电压 U_L，根据

$$U_L = \frac{R_L}{R_o + R_L} U_o$$

即可求出

$$R_{o} = \left(\frac{U_{o}}{U_{L}} - 1 \right) R_{L}$$

在测量中应注意，必须保持 R_L 接入前后输入信号的大小不变。

四、实验内容与步骤

1. 基本要求

（1）能对实验所用仪器、仪表及元器件的质量进行检验与判断。

（2）静态工作点的调整与测量。

（3）测量电压放大倍数 A_u。

（4）测量输入电阻 R_i。

（5）测量输出电阻 R_o。

2. 扩展要求

（1）测量该电路的最大动态范围 U_{om} 和输出功率 P_{om}。

（2）测量带宽 BW。

（3）同模拟电子技术实验部分基础实验中的实验二的输出波形比较，找出波形略失真的原因。

3. 实验步骤

（1）静态工作点的调整与测量。

① 根据实验电路图 2-2-1-1 和实验板的布局结构选择专用导线，并检验质量。

② 在实验板的布局结构的基础上，用专用导线完成实验电路。

打开实验箱上的总电源开关，并按实验电路图接好函数发生器和示波器，函数发生器调整为 $f = 1\text{ kHz}$，幅值为 0.4 V 左右。用实验法调好静态工作点（调节 R_P 和信号幅度），测量并记下 U_B、U_C 及 U_{R1+R6}，将数据填入表 2-2-1-1 中。

表 2-2-1-1

实测			测算	
U_B/V	U_C/V	U_{R1+R6}/V	$I_B/\mu\text{A}$	I_C/mA

（2）测量放大倍数。

在上一步的基础上，用示波器或毫伏表分别测量当 $R_L = \infty$ 及 $R_L = 2.4\text{ k}\Omega$ 时输入电压 U_i 和输出电压 U_o，填入表 2-2-1-2 中。计算出电压放大倍数，并与估算值相比较。

表 2-2-1-2

条件	实测		测算
R_L	U_i/mV	U_o/V	A_u
$R_L = \infty$			
$R_L = 2.4\text{ k}\Omega$			

（3）测量输入电阻 R_i。

在电路输入端加 $f = 1\text{ kHz}$，幅值为 0.4 V 的正弦信号 u_s，用示波器监视输出波形，保证输出波形最大且不失真，用交流毫伏表分别测出 R_3 两端对地的电压 U_s、U_i，记入表 2-2-1-3 中，并根据本指导书提供的方法计算 R_i。

表 2-2-1-3

U_s/V	U_i/V	$R_i/\text{k}\Omega$

（4）测量输出电阻 R_o。

接上负载 $R_L = 1\text{ kΩ}$，在电路输入端加 $f = 1\text{ kHz}$，幅值为 0.4 V 左右的正弦信号 U_i，用示波器监视输出波形，保证输出波形最大且不失真，测空载输出电压 U_o 和负载时输出电压 U_L，记入表 2-2-1-4 中，并根据本指导书提供的方法计算 R_o。

表 2-2-1-4

U_o/V	U_L/V	$R_o/\text{k}\Omega$

（5）测量该电路的最大动态范围 U_{om} 和输出功率 $P_o = \dfrac{1}{2}\dfrac{U_o^2}{R_L}$（$U_o$ 取有效值，有效值最好用毫伏表测量）。

（6）测量该电路的 f_L、f_H，并计算带宽 BW。

（7）同模拟电子技术实验部分基础实验中的实验二的输出波形比较，找出波形略失真的原因。

五、实验报告要求

1. 认真记录、填写实验中获得的数据。
2. 与理论预测比较，分析误差产生的原因。
3. 做了扩展要求的同学请将相关内容写在报告纸上。
4. 回答思考题。

六、实验设备

请根据实际情况如实记录实验中用到的仪器、仪表、实验台及实验板编号、主要元器件（名称、型号、数量）。

七、思考题

1. 放大电路出现非线性失真的原因是什么？如何消除失真？
2. R_7 接入电路，对放大器电压放大倍数有何影响？为什么？
3. R_2 的值对交流放大倍数有无影响？为什么？
4. 为什么测量静态参数和动态参数要用不同的仪表？

5. 该电路同模拟电子技术实验部分基础实验中的实验二的输出波形比较，哪一个失真小？失真大的原因是什么？

八、实验体会

主要写完成本实验后自己的感想和建议。

实验二 静态工作点稳定共射放大电路的测量

一、实验目的

1. 认识静态工作点稳定共射放大电路，学会测量它的静态工作点。
2. 掌握放大倍数测量方法。
3. 掌握放大器输入电阻、输出电阻的测量方法。
4. 同模拟电子技术实验部分基础实验中的实验二的输出波形比较，研究波形失真的原因。

二、预习要求

1. 根据实验电路和所学过的理论知识预估、仿真表 2-2-2-1、表 2-2-2-2 中的实验结果。
2. 预测时，$\beta = 150$，R_6 取中值。

三、实验原理

1. **实验原理图**
双极型晶体管单管静态工作点稳定共射放大电路实验原理图如图 2-2-2-1 所示。
2. **理论公式**（元件编码见图 2-2-2-1）

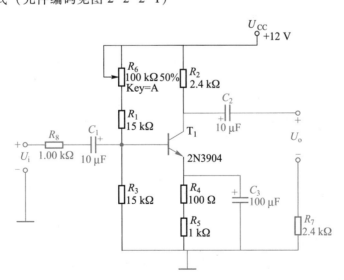

图 2-2-2-1　双极型晶体管单管静态工作点稳定共射放大电路实验原理图

$$U_B = \frac{R_3}{R_3 + R_1 + R_6} U_{CC}$$

$$I_E \approx \frac{V_B - V_{BE}}{R_4 + R_5} \approx I_C$$

$$U_{CE} = U_{CC} - I_C(R_2 + R_4 + R_5)$$

$$A_u = -\beta \frac{R_2 /\!/ R_7}{r_{be}} \quad (R_7 \text{ 接入电路时})$$

$$R_i = R_3 /\!/ (R_1 + R_6) /\!/ r_{be}$$

$$R_o \approx R_2$$

3. 输入电阻、输出电阻的间接测量方法

（1）输入电阻 R_i 的测量，方法同上一个实验（基本共射放大电路的测量）。

（2）输出电阻 R_o 的测量，方法同上一个实验（基本共射放大电路的测量）。

四、实验内容与步骤

1. 基本要求

（1）能对实验所用仪器、仪表及元器件的质量进行检验与判断。

（2）静态工作点的调整与测量。

（3）测量电压放大倍数 A_u。

（4）测量输入电阻 R_i。

（5）测量输出电阻 R_o。

2. 扩展要求

（1）测量该电路的最大动态范围 U_{om} 和输出功率 P_{om}。

（2）测量带宽 BW。

（3）同模拟电子技术实验部分基础实验中的实验二的输出波形比较，找出波形略失真的原因。

3. 实验步骤

（1）静态工作点的调整与测量。

① 根据实验电路图 2-2-2-1 和实验板的布局结构选择专用导线，并检验质量。

② 在实验板的布局结构的基础上，用专用导线完成实验电路。

打开实验箱上的总电源开关，并按实验电路图接好函数发生器和示波器，函数发生器调整为 $f = 1\ kHz$，幅值为 0.4 V 左右。用实验法调好静态工作点（调节 R_P 和信号幅度），测量并记下 U_B、U_E、U_C 及 U_{R1+R6}，将数据填入表 2-2-2-1 中。

表 2-2-2-1

实测				测算	
U_B/V	U_C/V	U_E/V	U_{R1+R6}/V	$I_B/\mu A$	I_C/mA

（2）测量放大倍数。

在上一步的基础上，用示波器或毫伏表分别测量当 $R_L = \infty$ 及 $R_L = 2.4\ k\Omega$ 时的输入电压 U_i 和输出电压 U_o，填入表 2-2-2-2 中。计算出电压放大倍数，并与估算值相比较。

表 2-2-2-2

条件	实测		测算
R_L	U_i/mV	U_o/V	A_u
$R_L = \infty$			
$R_L = 2.4\ \text{k}\Omega$			

（3）测量输入电阻 R_i。

在电路输入端加 $f = 1\ \text{kHz}$，幅值为 0.4 V 的正弦信号 u_s，用示波器监视输出波形，保证输出波形最大且不失真，用交流毫伏表分别测出 R_8 两端对地的电压 U_s、U_i，记入表 2-2-2-3 中，并根据本指导书提供的方法计算 R_i。

表 2-2-2-3

U_s/V	U_i/V	R_i/kΩ

（4）测量输出电阻 R_o。

接上负载 $R_L = 1\ \text{k}\Omega$，在电路输入端加 $f = 1\ \text{kHz}$，幅值为 0.5 V 左右的正弦信号 U_i，用示波器监视输出波形，保证输出波形最大且不失真，测空载输出电压 U_o 和负载时输出电压 U_L，记入表 2-2-2-4 中，并根据本指导书提供的方法计算 R_o。

表 2-2-2-4

U_o/V	U_L/V	R_o/kΩ

（5）测量该电路的最大动态范围 U_{om} 和输出功率 $P_o = \dfrac{1}{2}\dfrac{U_o^2}{R_L}$（$U_o$ 取有效值，有效值最好用毫伏表测量）。

（6）测量该电路的 f_L、f_H，并计算带宽 BW。

（7）同模拟电子技术实验部分基础实验中的实验二的输出波形比较，找出波形略失真的原因。

五、实验报告要求

1. 认真记录、填写实验中获得的数据。

2. 与理论预测比较，分析误差产生的原因。

3. 做了扩展要求的同学请将相关内容写在报告纸上。

4. 回答思考题。

六、实验设备

请根据实际情况如实记录实验中用到的仪器、仪表、实验台及实验板编号、主要元器（名称、型号、数量）。

七、思考题

1. 为什么该实验电路有稳定静态工作点的作用？
2. R_4、R_5对放大器电压放大倍数有何影响？为什么？
3. C_3的值对交流放大倍数有无影响？为什么？
4. 输入、输出电阻作用是什么？
5. 该电路同上一个实验的输出波形比较，哪一个失真小？将 C_3 改接在 R_5、R_4 之间，观察波形失真变化，为什么？

八、实验体会

主要写完成本实验后自己的感想和建议。

实验三　MOS 晶体管单管放大电路的测量

一、实验目的

1. 学会 MOS 晶体管放大电路静态工作点的调试方法，分析静态工作点对放大器性能的影响。
2. 掌握电压放大倍数的测量方法。
3. 进一步掌握输入电阻、输出电阻及最大不失真输出电压的测量方法。

二、预习要求

1. 根据实验电路和所学过的理论知识预估、仿真表 2-2-3-1、表 2-2-3-2 的实验结果。
2. 预测时，$g_m = 8$ ms，$I_D = 1.3$ mA，$R_P = 300$ kΩ。

三、实验原理

1. 实验原理图
MOS 晶体管单管放大电路实验原理图如图 2-2-3-1 所示。
2. 理论公式（元件编码见图 2-2-3-1）

$$U_G = \frac{R_4}{R_3 + R_7 + R_4} U_{CC}$$

$$U_{GS} = U_G - U_s = \frac{R_4}{R_3 + R_7 + R_4} U_{CC} - I_D(R_8 + R_2)$$

$$A_u = \frac{U_o}{U_i} = -\frac{g_m R'_d}{1 + g_m R_8}$$

$$R'_d = R_d // R_L = R_1 // R_6 \quad (R_6 接入电路时)$$

$$R_i = [R_4 // (R_7 + R_3)] + R_5$$

$$R_o = R_1$$

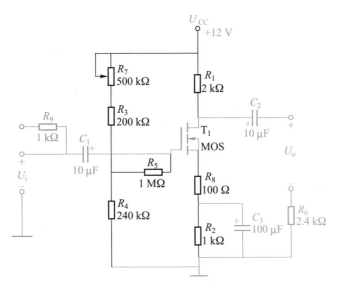

图 2-2-3-1　MOS 晶体管单管放大电路实验原理图

3. 输入电阻、输出电阻的间接测量方法

其间接测量方法与实验一基本共射放大电路的测量中的测量方法相同。

四、实验内容与步骤

1. 基本要求

（1）用专用导线接好电路，实验电路如图 2-2-3-1 所示。

（2）静态工作点的测量。

接通电源，并按实验电路图接好函数发生器和示波器，函数发生器调整为 $f=1\text{ kHz}$，幅值为 0.1 V 左右。用实验法调好静态工作点（调节 R_P 和信号幅度），测量并记下 U_G、U_s、U_D 及 U_{R7+R3}，填入表 2-2-3-1 中。

表 2-2-3-1

估算/实测				估算/计算
U_G/V	U_s/V	U_D/V	U_{R7+R3}/V	U_{GS}/V

（3）测量放大倍数。

在上一步的基础上，用示波器或毫伏表分别测量当 $R_L=\infty$ 及 $R_L(R_6)=2.4\text{ k}\Omega$ 时的输入电压 U_i 和输出电压 U_o，填入表 2-2-3-2 中。计算出电压放大倍数，并与估算值相比较。

（4）观察工作点对输出波形 U_o 的影响。

保持输入信号不变，增大和减小 R_7，观察 U_o 的波形变化，测量并记录，填入表 2-2-3-3 中。

表 2-2-3-2

条件	实测		测算
R_L	U_i/mV	U_o/V	A_u
$R_L = \infty$			
$R_L = 2.4\ \text{k}\Omega$			

表 2-2-3-3

R_7值	U_G	U_s	U_D	输出波形情况
静态正常不失真				
明显看到上半失真				
明显看到下半失真				

2. 扩展要求

（1）测量放大器的输入电阻 R_i 和输出电阻 R_o。

按实验原理中叙述的方法，测出本放大器在 $R_L = \infty$ 及 $R_L(R_6) = 2.4\ \text{k}\Omega$ 时的输入电阻 R_i 和输出电阻 R_o。

（2）测量最大动态范围 U_{om} 和输出功率 $P_o = \dfrac{1}{2}\dfrac{U_o^2}{R_L}$ （U_o 取有效值）。

（3）测量 f_L、f_H，并计算带宽 BW。

五、实验报告要求

1. 认真记录、填写实验中获得的数据。

2. 记录本次实验使用过的仪器、仪表在正确使用时，各旋钮/按钮的位置及使用注意事项。

3. 做了扩展要求的同学请将相关内容写在报告纸上。

4. 回答思考题。

六、实验设备

请根据实际情况如实记录实验中用到的仪器、仪表、实验台及实验板编号、主要元器件（名称、型号、数量）。

七、思考题

1. CMOS 共射放大电路与 BJT 共射放大电路的区别有哪些？为什么？

2. g_m 的含义是什么？

3. 将电路中 R_8 用 C_3 旁路，对电路哪些交流参数有影响？为什么？

4. 将电路中 R_8 用 C_3 旁路，对波形会产生什么影响？为什么？

八、实验体会

主要写完成本实验后自己的感想和建议。

实验四　射极跟随器

一、实验目的

1. 掌握射极跟随器的特性及测量方法。
2. 进一步学习放大器各项参数的测量方法。

二、预习要求

1. 复习与射极跟随器相关的理论知识。
2. 预估、仿真表 2-2-4-1、表 2-2-4-2、表 2-2-4-3 的实验结果。

三、实验原理

1. 实验原理图

射极跟随器实验原理图如图 2-2-4-1 所示。

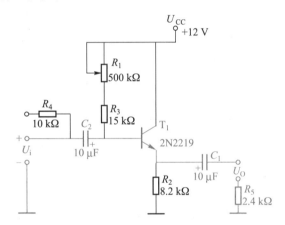

图 2-2-4-1　射极跟随器实验原理图

2. 理论公式（元件编码见图 2-2-4-1）

射极跟随器理论公式如下

$$I_{BQ} = \frac{U_{CC} - U_{BE}}{R_{B1} + (1+\beta) R_E} = \frac{U_{CC} - U_{BE}}{R_1 + R_3 + (1+\beta) R_2}$$

$$A_u = \frac{U_o}{U_i} = \frac{(1+\beta)(R_E//R_L)}{r_{be} + (1+\beta) R_E//R_L} = \frac{(1+\beta)(R_2//R_5)}{r_{be} + (1+\beta) R_2//R_5} \quad (R_L \text{ 接入电路时})$$

$$R_i = R_b//[r_{be} + (1+\beta)(R_E//R_L)] = R_b//[r_{be} + (1+\beta)(R_2//R_5)]$$

$$R_b = R_{B1} + R_P = R_3 + R_1$$

$$R_o = R_E//\frac{r_{be} + R_b//R_s}{1+\beta} = R_2//\frac{r_{be} + (R_1+R_3)//50}{1+\beta}$$

（R_s 是信号源内阻 50 Ω）

145

3. 输入电阻、输出电阻的间接测量方法

其间接测量方法与实验一基本共射放大电路的测量中的测量方法相同。

四、实验内容与步骤

1. 基本要求

（1）能对实验所用仪器、仪表及元器件的质量进行检验与判断。

（2）静态工作点的调整与测量。

（3）测量电压放大倍数 A_u。

（4）测量跟随特性。

2. 扩展要求

（1）测量输入电阻 R_i。

（2）测量输出电阻 R_o。

3. 实验步骤

（1）静态工作点的调整与测量。

① 根据实验电路图 2-2-4-1 和实验板的布局结构选择专用导线，并检验质量。

② 在实验板的布局结构的基础上，用专用导线完成实验电路。

③ 在输入端加入 $f = 1\ \text{kHz}$，幅值为 0.5 V 的正弦信号 U_i，幅度要保证波形不出现失真。输出端接双踪示波器任一通道，用实验法调整好静态工作点（示波器的屏幕上看到最大不失真波形），然后使输入端交流短路，用万用表测量表 2-2-4-1 中的数据。

表 2-2-4-1

U_E/V	U_B/V	U_C/V	I_E/mA

（2）测量电压放大倍数 A_u。

在上一步的基础上，在输出波形最大且不失真情况下，用交流毫伏表测 U_i、U_L（接入 R_s）值，记入表 2-2-4-2 中。

表 2-2-4-2

U_i/V	U_L/V	A_u

（3）测量跟随特性。

在上一步的基础上，将输入波形幅度减小至 0.1 V，然后逐渐增大信号 U_i 幅度，用双踪示波器监视输入、输出波形，直到输出波形达最大且不失真，测量 3~5 个对应的 U_L 值，记入表 2-2-4-3 中。

表 2-2-4-3

U_i				
U_L				

（4）测量输出电阻 R_o。

接上负载 $R_L=1$ kΩ，在输入端点加 $f=1$ kHz，幅值为 0.3 V 左右的正弦信号，用示波器监视输出波形，保证输出波形最大且不失真，测空载输出电压 U_o 和有负载时输出电压 U_L，记入表 2-2-4-4 中，用实验一基本共射放大电路的测量介绍的公式计算 R_o。

表 2-2-4-4

U_o/V	U_L/V	R_o/kΩ

（5）测量输入电阻 R_i。

在输入端接入 10 kΩ（R_4）电阻，加入 $f=1$ kHz，幅值为 0.3 V 的正弦信号，用示波器监视输出波形，用交流毫伏表分别测 U_s、U_i，记入表 2-2-4-5 中，用实验一基本共射放大电路的测量介绍的公式计算 R_i。

表 2-2-4-5

U_s/V	U_i/V	R_i/kΩ

（6）测量频率响应特性。

保持输入信号 U_i 幅度不变，改变信号源频率，用示波器监视输出波形，用交流毫伏表测量不同频率下的输出电压 U_L 值，记入表 2-2-4-6 中。

表 2-2-4-6

f	f_L				f_H
U_L					

（7）射极跟随器的应用，可参照基础实验中的实验四中的"四、实验内容与步骤"中的"3. 实验步骤（6）"。

五、实验报告要求

1. 认真记录、填写实验中获得的数据。
2. 做了扩展要求的同学请将相关内容写在报告纸上。
3. 回答思考题。

六、实验设备

请根据实际情况如实记录实验中用到的仪器、仪表、实验台及实验板编号、主要元器件（名称、型号、数量）。

七、思考题

1. 射极跟随器与共射放大电路同异处有哪些？射极跟随器的突出优点有哪些？
2. 在电子电路的应用中，射极跟随器常用在什么情况下？
3. 射极跟随器与共基放大电路相比，二者对信号处理的特点有哪些不同？

八、实验体会

主要写完成本实验后自己的感想和建议。

实验五　BJT 差分放大器

一、实验目的

1. 进一步理解 BJT 差分放大器的工作原理。

2. 掌握 BJT 差分放大器静态工作点的调节。

3. 学会常用的两种 BJT 差分放大器组态（典型与恒流源）的差模放大倍数的测量方法。

4. 学会测量 BJT 单端输出和双端输出的共模放大倍数的方法并计算相应的共模抑制比 $CMRR$。

二、预习要求

1. 预习相关的理论知识。

2. 根据实验电路预估、仿真表 2-2-5-1、表 2-2-5-2、表 2-2-5-3 中的实验结果。预测时，$\beta_1=\beta_2=\beta_3=150$，$r'_{bb}=200$。

三、实验原理

1. 实验原理图

在集成多级放大电路中解决阻容耦合（影响带宽）和温漂问题的常用方法就是采用差分放大器，BJT 差分放大器的实验原理图如图 2-2-5-1 所示，它主要由两个元件参数相同的基本共射放大电路组成，μA741 是差分放大，作用是将双端输出信号变为单端输出信号。

2. 理论公式（元件编码见图 2-2-5-1）

（1）静态工作点计算

① 典型电路

$$I_E(I_{R3})=\frac{|U_{EE}|-U_{BE1}}{R_3}\quad(U_{B1}=U_{B2}\approx0)$$

$$I_{C1}=I_{C2}=\frac{1}{2}I_{R3}$$

② 恒流源电路

$$I_{C3}\approx I_{R8}\approx\frac{\dfrac{R_9}{R_{10}+R_9}(U_{CC}+|U_{EE}|)-U_{BE3}}{R_8}$$

$$I_{C1}=I_{C2}=\frac{1}{2}I_{C3}$$

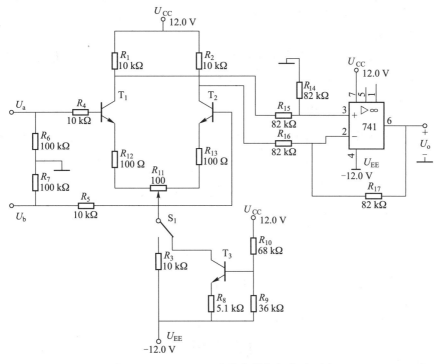

图 2-2-5-1　BJT 差分放大器的实验原理图

（2）差模电压放大倍数和共模电压放大倍数

当差分放大器的射极电阻 R_E 足够大，或采用恒流源电路时，差模电压放大倍数 A_d 由输出方式决定，而与输入方式无关。

① 双端输入，双端输出

$$A_{ud}=\frac{\Delta U_o}{\Delta U_i}=\frac{\beta R_1}{R_4+r_{be}+(1+\beta)\left(R_{12}+\frac{1}{2}R_{11}\right)}$$

② 双端输入，单端输出

$$A_{ud1}=\frac{\Delta U_{C1}}{\Delta U_i}=-\frac{1}{2}A_{ud}$$

$$A_{ud2}=\frac{\Delta U_{C2}}{\Delta U_i}=-\frac{1}{2}A_{ud}$$

③ 当输入共模信号时，若为单端输出，则有

$$A_{uc1}=A_{uc2}=\frac{\Delta U_{C1}}{\Delta U_i}=-\frac{\beta R_1}{R_4+r_{be}+(1+\beta)\left(\frac{1}{2}R_{11}+R_{12}+2R_3\right)}\approx-\frac{R_1}{2R_3}$$

④ 若为双端输出，在理想情况下

$$A_{uc}=\frac{\Delta U_o}{\Delta U_i}=0$$

实际上由于元件不可能完全对称，因此 A_{uc} 也不会绝对等于零。

（3）共模抑制比 CMRR

为了表征差分放大器对有用信号（差模信号）的放大作用和对共模信号的抑制能力，通常用一个综合指标来衡量，即共模抑制比。

$$CMRR = \left| \frac{A_{ud}}{A_{uc}} \right| \qquad 或 \quad CMRR = 20\lg \left| \frac{A_{ud}}{A_{uc}} \right| dB$$

差分放大器的输入信号可采用直流信号，也可采用交流信号。本实验由函数信号发生器和双端输入、三端输出（输出带中间抽头）的变压器（1∶1）提供电路输入端的 $f = 1$ kHz 的差模正弦信号。

四、实验内容与步骤

1. 基本要求

（1）静态工作点的调整与测量。

（2）直流输入差模电压放大倍数 A_u 的测量。

（3）交流输入差模电压放大倍数 A_u 的测量。

（4）直流输入单入、双出电压放大倍数 A_u 的测量。

（5）交流输入单入、双出电压放大倍数 A_u 的测量。

（6）测量共模电压放大倍数。

2. 扩展要求

（1）具有恒流源的差分放大电路的性能测量。

（2）带宽测量。

3. 实验步骤

（1）差分射极接固定电阻的差分放大器性能测试

① 按图 2-2-5-1 连接实验电路，开关 S_1 打向 R_3 接 10 kΩ 电阻，构成典型差分放大器，μA741 构成减法器，放大倍数为 1 倍。

② 调节放大器零点，将差分放大器输入端对地短接，用直流电压表测量 T_1、T_2 集电极之间的输出电压，调节调零可变电阻 R_{11}，使该电压为零。

③ 测量静态工作点。零点调好以后，用直流电压表测量 T_1、T_2 管各电极电位及射极电阻 R_{13} 和 R_{12} 两端电压 U_{R13}、U_{R12}，测量 I_E、I_{C1}、I_{C2}，记入表 2-2-5-1 中。

表 2-2-5-1

测量值	U_{C1}/V	U_{B1}/V	U_{R12}/V	U_{C2}/V	U_{B2}/V	U_{R13}/V	U_o/V	I_E/mA	I_{C1}/mA	I_{C2}/mA

（2）直流输入差模电压放大倍数的测量

在 U_a、U_b 端分别接入直流电压 +0.12 V、−0.12 V，按表 2-2-5-2 的内容测量。

表 2-2-5-2

测量值	U_a/V	U_b/V	U_{C1}/V	U_{C2}/V	U_o/V	$A_{ud} = \dfrac{U_o}{U_a - U_b}$

（3）交流输入差模电压放大倍数 A_u 的测量

将函数发生器正弦信号接入变压器二次侧，频率调到 10 kHz，用示波器测试变压器二次侧（注意：二次侧需要中间接地），使幅值达到 0.12 V，将 0.12 V 交流信号接入 U_a、U_b 端，按表 2-2-5-3 的内容测量。

表 2-2-5-3 （注意 U_a、U_b 相位相反，均测峰-峰值）

测量值	U_a/V	U_b/V	U_{C1}/V	U_{C2}/V	U_o/V	$A_{ud} = \dfrac{U_o}{U_a - U_b}$

（4）直流输入单入、双出电压放大倍数 A_u 的测量

将 U_b 对公共端短路，将 +0.12 V 接入 U_a，按表 2-2-5-4 的内容测量。

表 2-2-5-4

测量值	U_a/V	U_b/V	U_{C1}/V	U_{C2}/V	U_o/V	$A_{ud} = \dfrac{U_o}{U_a - U_b}$

（5）交流输入单入、双出电压放大倍数 A_u 的测量

将函数发生器信号输出端与 U_a 相连，U_b 接公共端，将信号峰-峰值调为 0.12 V、频率为 10 kHz 的正弦交流信号，按表 2-2-5-5 的内容测量。

表 2-2-5-5

测量值	U_a/V	U_b/V	U_{C1}/V	U_{C2}/V	U_o/V	$A_{ud} = \dfrac{U_o}{U_a - U_b}$

（6）测量共模电压放大倍数

用专用导线将 U_a、U_b 相连，输入幅值为 50 mV、80 mV、100 mV、1 V、2 V，频率等于 1 kHz 的正弦交流信号，用示波器或毫伏表测量表 2-2-5-6 中的共模输入下的交流参数，交流差模电压放大倍数 A_{ud} 的测量方法见本实验实验步骤（5），同时计算共模抑制比。

表 2-2-5-6

U_i	50 mV	80 mV	100 mV	1 V	2 V	U_i = 最大	备注
U_{C1}/V							
U_{C2}/V							
U_o							
A_{C1}							
A_{C2}							
$KCMR = A_{ud}/A_{uc}$							

（7）具有恒流源的差分放大电路性能测量

将图 2-2-5-1 中的开关 S_1 打向恒流源一侧，重复步骤（2）（3）（4）（5）。

（8）带宽测量

在第（5）步的基础上，保持 U_o 的幅度不变，且不失真。使用基础实验部分掌握的实验法测出 f_L、f_H，并计算带宽，将输入信号 U_a 接公共端、U_b 接信号，将上面的实验步骤重复做一次。

五、实验报告要求

1. 整理实验数据。
2. 分析误差产生的原因。
3. 回答思考题。
4. 分析射极接固定电阻和恒流源对实验结果的影响。

六、实验设备

请根据实际情况如实记录实验中用到的仪器、仪表、实验台及实验板编号、主要元器件（名称、型号、数量）。

七、思考题

1. 该实验电路输入信号最大要达到多少伏？为什么？
2. 为什么 BJT 差分放大器要调零？
3. BJT 差分放大器交流输入时，能否用毫伏表直接在差分对管的集电极测出输出电压？

八、实验体会

主要写完成本实验后自己的感想和建议。

实验六 有源滤波器的判断与验证

一、实验目的

1. 进一步理解有源滤波器的工作原理。
2. 学习几种有源滤波器的判断与测量方法。

二、预习要求

1. 预习关于二阶有源滤波器的内容。
2. 预测计算、仿真四种有源滤波器（LPF、HPF、BPF、BEF）实验电路的中心频率或截止频率值。

三、实验原理

滤波器是一种只传输指定频段信号，抑制其他频段信号的电路。

1. 第一种二阶有源滤波器

（1）实验电路图和仿真参考图。

第一种二阶有源滤波器实验电路图和仿真参考图，如图 2-2-6-1（a）（b）所示。

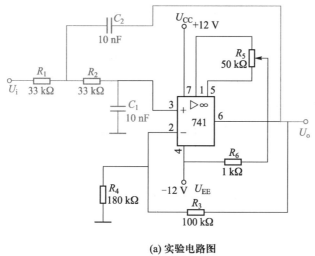

(a) 实验电路图

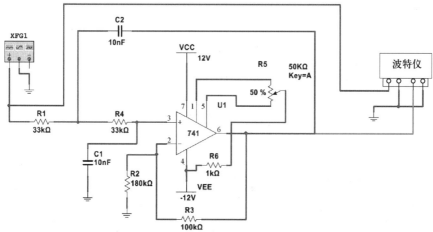

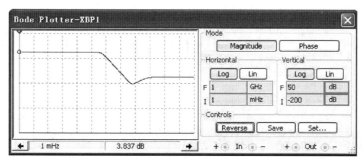

(b) 仿真参考图

图 2-2-6-1　第一种二阶有源滤波器实验电路图和仿真参考图

（2）理论公式（元件编码见图 2-2-6-1）。

通带增益

$$A_{uP} = 1 + \frac{R_F}{R} = 1 + \frac{R_1}{R_2}$$

通带截止频率

$$f_P = \frac{1}{2\pi\sqrt{R_1 R_2 C_1 C_2}}$$

当 $R_1 = R_2 = R$，$C_1 = C_2 = C$ 时

$$f_P = \frac{1}{2\pi RC}$$

2. 第二种二阶有源滤波器

（1）实验电路图和仿真参考图。

第二种二阶有源滤波器实验电路图和仿真参考图，如图 2-2-6-2（a）（b）所示。

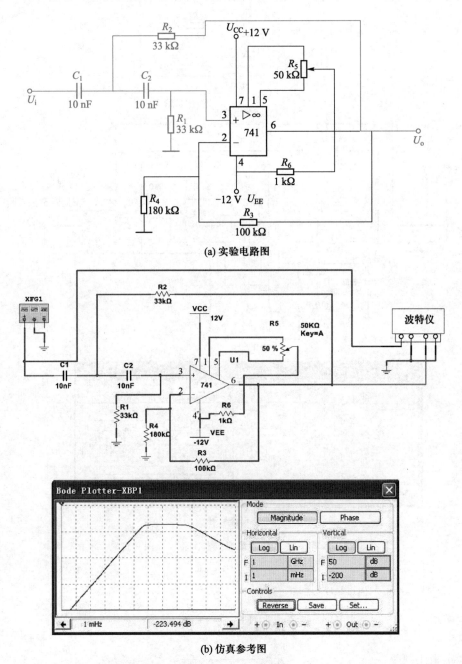

(a) 实验电路图

(b) 仿真参考图

图 2-2-6-2　第二种二阶有源滤波器实验电路图和仿真参考图

（2）理论公式（元件编码见图 2-2-6-2）。

通带增益
$$A_{uP} = 1 + \frac{R_F}{R} = 1 + \frac{R_3}{R_4}$$

通带截止频率
$$f_P = \frac{1}{2\pi\sqrt{R_1 R_2 C_1 C_2}}$$

当 $R_1 = R_2 = R$，$C_1 = C_2 = C$ 时

$$f_P = \frac{1}{2\pi RC}$$

3. 第三种二阶有源滤波器

（1）原理图与实验电路图。

第三种二阶有源滤波器实验电路图和仿真参考图，如图 2-2-6-3（a）（b）所示。

（2）理论公式（元件编码见图 2-2-6-3）。

通带增益
$$A_{uP} = \frac{R_4 + R_3}{R_4 R_1 C_2 B}$$

通带中心频率
$$f_o = \frac{1}{2\pi}\sqrt{\frac{1}{R_1 C_1 C_2}\left(\frac{1}{R_2} + \frac{1}{R_7}\right)}$$

当 $R_2 = R_7 = R$，$C_1 = C_2 = C$，$R_2 = 2R$ 时

$$f_o = \frac{1}{2\pi RC}$$

通带宽度
$$B = \frac{1}{C_2}\left(\frac{1}{R_1} + \frac{2}{R_2} - \frac{R_3}{R_3 R_4}\right)$$

选择性
$$Q = \frac{\omega_o}{B}$$

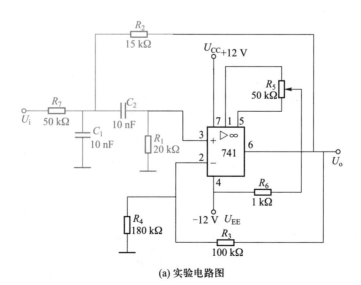

(a) 实验电路图

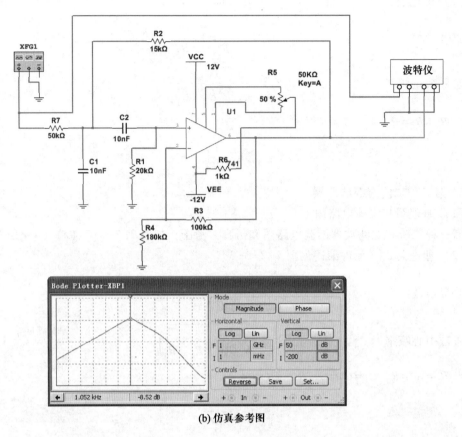

(b) 仿真参考图

图 2-2-6-3　第三种二阶有源滤波器实验电路图和仿真参考图

4. 第四种二阶有源滤波器

（1）原理图与实验电路图。

第四种二阶有源滤波器实验电路图和仿真参考图，如图 2-2-6-4（a）（b）所示。

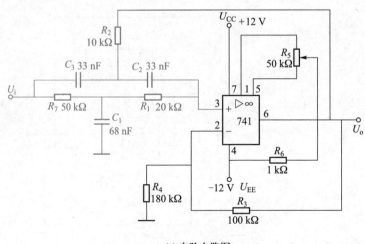

(a) 实验电路图

156

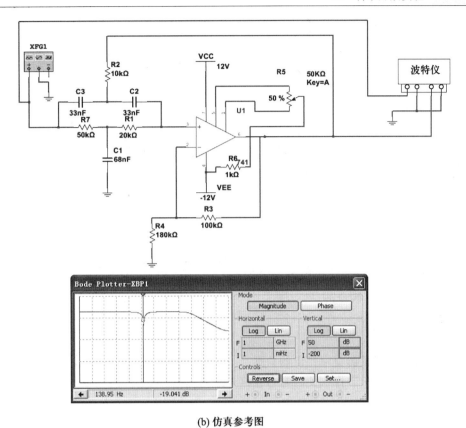

(b) 仿真参考图

图 2-2-6-4 第四种二阶有源滤波器实验电路图和仿真参考图

（2）该滤波器理论公式（元件编码见图 2-2-6-4）。

通带增益

$$A_{uP} = 1 + \frac{R_F}{R} = 1 + \frac{R_3}{R_4}$$

通带中心频率

$$f_o = \frac{1}{2\pi} \sqrt{\frac{1}{R_9 C_3 C_1 C_2} \cdot \frac{1}{2} \left(\frac{C_3}{R_8} + \frac{C_3}{R_7} \right)}$$

当 $R_8 = R_7 = R$，$C_1 = 2C$，$C_2 = C_3 = C$，$R_9 = \frac{1}{2} R$ 时

$$f_o = \frac{1}{2\pi RC}$$

通带宽度 $\qquad B = 2(2 - A_{uP}) f_o$

选择性 $\qquad Q = \frac{1}{2(2 - A_{uP})}$

四、实验内容与步骤

1. 基本要求

（1）能对实验所用仪器、仪表及元器件的质量进行检验和判断。

（2）能判断出二阶有源低通滤波器，并进行仿真与测量。

（3）能判断出二阶有源高通滤波器，并进行仿真与测量。

2. 扩展要求

（1）能判断出二阶有源带通滤波器，并进行仿真与测量。

（2）能判断出二阶有源带阻滤波器，并进行仿真与测量。

3. 实验步骤

（1）首先将放大器调零，具体方法可参考前述实验。

（2）$U_i = 0.1$ V，频率按表 2-2-6-1 中的数值改变。找出各个滤波器的截止或带通或带阻频率或范围，表中最后三格的数据请根据仿真结果自己设定。

表 2-2-6-1

f/Hz	10	40	90	150	250	300	400	450	460	470	490	＊＊	＊＊	＊＊
U_o/V														

（以上四种滤波器实验均应根据仿真结果，仿照该表自制表格，＊＊处的频率值请自己设定）

（3）用仿真软件进行验证。

五、实验报告要求

1. 认真记录、填写实验中获得的数据。

2. 做了扩展的同学请将相关内容写在报告纸上。

3. 回答思考题。

六、实验设备

请根据实际情况如实记录实验中用到的仪器、仪表、实验台及实验板编号、主要元器件（名称、型号、数量）。

七、思考题

1. 带通滤波器的范围是不是越小越好？哪些因素决定带通范围？

2. 有源高通滤波器的频率上限是多少？

3. 低通滤波器有没有频率下限？如果有，该频率下限是多少？

4. 有源滤波器同无源滤波器在指标上的最大区别是什么？

八、实验体会

主要写完成本实验后自己的感想和建议。

实验七　基于运放的 *RC* 正弦波振荡器验证

一、实验目的

1. 学习用集成运放构成正弦波振荡电路。

2. 学习波形发生器的调整和主要性能指标的测量方法。

3. 深入理解 *RC* 正弦波振荡器的振荡条件。

二、预习要求

1. 复习 *RC* 正弦波振荡器的相关理论知识。
2. 预测、仿真实验结果。

三、实验原理

RC 桥式正弦波振荡器，也称为文氏电桥振荡器，一般用来产生 1 Hz ~ 1 MHz 的低频信号。图 2-2-7-1 为基于运放的 *RC* 正弦波振荡器电路一。其中 R_2C_1、R_3C_2 串、并联电路构成正反馈支路，同时兼作选频网络，R_1、R_P 及二极管等元件构成负反馈和稳幅环节。调节可变电阻 R_P，可以改变负反馈深度，以满足振荡的振幅条件和改善波形。利用两个反向并联二极管 D_1、D_2 正向电阻的非线性特性来实现稳幅。D_1、D_2 采用硅管（温度稳定性好），且要求特性匹配，才能保证输出波形正、负半周对称。R_1 的接入是为了削弱二极管非线性的影响，以改善波形失真。

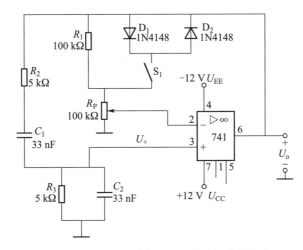

图 2-2-7-1　基于运放的 *RC* 正弦波振荡器电路一

电路的振荡频率（公式中元件编码见图 2-2-7-1）

$$f_o = \frac{1}{2\pi R_3 C_2}$$

起振的幅值条件

$$\frac{R_f}{R_P} \geqslant 3$$

其中，$R_f = R_P + R_2 + (R_1 /\!/ r_D)$，$r_D$ 为二极管正向导通电阻。

调整反馈电阻 R_f（调 R_6），使电路起振，且波形失真最小。如不能起振，则说明负反馈太强，应适当加大 R_f，如波形失真严重，则应适当减小 R_f。

改变选频网络的参数 *C* 或 *R*，即可调节振荡频率。一般采用改变 *C* 做频率量程切换，而调节 *R* 做量程内的频率细调。（*C*、*R* 分别是图 2-2-7-1 中的 C_1、C_2 和 R_2、R_3。）

四、实验内容与步骤

1. 基本要求

（1）能对实验所用仪器、仪表及元器件的质量进行检验与判断。

（2）调试与测量带稳幅 RC 桥式正弦波振荡器。

（3）调试与测量无稳幅 RC 桥式正弦波振荡器。

2. 扩展要求

（1）测量 RC 串并联选频电路幅频特性。

（2）按图 2-2-7-2 所示电路研究正弦波振荡器。

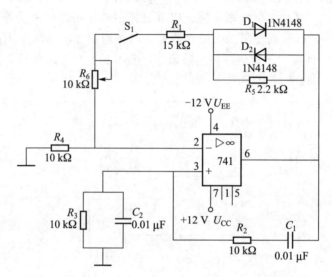

图 2-2-7-2　基于运放的 RC 正弦波振荡器电路二

3. 实验步骤

（1）调试与测量带稳幅 RC 桥式正弦波振荡器。

① 按图 2-2-7-1 连接实验电路。调节可变电阻 R_P，使输出波形从无到有，从正弦波到出现失真。描绘 u_o 的波形，记下临界起振、正弦波输出及失真情况下的 R_P 值，分析负反馈强弱对起振条件及输出波形的影响。

② 调节可变电阻 R_P，使输出电压 u_o 幅值最大且不失真，用交流毫伏表分别测量输出电压 U_o、反馈电压 U_+，分析研究振荡的幅值条件。

③ 用示波器或频率计测量振荡频率 f_o，然后在选频网络的两个电阻 R 上并联同一阻值电阻，观察、记录振荡频率的变化情况，并与理论值进行比较。

（2）调试与测量无稳幅 RC 桥式正弦波振荡器。

① 打开开关 S_1，断开二极管 D_1、D_2，重复①②的内容，将测试结果与带稳幅 RC 桥式正弦波振荡器进行比较。

② 计算电路的反馈系数 F_-。

③ 分析 D_1、D_2 的稳幅作用。

（3）测量 RC 串并联选频电路的幅频特性。

将 RC 串并联网络与运放断开，由函数信号发生器注入幅值为 3 V 左右的正弦信号，并用双踪示波器同时观察 RC 串并联网络输入、输出波形。保持输入幅值（3 V）不变，从低到高改变频率，当信号源达到某一频率时，RC 串并联选频电路输出将达最大值（约1 V），且输入、输出同相位。此时的信号源频率

$$f=f_\circ=\frac{1}{2\pi RC}$$

该频率以上的信号将被选频网络大大衰减，一般不能满足振荡的幅度条件。

（4）图 2-2-7-2 所示正弦波振荡器的研究。

按图 2-2-7-2 连接实验电路。重复以上实验步骤，找出图 2-2-7-2 与图 2-2-7-1 的异同处。

五、实验报告要求

1. 列表整理实验数据，画出波形，把实测频率与理论值进行比较。
2. 根据实验分析 RC 振荡器的振幅条件。
3. 由给定电路参数计算振荡频率，并与实测值比较，分析误差产生的原因。

六、实验设备

请根据实际情况如实记录实验中用到的仪器、仪表、实验台及实验板编号、主要元器件（名称、型号、数量）。

七、思考题

1. 为什么在 RC 正弦波振荡器中要引入负反馈支路？
2. 如何用示波器来测量振荡电路的振荡频率？
3. 简述二极管 D_1、D_2 的稳幅作用。
4. 用交流电压表测量 U_+ 和 $U_\circ$ 时，对输出 $U_\circ$ 的幅值有无影响，为什么？

八、实验体会

主要写完成本实验后自己的感想和建议。

实验八　分立元件 RC 正弦波振荡器验证

一、实验目的

1. 学习用分立元件构成正弦波振荡器。
2. 学习波形发生器的调整和主要性能指标的测量方法。
3. 深入理解 RC 正弦波振荡器的振荡条件。

二、预习要求

1. 复习有关 RC 正弦波振荡器的结构与工作原理。

2.估算、仿真相关实验电路的振荡频率。

三、实验原理

基于分立元件的 *RC* 桥式正弦波振荡器，从结构上看，它是带选频网络的正反馈放大器，不需要输入信号，一般用来产生 1 Hz~1 MHz 的低频信号。

1. 原理图和实验电路图

（1）*RC* 串并联网络（文氏桥）振荡器原理图如图 2-2-8-1 所示，其实验电路图如图 2-2-8-2 所示。

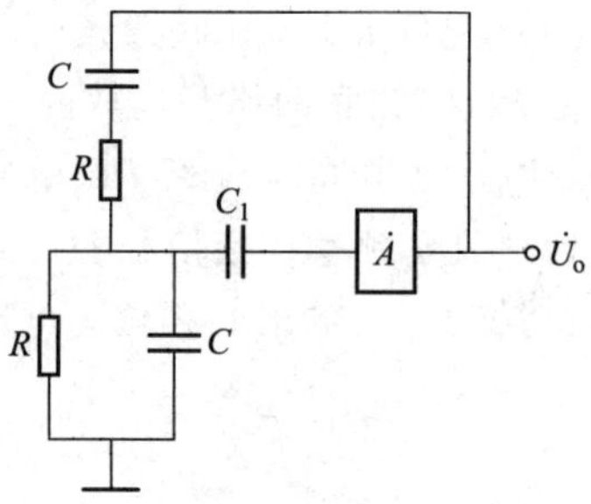

图 2-2-8-1　*RC* 串并联网络（文氏桥）振荡器原理图

（2）双 T 选频网络振荡器原理图如图 2-2-8-3 所示，其实验电路图如图 2-2-8-4 所示。

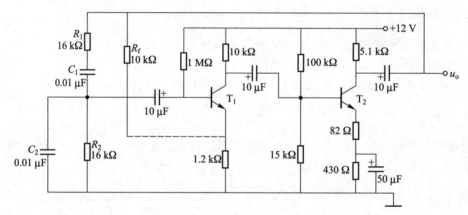

图 2-2-8-2　*RC* 串并联网络（文氏桥）振荡器实验电路图

（注：本实验采用两级共射极分立元件放大器组成 *RC* 正弦波振荡器）

（3）*RC* 移相超前正弦波振荡器实验电路图如图 2-2-8-5 所示，*RC* 移相滞后正弦波振荡器实验电路图如图 2-2-8-6 所示，原理图略。

2. 理论公式

（1）*RC* 串并联网络（文氏桥）振荡器

振荡频率：
$$f_\mathrm{o} = \frac{1}{2\pi RC}$$

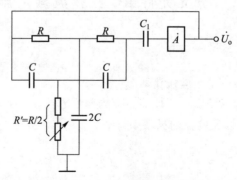

图 2-2-8-3　双 T 选频网络振荡器原理图

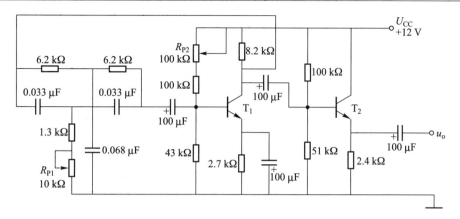

图 2-2-8-4 双 T 选频网络振荡器实验电路图

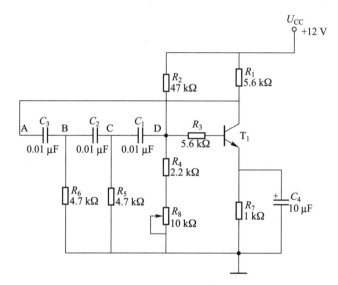

图 2-2-8-5 *RC* 移相超前正弦波振荡器实验电路图

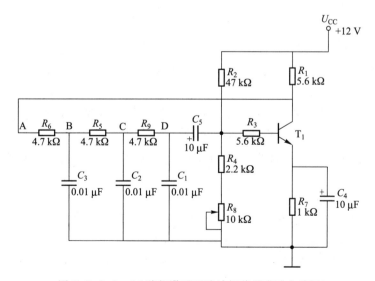

图 2-2-8-6 *RC* 移相滞后正弦波振荡器实验电路图

起振条件：$\qquad\qquad\qquad\qquad\qquad |\dot{A}| > 3$

电路特点为：可方便地连续改变振荡频率，便于加负反馈稳幅，容易得到良好的振荡波形。

（2）双 T 选频网络振荡器

如果双 T 选频网络振荡器的关系如图 2-2-8-3 所示，则

振荡频率：$\qquad\qquad\qquad\qquad f_o \approx \dfrac{1}{5RC}$

起振条件：$\qquad\qquad\qquad R' < \dfrac{R}{2} \qquad |\dot{A}\dot{F}| > 1$

电路特点为：选频特性好，调频困难，适于产生单一频率的振荡。

（3）RC 移相超前正弦波振荡器和 RC 移相滞后正弦波振荡器

振荡频率：$\qquad\qquad\qquad\qquad f_o = \dfrac{1}{2\pi\sqrt{6}\,RC}$

起振条件：放大器的电压放大倍数 $|\dot{A}| > 29$，$R \gg R_i$。选择 $R \gg R_i$ 是为了保证反馈信号进入放大器。

电路特点为：简便，但选频作用差，振幅不稳，频率调节不便，一般用于频率固定且稳定性要求不高的场合。频率范围为几赫~数十千赫。

四、实验内容与步骤

1. 基本要求

（1）能对实验所用仪器、仪表及元器件的质量进行检验与判断。

（2）完成 RC 串并联网络振荡器的测量。

2. 扩展要求

（1）双 T 选频网络振荡器的设计与调试。

（2）RC 移相式正弦波振荡器的设计与调试。

3. 实验步骤

（1）RC 串并联网络振荡器。

① 按图 2-2-8-2 接好电路，断开 RC 串并联网络，测量放大器静态工作点及电压放大倍数。

② 接通 RC 串并联网络，并使电路起振，用示波器观测输出电压 u_o 的波形，调节 R_f 从而获得满意的正弦信号，记录波形及其参数。

③ 测量振荡频率，并与计算值进行比较，改变 R 或 C 的值，观察振荡频率变化情况。

④ RC 串并联网络幅频特性的观察。

将 RC 串并联网络与放大器断开，将函数信号发生器的正弦信号注入 RC 串并联网络，保持输入信号的幅度不变（约 3 V），频率由低到高变化，RC 串并联网络输出幅值将随之变化，当信号源达到某一频率时，RC 串并联网络的输出将达最大值（约 1 V），且输入、输出同相位，此时信号源频率为

$$f = f_0 = \frac{1}{2\pi RC}$$

（2）双 T 选频网络振荡器。

① 按图 2-2-8-4 接好电路，断开双 T 网络，调试 T_1 管的静态工作点，使 U_{C1} 为 6~7 V。

② 接入双 T 网络，用示波器观察输出波形。若不起振，调节 R_{P1}，使电路起振。

③ 测量电路振荡频率，并与计算值比较。

（3）RC 移相式正弦波振荡器。

① 按图 2-2-8-5 和图 2-2-8-6 接好电路。

② 断开 RC 移相电路，调整放大器的静态工作点，测量放大器电压放大倍数。

③ 接通 RC 移相电路，调节 R_8 使电路起振，并使输出波形幅度最大，用示波器观测输出电压 u_o 的波形，同时用频率计和示波器测量振荡频率，并与理论值比较。

④ 用示波器（双踪）测量图 2-2-8-5 和图 2-2-8-6 上的 A、B、C、D 四个点的波形（示波器使用外同步，从晶体管集电极引入外同步信号），记录各个点的波形，比较波形的幅值、相位的变化。

五、实验报告要求

1. 列表整理实验数据，画出波形，把实测频率与理论值进行比较。

2. 根据实验分析 RC 振荡器的振幅条件。

3. 由给定电路参数计算振荡频率，并与实测值比较，分析误差产生的原因。

4. 总结三类 RC 振荡器的特点。

六、实验设备

请根据实际情况如实记录实验中用到的仪器、仪表、实验台及实验板编号、主要元器件（名称、型号、数量）。

七、思考题

1. RC 正弦波振荡器中为什么要带正反馈选频网络电路，简述工作原理。

2. 如何用示波器来测量振荡电路的振荡频率。

3. 查找一款集成正弦波振荡器的 IC 型号，研究其内部电路与以上电路有哪些改进之处，并将改进效果在以上实验电路中仿真出来。

4. 如何用运放取代该实验电路中的放大电路，画出实验原理图，并分别叙述工作原理。

5. 简述分立器件实验电路在当前集成电路时代的意义。

八、实验体会

主要写完成本实验后自己的感想和建议。

实验九 互感耦合反馈式 *LC* 正弦波振荡器验证

一、实验目的

1. 进一步理解互感耦合反馈式 *LC* 正弦波振荡器（本实验中简称 *LC* 正弦波振荡器）的特点和起振原理。

2. 研究电路参数对 *LC* 正弦波振荡器起振条件及输出波形的影响。

二、预习要求

1. 复习有关 *LC* 正弦波振荡器的内容。

2. 预测、仿真表 2-2-9-1、表 2-2-9-2 的数据范围。

三、实验原理

LC 正弦波振荡器是用 *L*、*C* 元件组成选频网络的振荡器，一般用来产生 1 MHz 以上的高频正弦信号。

1. 实验原理图

频率固定的 *LC* 正弦波振荡器的实验原理图如图 2-2-9-1 所示。

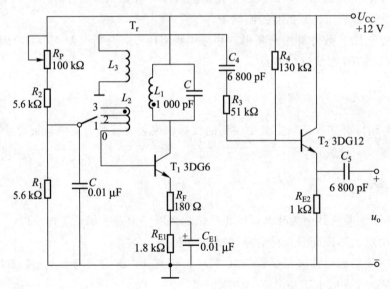

图 2-2-9-1 频率固定的 *LC* 正弦波振荡器的实验原理图

2. 理论公式

LC 正弦波振荡器的振荡频率由谐振回路的电感和电容决定

$$f_o = \frac{1}{2\pi\sqrt{LC}}$$

式中，*L* 为并联谐振回路的等效电感（即考虑其他绕组的影响）。

四、实验内容与步骤

1. 基本要求

（1）能对实验所用仪器、仪表及元器件的质量进行检验与判断。

（2）调整静态工作点。

（3）验证 LC 正弦波振荡器的相位条件。

（4）测量 LC 正弦波振荡器的振荡频率。

2. 扩展要求

（1）观察反馈量大小对输出波形的影响。

（2）观察谐振回路 Q 值对电路工作的影响。

3. 实验步骤

（1）调整静态工作点。

① 按图 2-2-9-1 接好电路。将可变电阻 R_P 置于最大位置，振荡电路的输出端接示波器。

调节可变电阻 R_P，使输出端得到不失真的正弦波形，如不起振，可改变 L_2 的首末端位置，使之起振。测量两管的静态工作点及正弦波的有效值 U_o，记入表 2-2-9-1 中。

② 把 R_P 调小，观察输出波形的变化，测量有关数据，记入表 2-2-9-1 中。

③ 调大 R_P，使振荡波形刚好消失，测量有关数据，记入表 2-2-9-1 中。

表 2-2-9-1

		U_B/V	U_E/V	U_C/V	I_C/mA	U_o/V	u_o 波形
R_P 居中	T_1						
	T_2						
R_P 小	T_1						
	T_2						
R_P 大	T_1						
	T_2						

根据以上三组数据，分析静态工作点对电路起振、输出波形幅度和失真的影响。

（2）验证 LC 正弦波振荡器的相位条件。

① 改变二次线圈的首末端位置，观察停振现象；

② 恢复 L_2 的正反馈接法，改变初级的首末端位置，观察停振现象。

（3）测量 LC 正弦波振荡器的振荡频率。

调节 R_P 使电路正常起振，同时用示波器和频率计测量以下两种情况下的振荡频率 f_o，记入表 2-2-9-2 中。

① 谐振回路电容 $C = 1\ 000$ pF。

② 谐振回路电容 $C = 100$ pF。

表 2-2-9-2

C/pF	1 000	100
f/kHz		

（4）观察反馈量大小对输出波形的影响。

置反馈线圈 L_2 于位置 "0"（无反馈）"1"（反馈量不足）"2"（反馈量合适）"3"（反馈量过强）时测量相应的输出电压波形，记入表 2-2-9-3 中。

表 2-2-9-3

L_2 位置	"0"	"1"	"2"	"3"
u_o 波形				

（5）观察谐振回路 Q 值对电路工作的影响。

谐振回路两端并入 $R = 5.1$ kΩ 的电阻，观察并入 R 前后振荡波形的变化情况。

五、实验报告要求

1. 记录、整理实验数据。

2. 分析误差产生的原因。

3. 回答思考题。

六、实验设备

请根据实际情况如实记录实验中用到的仪器、仪表、实验台及实验板编号、主要元器件（名称、型号、数量）。

七、思考题

1. 简述 LC 正弦波振荡器的稳幅原理。

2. 在不影响起振的条件下，晶体管的集电极电流是大一些好，还是小一些好？

3. 为什么可以用测量停振和起振两种情况下晶体管的 U_{BE} 变化来判断振荡器是否起振？

4. LC 正弦波振荡器振荡时，用万用表直流电压挡测晶体管 U_{BE} 的电压值并思考原因。

5. 电路参数对 LC 正弦波振荡器起振条件及输出波形的影响。

八、实验体会

主要写完成本实验后自己的感想和建议。

实验十 分立元件线性直流稳压电源验证

一、实验目的

1. 进一步理解分立元件线性直流稳压电源的工作原理。
2. 掌握串联型稳压电源主要技术指标的测量方法。

二、预习要求

1. 预习关于分立元件线性直流稳压电源的相关内容。
2. 仿真实验结果。

三、实验原理

1. 原理图和实验电路图

分立元件线性直流稳压电源的原理图，如图 2-2-10-1 所示，串联型线性稳压电源的实验电路图，如图 2-2-10-2 所示。

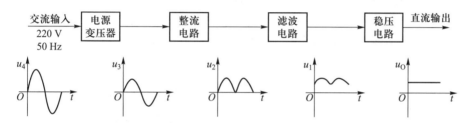

图 2-2-10-1 分立元件线性直流稳压电源的原理图

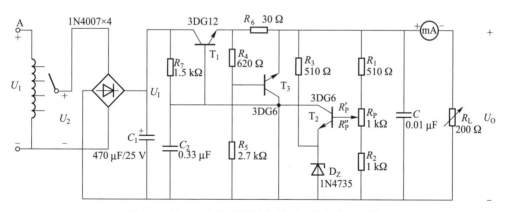

图 2-2-10-2 串联型线性稳压电源的实验电路图

2. 理论公式

（1）桥式整流输出电压 $U_1 = 0.9U_2$，滤波输出电压 $U_1 = (1.1 \sim 1.2)U_2$。

（2）串联型线性稳压电源的主要性能指标。

① 输出电压 U_O 和输出电压调节范围。

169

$$U_O = \frac{R_1 + R_P + R_2}{R_2 + R_P''}(U_Z + U_{BE2})$$

调节 R_P 可以改变输出电压 U_O。

② 最大负载电流 I_{Om}。

③ 输出电阻 R_o。

输出电阻 R_o 定义为：当输入电压 U_I（指稳压电路输入电压）保持不变时，由于负载变化而引起的输出电压变化量与输出电流变化量之比，即

$$R_o = \frac{\Delta U_O}{\Delta I_O}\bigg|_{U_I = \text{常数}}$$

④ 稳压系数 S（电压调整率）。

稳压系数定义为：当负载保持不变时，输出电压相对变化量与输入电压相对变化量之比，即

$$S = \frac{\Delta U_O / U_O}{\Delta U_I / U_I}\bigg|_{R_L = \text{常数}}$$

由于工程上常把电网电压波动±10%作为极限条件，因此也将此时输出电压的相对变化 $\Delta U_O / U_O$ 作为衡量指标，称其为电压调整率。

⑤ 纹波电压。

纹波电压是指在额定负载条件下，输出电压中所含交流分量的有效值（或峰值）。

四、实验内容与步骤

1. 基本要求

（1）能对实验所用仪器、仪表及元器件的质量进行检验与判断。

（2）测量整流滤波电路。

（3）测量串联型稳压电源的性能一。

2. 扩展要求

（1）测量串联型稳压电源的性能二。

（2）测量整流+∏型滤波电路。

3. 实验步骤

（1）测量整流滤波电路。

按图 2-2-10-3 连好电路。取可调工频电源电压为 15 V，作为整流电路输入电压 U_2。

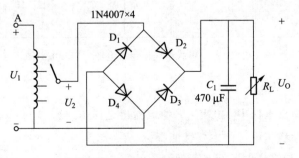

图 2-2-10-3　整流滤波电路

① 取 $R_L = 200\ \Omega$，不加滤波电容，测量直流输出电压 U_0 及纹波电压 $\widetilde{U}_0$，并用示波器观察 U_2 和 U_0 的波形，记入表 2-2-10-1 中。

② 取 $R_L = 200\ \Omega$，$C = 470\ \mu F$，重复内容（1）的要求，记入表 2-2-10-1 中。

③ 取 $R_L = 100\ \Omega$，$C = 470\ \mu F$，重复内容（1）的要求，记入表 2-2-10-1 中。

表 2-2-10-1　$U_2 = 15\ V$

电路形式		U_0/V	$\widetilde{U}_0/V$	U_0 波形
$R_L = 200\ \Omega$				
$R_L = 200\ \Omega$ $C = 470\ \mu F$				
$R_L = 100\ \Omega$ $C = 470\ \mu F$				

注意：

① 每次改接电路时，必须切断工频电源。

② 在观察输出电压 u_0 波形的过程中，"Y 轴灵敏度"旋钮位置调好以后，不要再变动，否则将无法比较各波形的脉动情况。

（2）测量串联型稳压电源的性能一。

切断工频电源，按图 2-2-10-2 连好电路。

① 串联型稳压电源调试。

稳压器输出端负载开路，断开保护电路（T_3 发射极不连接导线），接通 15 V 工频电源，测量整流电路输入电压 U_2，滤波电路输入电压 U_I（稳压器输入电压）及输出电压 U_0。调节可变电阻 R_P，观察 U_0 的大小和变化情况，如果 U_0 能跟随 R_P 线性变化，则说明稳压电路各反馈环路工作基本正常，可开始进一步实验。

② 测量输出电压可调范围。

接入负载 R_L（滑线变阻器），并调节 R_L，使输出电压 U_0 为 12 V、电流 $I_0 \approx 100\ mA$。再调节可变电阻 R_P，测量输出电压可调范围 $U_{0min} \sim U_{0max}$。且使 R_P 动点在中间位置附近时 $U_0 = 12\ V$。若不满足要求，可适当调整 R_1、R_2 值。

③ 测量各级静态工作点。

调节输出电压 $U_0 = 12\ V$，输出电流 $I_0 = 100\ mA$，测量各级静态工作点，记入表 2-2-10-2 中。

表 2-2-10-2　（$U_2 = 15$ V　$U_O = 12$ V　$I_O = 100$ mA）

	T_1	T_2
U_B/V		
U_C/V		
U_E/V		

④ 测量稳压系数 S。

取 $I_O = 100$ mA，按表 2-2-10-3 改变整流电路输入电压 U_2（模拟电网电压波动），分别测出相应的稳压器输入电压 U_1 及输出直流电压 U_O，记入表 2-2-10-3 中。

⑤ 测量输出电阻 R_o。

取 $U_2 = 16$ V，改变可变电阻的位置，使 I_O 为空载、50 mA 和 100 mA，测量相应的 U_O 值，记入表 2-2-10-4 中。

表 2-2-10-3　（$I_O = 100$mA）

测量值			计算值
U_2/V	U_1/V	U_O/V	S
14			$S_{12} =$
16		12	
18			$S_{23} =$

表 2-2-10-4　（$U_2 = 15$ V）

测量值		计算值
I_O/mA	U_O/V	R_o/Ω
空载		$R_{o12} =$
50	12	
100		$R_{o23} =$

（3）测量串联型稳压电源的性能二。

① 测量输出纹波电压。

取 $U_2 = 15$ V，$U_O = 12$ V，$I_O = 100$ mA，测量输出纹波电压 $\widetilde{U}_O$（交流），记录之。

② 调整过流保护电路。

• 断开工频电源，接上保护回路，再接通工频电源，调节 R_P 及 R_L，使 $U_O = 12$ V，$I_O = 100$ mA，此时保护电路应不起作用，测出 T_3 管各极电位值。

• 逐渐减小 R_L，使 I_O 增加到 120 mA，观察 U_O 是否下降，并测出保护起作用时 T_3 管各极的电位值。若保护作用过早或过于滞后，可改变 R_6 值进行调整。

• 用导线短接一下输出端，测量 U_O 值，然后去掉导线，检查电路是否能自动恢复正常工作。

（4）测量整流+∏型滤波电路。

按图 2-2-10-4 连好电路，取可调工频电源 12 V 电压作为整流电路输入电压 U_2。接通工频电源，测量输出端直流电压 U_O 及纹波电压 $\widetilde{U}_O$，用示波器观察 U_2、U_O 的波形，把数据及波形记入自拟表格中。

五、实验报告要求

1. 记录、整理实验数据。

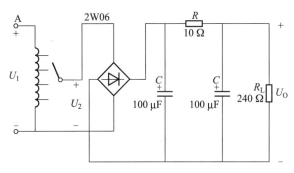

图 2-2-10-4 整流 + Π 型滤波电路

2. 分析误差产生的原因。

3. 回答思考题。

六、实验设备

请根据实际情况如实记录实验中用到的仪器、仪表、实验台及实验板编号、主要元器件（名称、型号、数量）。

七、思考题

1. 说明图 2-2-10-2 中 U_2、U_1、U_0 及 $\widetilde{U}_0$（纹波电压）的物理意义，并从实验仪器中选择合适的测量仪表。

2. 在桥式整流电路实验中，能否用双踪示波器同时观察 U_2 和 U_0 波形，为什么？

3. 在桥式整流电路中，如果某个二极管发生开路、短路或反接三种情况，会出现什么问题？

4. 为了使稳压电源的输出电压 $U_0 = 12$ V，则其输入电压的最小值 U_{Imin} 应等于多少？交流输入电压 U_{2min} 又怎样确定？

5. 当输出电压 U_0 不随取样可变电阻 R_p 而变化时，应如何进行检查从而找出故障所在？

6. 晶体管 T_3 是如何起保护作用的，试详细叙述保护时的工作原理。

八、实验体会

主要写完成本实验后自己的感想和建议。

实验十一 基于运放的温度监测及控制电路

一、实验目的

1. 学习由双臂电桥和差分输入集成运放组成的桥式放大电路。

2. 掌握滞回比较器的应用。

3. 学会系统测量和调试。

二、预习要求

预习相关运放单元电路工作原理，分析、仿真该实验电路。

三、实验原理

1. 实验电路图

基于运放的温度监测及控制实验电路图如图 2-2-11-1 所示。

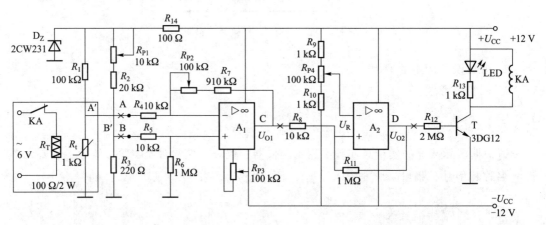

图 2-2-11-1　基于运放的温度监测及控制实验电路图

2. 理论公式

（1）差分放大电路

$$U_{O1} = -\left(\frac{R_7+R_{P2}}{R_4}\right)U_A + \left(\frac{R_4+R_7+R_{P2}}{R_4}\right)\left(\frac{R_6}{R_5+R_6}\right)U_B$$

当 $R_4 = R_5$，$R_7+R_{P2} = R_6$ 时

$$U_{O1} = \frac{R_7+R_{P2}}{R_4}(U_B - U_A)$$

由 A_1 及外围电路组成的差分放大电路，将测温电桥输出电压 ΔU 按比例放大。输出电压为 U_{O1}，R_{P3} 用于差分放大器调零。可见差分放大电路的输出电压 U_{O1} 仅取决于两个输入电压之差和外部电阻的比值。

（2）滞回比较器

同相滞回比较器的单元电路如图 2-2-11-2 所示，设比较器输出高电平为 U_{OH}，输出低电平为 U_{OL}，参考电压 U_R 加在反相输入端。

当输出为高电平 U_{OH} 时，运放同相输入端电位

$$U_{+H} = \frac{R_F}{R_2+R_F}U_i + \frac{R_2}{R_2+R_F}U_{OH}$$

当 U_i 减小到使 $U_{+H} = U_R$ 时，即

$$U_i = U_{TL} = \frac{R_2+R_F}{R_F}U_R - \frac{R_2}{R_F}U_{OH}$$

此后，U_i稍有减小，输出就从高电平跳变为低电平。

当输出为低电平 U_{OL} 时，运放同相输入端电位

$$U_{+L} = \frac{R_F}{R_2 + R_F}U_i + \frac{R_2}{R_2 + R_F}U_{OL}$$

当 U_i 增大到使 $U_{+L} = U_R$ 时，即

$$U_i = U_{TH} = \frac{R_2 + R_F}{R_F}U_R - \frac{R_2}{R_F}U_{OL}$$

此后，U_i 稍有增加，输出又从低电平跳变为高电平。

因此 U_{TL} 和 U_{TH} 为输出电平跳变时对应的输入电平，常称 U_{TL} 为下门限电平，U_{TH} 为上门限电平，而两者的差值

$$\Delta U_T = U_{TH} - U_{TL} = \frac{R_2}{R_F}(U_{OH} - U_{OL})$$

ΔU_T 称为门限宽度，它们的大小可通过调节 R_2/R_F 的比值来调节，图 2-2-11-3 为滞回比较器的电压传输特性。

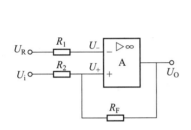

图 2-2-11-2 同相滞回比较器的单元电路　　　图 2-2-11-3 滞回比较器的电压传输特性

3. 工作原理简介

该电路是由负温度系数电阻特性的热敏电阻（NTC 元件）R_t 为一臂组成测温电桥，其输出经测量放大器放大后由滞回比较器输出"加热"与"停止"信号，经晶体管放大后控制加热器"加热"与"停止"。改变滞回比较器的比较电压 U_R 即改变控温的范围，而控温的精度则由滞回比较器的滞回宽度确定。

由 R_1、R_2、R_3、R_{P1} 及 R_t 组成测温电桥，其中 R_t 是温度传感器，其阻值与温度呈线性变化关系且具有负温度系数，而温度系数又与流过它的工作电流有关。为了稳定 R_t 的工作电流，达到稳定其温度系数的目的，设置了稳压管 D_Z。R_{P1} 可决定测温电桥的平衡。

四、实验内容与步骤

1. 基本要求

（1）能对实验所用仪器、仪表及元器件的质量进行检验与判断。

（2）能分别调试实验电路的各级单元电路。

（3）能对电路进行统调。

2．扩展要求

（1）将负温度系数电阻改为正温度系数电阻，请改变电路。

（2）重复基本要求的（2）（3）。

3．实验步骤

（1）检验实验所用仪器、仪表及元器件的质量。

（2）将图2-2-11-1分成单元电路，再分别连线，形成有电气特性的单元电路。

（3）差分放大器调试。

① 运放调零。

② 从A、B端分别加入不同的两个直流电平。当电路中 $R_7+R_{P2}=R_6$，$R_4=R_5$时，输出电压

$$U_O = \frac{R_7+R_{P2}}{R_4}(U_B-U_A)$$

在调试时，要注意加入的输入电压不能太大，以免放大器输出进入饱和区。

③ 将B点对地短路，把频率为100 Hz、有效值为10 mV的正弦波加入A点。用示波器观察输出波形。在输出波形不失真的情况下，用交流毫伏表测出 U_i 和 U_{O1} 的电压，进而算出此差分放大电路的电压放大倍数 A。

（4）桥式测温放大电路。

① 将差分放大电路的A、B端与测温电桥的A′、B′端相连，构成一个桥式测温放大电路。

② 在室温下使电桥平衡。

在实验室室温条件下，调节 R_{P1}，使差分放大器输出 $U_{O1}=0$（注意：前面实验中调好的 R_{P2} 不能再动）。

③ 温度系数 K（V/C）。

由于测温需升温槽，为使实验简易，可虚设室温 T 及输出电压 U_{O1}，温度系数 K 也定为一个常数，具体参数由读者自行填入表2-2-11-1中。

表 2-2-11-1

温度 T/℃					
输出电压 U_{O1}/V					

从表2-2-11-1中可得到 $K=\Delta U/\Delta T$。

④ 测温放大器的温度-电压关系曲线。

根据前面测温放大器的温度系数 K，可画出测温放大器的温度-电压关系曲线，如图2-2-11-4所示。实验时要标注相关的温度和电压的值。从图中可求得在其他温度时，放大器实际应输出的电压值。也可得到在当前室温时，U_{O1} 实际对应值 U_S。

⑤ 重调 R_{P1}，使测温放大器在当前室温下输出 U_S，即调 R_{P1}，使 $U_{O1}=U_S$。

（5）滞回比较器。

滞回比较器电路如图2-2-11-5所示。

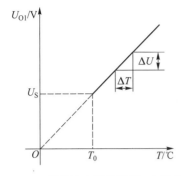

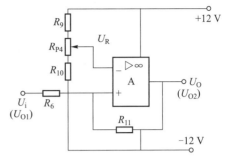

图 2-2-11-4　测温放大器的温度-电压关系曲线　　　图 2-2-11-5　滞回比较器电路

① 直流法测量滞回比较器的上、下门限电平。

首先确定参考电平 U_R 值。调节 R_{P4} 使 $U_R = 2$ V。然后将可变的直流电压 U_i 加入比较器的输入端。比较器的输出电压 U_o 送入示波器 Y 轴输入端（将示波器的"输入耦合方式开关"置于"DC"，X 轴"扫描触发方式开关"置于"自动"）。改变直流输入电压 U_i 的大小，从示波器屏幕上观察到当 U_o 跳变时所对应的 U_i 值，即为上、下门限电平。

② 交流法测量电压传输特性曲线。

将频率为 100 Hz、幅值为 3 V 的正弦信号加入比较器输入端，同时送入示波器的 X 轴输入端，作为 X 轴扫描信号。比较器的输出信号送入示波器的 Y 轴输入端。微调正弦信号的大小，可从示波器显示屏上看到完整的电压传输特性曲线。

（6）温度检测控制电路整机工作状况。

① 按图 2-2-11-1 连接各级电路。（注意：可调元件 R_{P1}、R_{P2}、R_{P3} 不能随意变动，如有变动，必须重新进行前面的内容）

② 根据所需检测报警或控制的温度 T，从测温放大器温度-电压关系曲线中确定对应的 U_{01} 值。

③ 调节 R_{P4} 使参考电压 $U'_R = U_R = U_{01}$。

④ 用加热器升温，观察温升情况，直至报警电路动作报警（在实验电路中当 LED 发光时作为报警），记下动作时对应的温度值 t_1 和 U_{011} 的值。

⑤ 用自然降温法使热敏电阻降温，记下电路解除时所对应的温度值 t_2 和 U_{012} 的值。

⑥ 改变控制温度 T，重做（2）（3）（4）（5）中的内容。把测量结果记入表 2-2-11-2 中。

表 2-2-11-2

	设定温度 $T/℃$								
设定电压	从曲线上查得 U_{01}/V								
	U_R/V								
动作温度	$T_1/℃$								
	$T_2/℃$								
动作电压	U_{011}/V								
	U_{012}/V								

177

根据 t_1 和 t_2 值，可得到检测灵敏度 $t_0 = (t_2 - t_1)$。

注意：实验中的加热装置可用一个 $100\ \Omega/2\ W$ 的电阻 R_T 模拟，将此电阻靠近 R_t 即可。

五、实验报告要求

1. 整理实验数据，画出有关曲线、数据表格以及实验线路。
2. 用方格纸画出测温放大电路温度系数曲线及比较器电压传输特性曲线。
3. 回答思考题。

六、实验设备

请根据实际情况如实记录实验中用到的仪器、仪表、实验台及实验板编号、主要元器件（名称、型号、数量）。

七、思考题

1. 如果放大器不进行调零，将会引起什么结果？
2. 如何设定温度检测控制点？
3. 负温度系数电阻同正温度系数电阻有什么区别？
4. 能否用压敏电阻代替热敏电阻？为什么？

八、实验体会

主要写完成本实验后自己的感想和建议。

实验十二 普通二极管限幅、整流和开关换向的仿真验证

一、实验目的

1. 进一步理解二极管的工作原理。
2. 理解、掌握二极管限幅、整流的本质原理。
3. 学会二极管原理的两个典型应用。

二、预习要求

1. 复习相关理论知识。
2. 熟练掌握相关仿真软件的使用。

三、实验原理

1. 二极管限幅电路，如图 2-2-12-1 所示
2. 整流电路
（1）半波整流电路，如图 2-2-12-2 所示。
（2）全波整流电路，如图 2-2-12-3 所示。
（3）桥式整流电路，如图 2-2-12-4 所示。

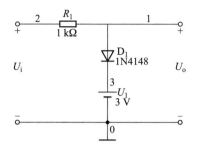

图 2-2-12-1 二极管限幅电路

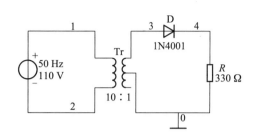

图 2-2-12-2 半波整流电路

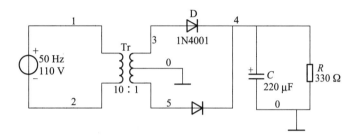

图 2-2-12-3 全波整流电路

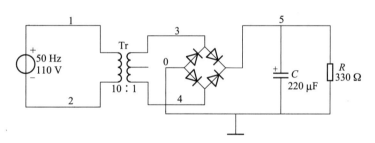

图 2-2-12-4 桥式整流电路

（4）桥式双电源整流电路，如图 2-2-12-5 所示。

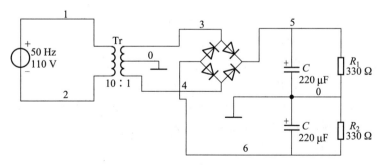

图 2-2-12-5 桥式双电源整流电路

3. 二极管开关与直流换相电路

（1）二极管开关电路，如图 2-2-12-6 所示。

（2）二极管直流换相电路，如图 2-2-12-7 所示。

179

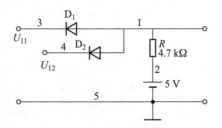

图 2-2-12-6 二极管开关电路

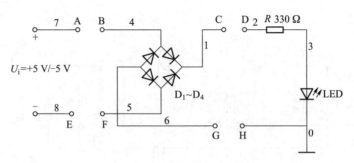

图 2-2-12-7 二极管直流换相电路

四、实验内容与实验步骤

1. 基本要求

（1）测量、观测二极管限幅电路，自制表格填写相关数据和波形。

（2）测量、观测二极管整流电路，自制表格填写相关数据和波形。

2. 扩展要求

（1）测量、观测二极管开关电路，自制表格填写相关数据和波形。

（2）测量、观测二极管直流换向电路，自制表格填写相关数据和波形。

3. 实验步骤

（1）照图 2-2-12-1 连线，U_i 输入峰-峰值为 10V 的交流电压，用示波器测量、观察 U_i、U_o 的波形，并记录。

（2）照图 2-2-12-2、图 2-2-12-3、图 2-2-12-4、图 2-2-12-5 连线，参数按相关图中数据设置，用示波器测量、观察 U_i、U_o 的波形，并记录。以上电路均接上 220 μF 电容后再观察 U_i、U_o 的波形，并记录、分析产生波形改变的原因。

（3）照图 2-2-12-6 连线，对下列情况用万用表直流挡 20 V 测量 U_o，并自制表格填写，总结现象产生的规律及在现实电路中的意义。

① $U_{11} = 0$ V，$U_{12} = 0$ V，测量 U_o。

② $U_{11} = 0$ V，$U_{12} = 5$ V，测量 U_o。

③ $U_{11} = 5$ V，$U_{12} = 0$ V，测量 U_o。

④ $U_{11} = 5$ V，$U_{12} = 5$ V，测量 U_o。

（4）二极管直流换向电路如图 2-2-12-7 所示，具体连线及测量、观测如下。

① $U_i = +5$ V，A 接 D，E 接 H，观察 LED 灯的亮灭情况，并记录。

② $U_i = -5$ V，A 接 D，E 接 H，观察 LED 灯的亮灭情况，并记录。

③ $U_i = +5$ V，A 接 B，C 接 D，E 接 F，G 接 H，观察 LED 灯的亮灭情况，并记录。

④ $U_i = -5$ V，A 接 B，C 接 D，E 接 F，G 接 H，观察 LED 灯的亮灭情况，并记录。

总结以上规律，思考在实际应用中，该电路有什么意义。

五、实验报告要求

1. 整理实验数据，填在自己设计的数据表格中。

2. 回答思考题。

六、实验设备

请根据实际情况如实记录实验中用到的仪器、仪表、实验台及实验板编号、主要元器件（名称、型号、数量）。

七、思考题

1. 二极管限幅的实际意义是什么？举一两个例子说明。

2. 画出双限幅电路的原理图。写出工作原理。

3. 整流电路的作用是什么？全波整流和桥式整流的区别是什么？

4. 直流换向和桥式整流的区别是什么？

八、实验体会

主要写完成本实验后自己的感想和建议。

实验十三　迷你小功率放大器的设计、仿真、调试

一、设计要求（打 * 号的是扩展要求）

1. 功率放大器输出功率卫星箱通道：RMS 3.5 W×2（$THD+N = 10\%$，中音频率 $f = 1$ kHz）。

2. 低音通道：RMS 4.5 W（$THD+N = 10\%$，截止频率 $f = 60$ Hz）。

3. 调节形式：可变电阻。

4. 主音量低音单元 4 英寸（外径 106 mm），防磁，6 Ω。

5. 中音单元外径 50 * 90 mm，防磁，4 Ω。

6. 系统输入信号 100~150 mV。

*7. 功率放大器信噪比 ≥85 dBA。

*8. 失真度（%）≤0.5。

*9. 低音箱箱体尺寸为 162（宽）×226（高）×206（深）mm。

*10. 卫星箱箱体尺寸为 68（宽）×166（高）×86（深）mm，净重约 2.3 kg。

二、设计提示

本实验设计时可参考图 2-2-13-1，该图是类似电路的资料图（指标不详，需要设计

者计算或仿真测量或实物测量，如能查到更清楚翔实的资料更好），图 2-2-13-2 是仿真原理图（根据图 2-2-13-1 仿真）、图 2-2-13-3 是实物作品图，可以直接购买安装套件，但要注意其指标与设计指标是不一样的，设计者如果选择在图 2-2-13-1 基础上设计，那主要设计任务是如何调整分立器件参数使得安装套件的指标满足设计要求，并写出设计调整原理和步骤。设计者首先要能将仿真原理图拆分成单元电路图，再查出每个单元电路图元器件和系统的参数算法关系，才能进一步进行设计，最终满足设计要求。如选择"自上而下"的设计方案，则不必全部参考图 2-2-13-1 至图 2-2-13-3，但"自上而下"的设计，工作量要大一些，如果要调试出作品，PCB 板还要自己设计制作，所需元器件也要全部自行解决。

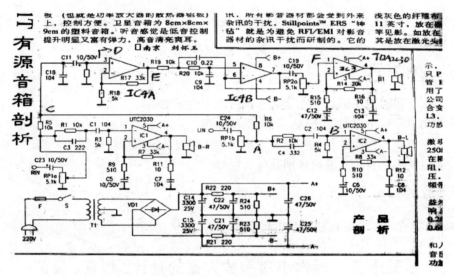

图 2-2-13-1　原始资料图

具体设计步骤（以重低音支路为例）为：① 首先根据扬声器的功率和阻抗计算出系统的输出电压；② 输出电压乘 2~3（不能小于 2，否则，当系统输入信号比较大的时候容易失真）得出电源单边电压值；③ 根据输出电压、输入电压计算出系统总的放大倍数，并将总的放大倍数分配给系统三个由运放组成的单元电路；④ 根据已知条件和以上已确定的各个支路的系统参数，再确定各个单元电路的元器件参数；⑤ 其他运放型号的确定主要根据所构成的电路的带宽和电压放大倍数要求选择，满足且略有盈余即可。

三、工作原理

迷你小功率放大器的功能是将手机、MP3 和其他音响设备的耳机插孔输出的声音进行功率放大，以满足扬声器的要求，组成功放的单元电路，本指导书均有相关实验，请设计者参考本指导书中相关实验内容，以便更好地完成设计、仿真、调试。

四、实验内容和步骤

1. 根据迷你小功率放大器的工作原理设计出各个单元电路，并写出设计过程。
2. 仿真设计出各个单元电路。

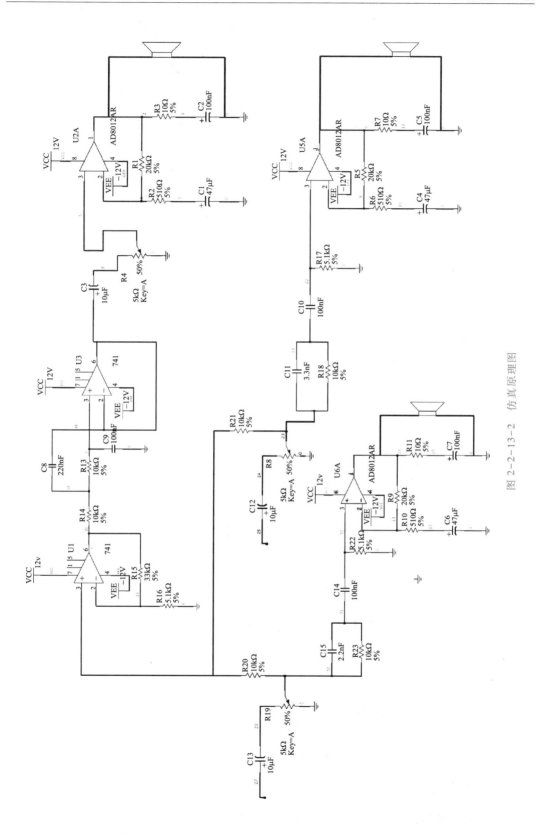

图 2-2-13-2 仿真原理图

图 2-2-13-3　实物作品图

3. 安装调试。

4. 交老师检查验收。

五、实验报告要求

1. 写出该电路的设计过程。

2. 仿真过程。

3. 调试过程。

六、实验设备

请根据实际情况如实记录实验中用到的仪器、仪表、实验台及实验板编号、主要元器件（名称、型号、数量）。

七、思考题

1. 组成迷你小功率放大器的单元电路有哪些？

2. 简述迷你小功率放大器的单元电路的工作原理。

3. 如果想进一步改善声音质量，应该在哪里进行改进？

4. 如果想保护扬声器，应该如何改进、修改电路？

八、实验体会

主要写完成本实验后自己的感想和体会。

实验十四　晶体管 $r_{bb'}$ 参数的测量

一、实验目的

1. 进一步理解 $r_{bb'}$ 参数的机理。

2. 掌握 $r_{bb'}$ 的测量方法。

3. 深入理解、认识 $r_{bb'}$ 对放大电路放大倍数的影响。

二、预习要求

1. 实验前应对晶体管 $r_{bb'}$ 的概念原理有一个理论层面的认识。

2. 实验前要对不同管子在两种不同电路结构下的 $r_{bb'}$ 值进行理论预测。

① 根据实验电路和所学过的理论知识预估、仿真 $r_{bb'}$ 的值。

② 预测时 $R_6 = 50\ \text{k}\Omega$，$\beta = 150$，$A_u = 10$（输出带 2.4 kΩ 负载），$A_u = 20$（输出不带 2.4 kΩ 负载），具体电路见图 2-2-14-1（a）（b）。

3. 实验前需对实验中四种晶体管的相关资料进行查阅。

4. 对常用的几种放大电路（共射、共基、共集）的工作原理有一个较深入的认识。

5. 会使用常用电子仪器、仪表，对仪器、仪表的技术参数指标有一定了解。

6. 了解各种误差对实验结果的影响。

三、实验原理

基于结构略微不同的晶体管单管 $r_{bb'}$ 参数共射模式的测试电路结构图，如图 2-2-14-1（a）（b）所示。图（a）在发射极含有交流负反馈电阻，图（b）在发射极不含有交流负反馈电阻。

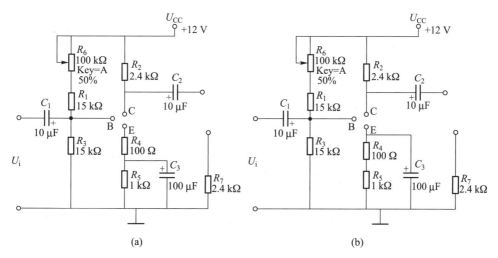

图 2-2-14-1　基于结构略微不同的晶体管单管 $r_{bb'}$ 参数共射模式的测试电路结构图

$r_{bb'}$ 原理和理论公式如下。

（1）$r_{bb'}$ 原理。

$r_{bb'}$ 是晶体管基极的体电阻，是晶体管的一个分布参数，其值的变化对晶体管的电压放大倍数有一定影响，$r_{bb'}$ 参数是一个同测量条件和电路结构密切相关的参数，要根据该电路所含晶体管型号和单元电路的结构分别查阅相关的测试数据表或用本实验的方法搭建电路进行测量。

众多教材一直以来都以比较固定的经验值对 $r_{bb'}$ 进行诠释，本实验通过测量不同晶体管在不同结构电路中的 $r_{bb'}$ 的值，并对结果进行对比，让同学们可以对它有进一步的理解，从而为电子电路的设计奠定一个坚实的基础。

（2）图 2-2-14-1（a）所示电路的公式为

$$r_{be} = -\frac{\beta R_C R_L - A_u (1+\beta) R_{e1} (R_C + R_L)}{A_u (R_C + R_L)} \qquad (2-2-14-1)$$

$$r_{bb'} = -\left[\frac{\beta R_C R_L - A_u(1+\beta) R_{e1}(R_C + R_L)}{A_u(R_C + R_L)}\right] - (1+\beta)\frac{26}{I_{E1}} \qquad (2-2-14-2)$$

$$A_u = -\beta \frac{R_C /\!/ R_L}{r_{be} + (1+\beta) R_{e1}} \qquad (2-2-14-3)$$

$$r_{be} = r_{bb'} + (1+\beta)\frac{26}{I_E} \qquad (2-2-14-4)$$

图 2-2-14-1（b）所示电路的公式为

$$r_{be} = -\frac{\beta R_C /\!/ R_L}{A_u} \qquad (2-2-14-5)$$

$$r_{bb'} = -\frac{\beta R_C /\!/ R_L}{A_u} - (1+\beta)\frac{26}{I_E} \qquad (2-2-14-6)$$

$$A_u = -\beta \frac{R_C /\!/ R_L}{r_{be}} \qquad (2-2-14-7)$$

$$r_{be} = r_{bb'} + (1+\beta)\frac{26}{I_E} \qquad (2-2-14-8)$$

四、实验内容与步骤

1. 基本要求

（1）在图 2-2-14-1（a）所示共射放大电路中，测量预习要求中的四种管子的 $r_{bb'}$。

（2）在图 2-2-14-1（b）所示共射放大电路中，测量预习要求中的四种管子的 $r_{bb'}$。

（3）比较以上结果的不同之处，写在实验报告中。

2. 扩展要求

（1）在共基放大电路中，测量预习要求中的四种管子的 $r_{bb'}$，计算方法及电路请同学自行查找。

实验使用的表格可以参照之前实验中的表格设计。

（2）在共集放大电路中，测量预习要求中的四种管子的 $r_{bb'}$，计算方法、电路请同学自行查找，实验使用的表格可以参照之前实验中的表格设计。

3. 实验步骤

（1）按图 2-2-14-1（a）（b）所示电路用专用导线接好电路。

（2）电路系统参数的测量。

接通电源，分别将待测晶体管的三个极（B、C、E）插到图 2-2-14-1（a）（b）所示电路中的相应位置，并按实验电路图接好函数发生器和示波器，函数发生器调整为 1 kHz，幅值为 0.4 V 左右。用实验法调好静态工作点（输入 f=1 kHz 的正弦电压信号，调节 R_6 使波形上下尽量对称，逐渐加大输入信号的幅值，使波形最大且不失真），$U_i = 0$ 时，分别测算出图 2-2-14-1（a）（b）所示电路中 I_B、I_C 的值，计算出 β 值，然后使 $U_i \neq 0$，分别测算出电路的放大倍数 A_u。

将 β 值、放大倍数 A_u 和电路元件参数分别代入式（2-2-14-1）式（2-2-14-2），计算出 r_{be} 和 $r_{bb'}$，填入表 2-2-14-1 和表 2-2-14-2 中。

表 2-2-14-1　图 2-2-14-1（a）所示共射放大电路 $r_{bb'}$ 测算表

项目	测量				测算				备注
	I_B	I_C	U_i	U_o	β	A_u	r_{be}	$r_{bb'}$	
3DG6									
SS9014									
2SS8050									
2SS1815									

表 2-2-14-2　图 2-2-14-1（b）所示共射放大电路 $r_{bb'}$ 测算表

项目	测量				测算				备注
	I_B	I_C	U_i	U_o	β	A_u	r_{be}	$r_{bb'}$	
3DG6									
SS9014									
2SS8050									
2SS1815									

五、实验报告要求

1. 认真记录、填写计算、仿真和实测实验中获得的数据，分别填写在预习本和实验报告中。分析误差产生的原因。

2. 记录本次实验使用过的仪器、仪表各旋钮/按钮的位置及使用注意事项。

3. 做了扩展要求的同学请将相关内容写在报告纸上。

六、实验设备

请根据实际情况如实记录实验中用到的仪器、仪表、实验台及实验板编号、主要元器件（名称、型号、数量）。

七、思考题

1. 通过实验，认识到了 $r_{bb'}$ 参数的哪些特性？

2. $r_{bb'}$ 在哪种结构的放大电路中对系统参数的影响最大？为什么？

3. R_{e1} 的值对交流放大倍数有什么影响？为什么？

4. R_{e1} 的大小变化对波形失真有无影响？为什么？

八、实验体会

主要写完成本实验后自己的感想和建议。

实验十五 MOSFET 差分放大器

一、实验目的

1. 进一步理解 MOSFET 差分放大器的工作原理及它与 BJT 电路的异同处。

2. 掌握 MOSFET 差分放大器静态工作点的调节。

3. 学会常用的两种 MOSFET 差分放大器组态（典型与恒流源）的差模放大倍数的测量方法。

4. 学会测量 MOSFET 单端输出和双端输出的共模放大倍数的方法，并计算相应的共模抑制比 $CMRR$。

二、预习要求

1. 预习相关的理论知识。

2. 根据实验电路预估、仿真表 2-2-15-1、表 2-2-15-2、表 2-2-15-3 中的实验结果。预测时 $g_m = 4$ ms，$R_{ds3} = 7$ kΩ，$U_{TN} = 2 \sim 5$ V（该值与管子型号有关，本实验预测 T_1、T_2 时，U_{TN} 选 4 V，预测 T_3、T_4 时，U_{TN} 选 2 V）。

三、实验原理

1. 原理图和实验电路图

集成电路以 MOSFET 为基本元器件的品种数量已超过 BJT 管，差分放大电路又是模拟集成电路中的基本单元电路，MOSFET 差分放大器实验电路图如图 2-2-15-1 所示，它主要由两个元器件参数相同的基本共射放大电路组成，μA741 是差分放大器，作用是将双端输出信号变为单端输出信号。

2. 理论公式（元件编码见图 2-2-15-1）

（1）静态工作点计算

① 典型电路

$$I_{R3} = \frac{|U_{EE}| - U_{GS}}{R_3} = I_0 \quad (U_{G1} = U_{G2} = 0) \tag{2-2-15-1}$$

$$I_{D1} = I_{D2} = \frac{1}{2} I_{R3} \tag{2-2-15-2}$$

② 恒流源电路

$$I_0 \approx \frac{U_{CC} + |U_{EE}| - U_{TN}}{R_{10}} \tag{2-2-15-3}$$

$$I_{D1} = I_{D2} = \frac{1}{2} I_0 \tag{2-2-15-4}$$

（2）差模电压放大倍数和共模电压放大倍数

当差分放大器的射极电阻 R_E 足够大，或采用恒流源电路时，差模电压放大倍数 A_d 由输出方式决定，而与输入方式无关。

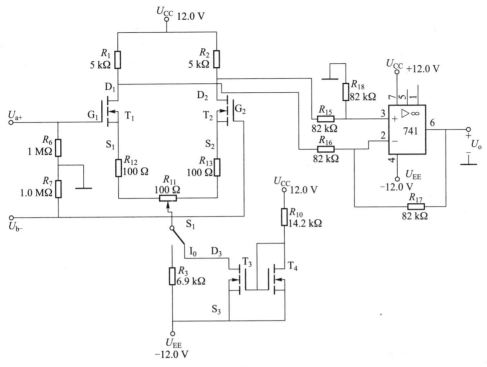

图 2-2-15-1　MOSFET 差分放大器实验电路图

① 双端输入，双端输出

$$A_{ud} = \frac{\Delta U_o}{\Delta U_i} = -g_m R_d \qquad (2-2-15-5)$$

② 双端输入，单端输出

$$A_{ud1} = \frac{\Delta U_{d1}}{\Delta U_i} = -\frac{1}{2} A_{ud} \qquad (2-2-15-6)$$

$$A_{ud2} = \frac{\Delta U_{d2}}{\Delta U_i} = -\frac{1}{2} A_{ud} \qquad (2-2-15-7)$$

③ 当输入共模信号时，若为单端输出，则有

$$A_{uc1} = A_{uc2} = -\frac{g_m \cdot R_d}{1 + 2g_m \cdot R_{ds3}} \qquad (2-2-15-8)$$

④ 若为双端输出，在理想情况下

$$A_{uc} = \frac{U_{oc}}{U_{ic}} = \frac{U_{oc1} - U_{oc2}}{U_{ic}} \approx 0 \qquad (2-2-15-9)$$

实际上由于元器件不可能完全对称，因此 A_{uc} 也不会绝对等于零。

（3）共模抑制比 *CMRR*

为了表征 MOSFET 差分放大器对有用信号（差模信号）的放大作用和对共模信号的抑制能力，通常用一个综合指标来衡量，即共模抑制比。

$$CMRR = \left| \frac{A_{ud}}{A_{uc}} \right| \quad 或 \quad CMRR = 20\lg \left| \frac{A_{ud}}{A_{uc}} \right| \text{dB}$$

差分放大器的输入信号可采用直流信号，也可采用交流信号。本实验由函数信号发生器和双端输入、三端输出（输出带中间抽头）的变压器（1∶1）为电路输入端提供 $f=$ 1 kHz 的差模正弦信号。

四、实验内容与步骤

1. 基本要求

（1）静态工作点的调整与测量。

（2）直流输入差模电压放大倍数 A_u 的测量。

（3）交流输入差模电压放大倍数 A_u 的测量。

（4）直流输入单入、双出电压放大倍数 A_u 的测量。

（5）交流输入单入、双出电压放大倍数 A_u 的测量。

（6）共模电压放大倍数的测量。

2. 扩展要求

（1）具有恒流源的差分放大电路性能的测量。

（2）带宽测量。

3. 实验步骤

（1）差分射极接固定电阻的差分放大器性能的测量

① 按图 2-2-15-1 所示电路连接实验电路，开关 S_1 打向接 6.9 kΩ 触电，构成典型差分放大器，μA741 构成减法器，放大倍数为 1 倍。

② 调节放大器零点，将差分放大器输入端对地短接，用直流电压表测量 T_1、T_2 漏极之间的输出电压，调节调零可变电阻 R_{11}，使该电压为零。

③ 测量静态工作点。

零点调好以后，用直流电压表测量 T_1、T_2 管各电极对地电压及源极电阻 R_{12} 和 R_{13} 两端电压 U_{R12}、U_{R13} 和 I_o、I_{d1}、I_{d2}，记入表 2-2-15-1 中。

表 2-2-15-1

	U_{d1}	U_{G1}	U_{R12}	U_{d2}	U_{G2}	U_{R13}	U_o	I_o	I_{d1}	I_{d2}
测量值										

（2）直流输入差模电压放大倍数 A_u 的测量

在 U_a、U_b 端分别接入直流电压 +0.15 V、−0.15 V，按表 2-2-15-2 中的内容测量。

表 2-2-15-2

	U_a	U_b	U_{d1}	U_{d2}	U_o	$A_{ud} = \dfrac{U_o}{U_a - U_b}$
测量值						

（3）交流输入差模电压放大倍数 A_u 的测量

将函数信号发生器正弦信号接入变压器二次侧，频率调到 10 kHz，用示波器测试变压器二次侧（注意：二次侧需要中间接地），使幅值达到 0.15 V，将 0.15 V 交流信号接

入 U_a、U_b 端，按表 2-2-15-3 中的内容测量，U_a、U_b、U_{d1}、U_{d2}、U_o 均为对地峰-峰值。

表 2-2-15-3（U_a、U_b 相位相反）

测量值	U_a	U_b	U_{d1}	U_{d2}	U_o	$A_{ud}=\dfrac{U_o}{U_a-U_b}$

（4）直流输入单入、双出电压放大倍数 A_u 的测量

将 U_b 对公共端短路，将 +0.15 V 接入 U_a，按表 2-2-15-4 中的内容测量。

表 2-2-15-4

测量值	U_a	U_b	U_{d1}	U_{d2}	U_o	$A_{ud}=\dfrac{U_o}{U_a-U_b}$

（5）交流输入单入、双出电压放大倍数 A_u 的测量

将函数信号发生器输出端与 U_a 相连，U_b 接公共端，将信号调为峰-峰值为 0.15 V、频率为 10 kHz 的正弦交流信号，按表 2-2-15-5 中的内容测量。

表 2-2-15-5

测量值	U_a	U_b	U_{d1}	U_{d2}	U_o	$A_{ud}=\dfrac{U_o}{U_a-U_b}$

（6）共模电压放大倍数的测量

用专用导线将 U_a、U_b 相连，将信号调为幅值为 50 mV、80 mV、100 mV、1 V、2 V，频率等于 1 kHz 的正弦交流信号，用示波器或毫伏表测量表 2-2-15-6 中的共模输入下的参数，交流输入差模电压放大倍数 A_{ud} 的测量方法见实验步骤（5），并计算共模抑制比。

表 2-2-15-6

U_i	50 mV	80 mV	100 mV	1 V	2 V	$U_i=$ 最大	备注
U_{d1}							
U_{d2}							
U_o							
A_{uc1}							
A_{uc2}							
$K_{CMRR}=A_{ud}/A_{uc}$							

（7）具有恒流源的差分放大电路性能的测量

将图 2-2-15-1 中的开关 S_1 打向恒流源一侧，重复（2）（3）（4）（5）（6）步。

（8）带宽测量

在第（5）步的基础上，保持 U_o 的幅度不变，且不失真。使用基础实验部分掌握的实验法测出 f_L、f_H，并计算带宽，将输入信号 U_a 接公共端、U_b 接信号，将此步骤重复做一次。

五、实验报告要求

1. 整理实验数据。

2. 分析误差产生的原因。

3. 回答思考题。

4. 分析差分源极接固定电阻和恒流源对实验结果的影响。

六、实验设备

请根据实际情况如实记录实验中用到的仪器、仪表、实验台及实验板编号、主要元器件（名称、型号、数量）。

七、思考题

1. 该实验电路输入信号最大要达到多少伏？为什么？

2. 为什么差分放大电路要调零？

3. 差分放大器差模输入时，能否用毫伏表直接在差分对管的集电极测出输出电压？

4. 将差分放大器差模放大倍数提高一倍，应调整哪些元器件参数？为什么？

八、实验体会

主要写完成本实验后自己的感想和建议。

三　自主开放实验

实验一　模拟乘法器应用设计实验

一、实验目的

1. 进一步理解模拟乘法器的工作原理。

2. 认识 BG314 模拟乘法器的外部电路和在运算电路中的运用。

二、预习要求

1. 复习模拟乘法器的基本原理。

2. 熟悉 BG314 模拟乘法器外部电路参数的估算方法。

三、实验原理

1. 模拟乘法器简介

模拟乘法器是实现两个模拟信号相乘的器件，它广泛用于乘法、除法、乘方和开方等模拟运算，而且也广泛地应用于通信、测量系统、医疗仪器和控制系统中进行模拟信号的变换和处理。模拟乘法器是一种通用性很强的非线性电子器件，目前已有多种形式、多品种的单片集成电路。模拟乘法器的型号较多，常见的有 BG314（MC1595）、MC1469 等，本实验以 BG314 为设计基础。

2. 模拟乘法器 BG314 的原理图

模拟乘法器 BG314 的原理图如图 2-3-1-1 所示。

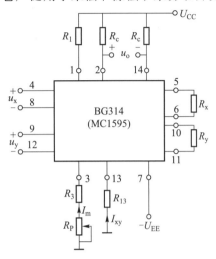

图 2-3-1-1　模拟乘法器 BG314 的原理图

3. 理论公式

（1）模拟乘法器 BG314 的输出电压。

输出电压

$$u_o = K u_x u_y$$

式中，$K = \dfrac{2R_c}{I_{ox} R_x R_y}$ 为乘法器的增益系数。

（2）恒流源偏置电阻 R_3 和 R_{13} 的估算。

为了减小功耗，并保证内部晶体管工作正常，恒流源电流一般取在 $0.5 \sim 2$ mA，取 $I_{ox} = i_{R3} = 1$ mA，则 $R_3 = R_{13} = \dfrac{U_{EE} - 0.7\ \text{V}}{i_{R3}} - 500\ \Omega$。

（3）反馈电阻 R_x、R_y 的估算。

为使乘法器有满意的线性，应使 R_x、R_y 满足下列条件，即

$$i_x \leqslant \frac{2}{3} I_{ox} \qquad i_y \leqslant \frac{2}{3} I_{oy}$$

前已选定 $I_{ox} = I_{oy} = 1$ mA，再要求 u_x 和 u_y 的动态范围如下

$$u_{xmax} = u_{ymax} = \pm 5\ \text{V}$$

则 $R_x = R_y = \dfrac{u_{xmax}}{\dfrac{2}{3} I_{ox}}$。

（4）负载电阻 R_c 的估算。

取 $K = 0.1\ \text{V}^{-1}$，则根据 $K = \dfrac{2R_c}{I_{ox} R_x R_y}$ 可求出 R_c。

（5）R_1 的估算。

由图 2-3-1-1 可知，当 $u_x = u_{xmax}$ 时，x 通道差分对管 U_{1A} 和 U_{1B} 的集电极电压应比 u_{xmax}

高出 2~3 V，以保证输出级晶体管工作在放大区，有

$$R_1 = \frac{U_{CC} - (u_{xmax} + 3\ V + 0.7\ V)}{2I_{ox}}$$

4. 模拟乘法器构成运算电路原理

（1）平方运算电路。

将两个相同的信号输入模拟乘法器的两个输入端，就
构成了平方运算电路，如图 2-3-1-2 所示，$u_o = Ku_i^2$。

（2）除法运算电路。

图 2-3-1-3 为反相输入除法运算电路。

利用理想运放特性可得

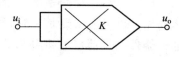

图 2-3-1-2 平方运算电路

$$i_1 = \frac{u_{i1}}{R_1}; \quad i_2 = \frac{u_{o1}}{R_2}; \quad i_1 + i_2 = 0; \quad u_{o1} = Ku_o u_{i2}$$

联立以上四式可得

$$u_o = -\frac{R_2}{KR_1} \frac{u_{i1}}{u_{i2}}$$

上式表明 u_o 与 $\dfrac{u_{i1}}{u_{i2}}$ 的商成正比。由图 2-3-1-3 还可看出，为了保证运算放大器处于负反馈
工作状态，u_{i2} 必须大于零，而 u_{i1} 则可正可负，因此可称为二象限除法器。

（3）平方根电路。

图 2-3-1-4 为负电压平方根运算电路，$u_o = \sqrt{-\dfrac{u_i}{K}}$，由此可以看出，只有 u_i 为负值
时，才能实现开方运算。若要对正输入信号开平方，可以加入反相器等环节。

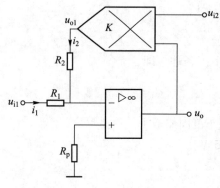

图 2-3-1-3 反相输入除法运算电路

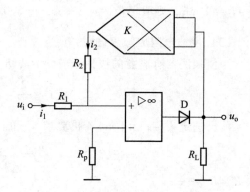

图 2-3-1-4 负电压平方根运算电路

四、实验内容

1. 基本要求

（1）试设计一个 $u_o = 2u_i^2$ 的电路，其中 $u_i = U_{im}\sin\Omega t = 2\sin 3.14 \times 2 \times 10^3 t(V)$。
已知 $-5\ V \leqslant u_x \leqslant +5\ V$，$-5\ V \leqslant u_y \leqslant +5\ V$，$K = 0.1\ V^{-1}$。

（2）试设计一个 $u_o = -6\dfrac{u_{i1}}{u_{i2}}$ 的电路，其中 $u_i = U_{im}\sin\Omega t = 2\sin 3.14\times2\times10^3 t(\text{V})$。

已知 $-5\text{ V}\leqslant u_x\leqslant+5\text{ V}$，$-5\text{ V}\leqslant u_y\leqslant+5\text{ V}$，$K=0.1\text{ V}^{-1}$。

2. 扩展要求

（1）根据原理，用分立器件构建一个模拟乘法器。

（2）将分立器件构建的模拟乘法器改变为模拟除法器。

五、实验报告要求

1. 认真记录实验中获得的数据，绘制出设计好的电路。

2. 做了扩展要求的同学请将相关内容写在报告纸上。

3. 总结本次实验过程中所遇到的问题，分析其原因以及最后解决的方案。

4. 回答思考题。

六、实验设备

请根据实际情况如实记录实验中用到的仪器、仪表、实验台及实验板编号、主要元器件（名称、型号、数量）。

七、思考题

1. 用模拟乘法器如何实现立方运算？

2. 用模拟乘法器如何实现开立方电路？

3. 如果模拟乘法器的电源电压是 $\pm12\text{ V}$，那输入信号的最大值是多少？

4. 该实验的模拟乘法器是几象限乘法器？有没有二象限乘法器？

5. BG314 的内部电路同设计的分立器件模拟乘法器电路相比有哪些区别？

八、实验体会

主要写完成本实验后自己的感想和建议。

实验二 模拟乘法器振幅调制与同步检波的实验和仿真

一、实验目的

1. 进一步理解模拟乘法器的理论原理。

2. 了解分立模拟乘法器的内部构成及工作原理。

二、预习要求

1. 查阅模拟乘法器的理论原理，仿真实验结果。

2. 熟悉模拟乘法器的参数测量方法。

三、实验原理

1. 分立模拟乘法器实验电路图

分立模拟乘法器振幅调制实验图如图 2-3-2-1（a）（b）所示。

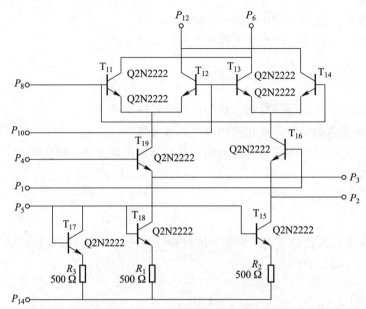

(a) 分立模拟乘法器核心部分实验电路图

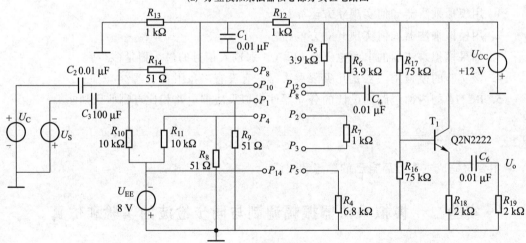

(b) 分立模拟乘法器振幅调制实验核心辅助电路图

图 2-3-2-1 分立模拟乘法器振幅调制实验图

2. 振幅调制理论公式

（1）静态工作点的设置公式。

请同学们自己查阅相关资料，并填写。

（2）振幅调制公式。

通常载波信号为高频信号，调剂信号为低频信号。设载波信号的表达式为 $U_c(t)=$

$U_{cm}\cos\omega_C t$，调制信号的表达式为 $u_\Omega(t)=U_{\Omega m}\cos\Omega t$，则调幅信号的表达式为

$$u_O=U_{cm}(1+m\cos\Omega t)\cos\omega_C t$$

$$=U_{cm}\cos\omega_C t+\frac{1}{2}mU_{cm}\cos(\omega_C+\Omega)t+\frac{1}{2}mU_{cm}\cos(\omega_C-\Omega)t$$

式中，m 为调幅系数，$m=U_{\Omega m}/U_{cm}$；$U_{cm}\cos\omega_C t$ 为载波信号；$\frac{1}{2}mU_{cm}\cos(\omega_C+\Omega)t$ 为上边带信号，$\frac{1}{2}mU_{cm}\cos(\omega_C-\Omega)t$ 为下边带信号。

为提高信息传输效率，广泛采用抑制载波的双边带或单边带振幅调制。

双边带振幅调波的表达式为

$$u_0(t)=\frac{1}{2}mU_{cm}[\cos(\omega_C+\Omega)t+\cos(\omega_C-\Omega)t]=mU_{cm}\cos\omega_C t\cos\Omega t$$

单边带调幅波的表达式为

$$u_0(t)=\frac{1}{2}mU_{cm}\cos(\omega_C+\Omega)t\quad\text{或}\quad u_0(t)=\frac{1}{2}mU_{cm}\cos(\omega_C-\Omega)t$$

3. 同步检波

请同学们自己查阅相关资料并填写。

四、实验内容

1. 基本要求

完成本振为 2 MHz，调制信号为 500 Hz 的实验验证。

2. 扩展要求

试通过自学完成模拟乘法器同步检波的实验验证。

五、实验报告要求

1. 认真记录实验中获得的数据，绘制出设计好的电路。

2. 做了扩展要求的同学请将相关内容写在报告纸上。

3. 总结本次实验过程中所遇到的问题，分析原因，并提出解决方案。

4. 回答思考题。

六、实验设备

请根据实际情况如实记录实验中用到的仪器、仪表、实验台及实验板编号、主要元器件（名称、型号、数量）。

七、思考题

1. 应用模拟乘法器还能实现哪些算法？

2. 常用模拟乘法器的型号有哪些？

3. 如果模拟乘法器的电源电压是±12 V，那输入信号的最大值是多少？

4. 该实验的模拟乘法器是几象限乘法器？有没有与它象限不一样的乘法器？

八、实验体会

主要写完成本实验后自己的感想和建议。

实验三　用运算放大器组成万用电表的仿真与实验

一、实验目的

1. 设计由运算放大器组成的万用电表。
2. 进一步熟练实验技巧与仿真方法。

二、设计要求

1. 直流电压表：满量程 +36 V。
2. 直流电流表：满量程 20 mA。
3. 交流电压表：满量程 20 V，50 Hz~1 kHz。
4. 交流电流表：满量程 100 mA。
5. 电阻表：满量程分别为 1 kΩ，10 kΩ，100 kΩ。

三、万用电表工作原理及参考电路

在测量中，电表的接入应不影响被测电路的原工作状态，这就要求电表应具有无穷大的输入电阻，电流表的内阻应为零。但实际上，万用电表表头的可动线圈总有一定的电阻，例如 100 μA 的表头，其内阻约为 1 kΩ，用它进行测量时将影响被测量，会引起误差。此外，交流电表中的整流二极管的压降和非线性特性也会产生误差。如果在万用电表中使用运算放大器，就能大大降低这些误差，提高测量精度。在电阻表中采用运算放大器，不仅能得到线性刻度，还能实现自动调零。

1. 直流电压表

图 2-3-3-1 为同相端输入高精度直流电压表参考电路。为了减小表头参数对测量精度的影响，将表头置于运算放大器的反馈回路中，这时，流经表头的电流与表头的参数无关，只要改变电阻 R_1，就可进行量程的切换。

表头电流 I 与被测电压 U_i 的关系为

$$I = \frac{U_i}{R_1}$$

应当指出：图 2-3-3-1 适用于测量电路与运算放大器共地的有关电路。此外，当被测电压较高时，在运放的输入端应设置衰减器。

2. 直流电流表

图 2-3-3-2 是浮地直流电流表的参考电路。在电流测量中，浮地电流的测量是普遍存在的，例如：若被测电流无接地点，就属于这种情况。为此，应把运算放大器的电源也对地浮动，按此种方式构成的电流表就可像常规电流表那样，串联在任何电流通路中测量电流。

198

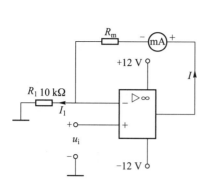

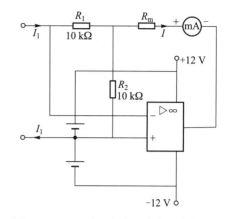

图 2-3-3-1　同相输入高精度直流电压表参考电路　　图 2-3-3-2　浮地直流电流表的参考电路

表头电流 I 与被测电流 I_1 之间的关系为

$$-I_1 R_1 = (I_1 - I) R_2$$

则

$$I = \left(1 + \frac{R_1}{R_2}\right) I_1$$

可见，改变电阻比 $\dfrac{R_1}{R_2}$，可调节流过电流表的电流，从而提高灵敏度。如果被测电流较大，应给电流表表头并联分流电阻。

3. 交流电压表

由运算放大器、二极管整流桥和直流毫安表组成的交流电压表参考电路如图 2-3-3-3 所示。被测交流电压 u_i 加到运算放大器的同相端，故有很高的输入阻抗，又因为负反馈能减小反馈回路中的非线性影响，故把二极管桥路和表头置于运算放大器的反馈回路中，以减小二极管本身非线性的影响。

表头电流 I 与被测电压 u_i 的关系为

$$I = \frac{u_i}{R_1}$$

电流 I 全部流过桥路，其值仅与 $\dfrac{u_i}{R_1}$ 有关，与桥路和表头参数（如二极管的死区等非线性参数）无关。表头中电流与被测电压 u_i 的全波整流平均值成正比，若 u_i 为正弦波，则表头可按有效值来刻度。被测电压的上限频率取决于运算放大器的频带和上升速率。

4. 交流电流表

图 2-3-3-4 为浮地交流电流表的参考电路，表头读数由被测交流电流 i 的全波整流平均值 I_{1AV} 决定，即 $I = \left(1 + \dfrac{R_1}{R_2}\right) I_{1AV}$。

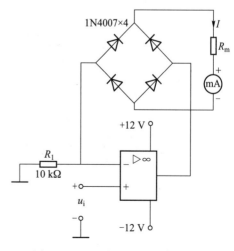

图 2-3-3-3　交流电压表参考电路

如果被测电流 i 为正弦电流，即

$$i_1 = \sqrt{2}\, I_1 \sin \Omega t$$

则上式可写为

$$I = 0.9 \left(1 + \frac{R_1}{R_2} \right) I_1$$

即表头可按有效值来刻度。

5. 电阻表

图 2-3-3-5 为多量程电阻表参考电路。

在此电路中，运算放大器改由单电源供电，被测电阻 R_X 跨接在运算放大器的反馈回路中，同相端加基准电压 U_{REF}。

由于

$$U_P = U_N = U_{REF}$$

$$I_1 = I_X$$

$$\frac{U_{REF}}{R_1} = \frac{U_O - U_{REF}}{R_X}$$

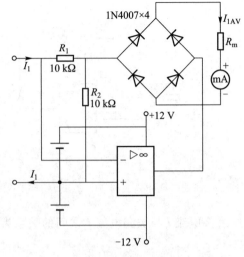

图 2-3-3-4　浮地交流电流表的参考电路

即

$$R_X = \frac{R_1}{U_{REF}} (U_O - U_{REF})$$

流经表头的电流

$$I = \frac{U_O - U_{REF}}{R_2 + R_m}$$

由上两式消去 $(U_O - U_{REF})$ 可得

$$I = \frac{U_{REF} R_X}{R_1 (R_m + R_2)}$$

可见，电流 I 与被测电阻成正比，而且表头具有线性刻度，改变 R_1 值，可改变电阻表的量程。这种电阻表能自动调零，当 $R_X = 0$ 时，电路变成电压跟随器，$U_O = U_{REF}$，故表头电流为零，从而实现了自动调零。

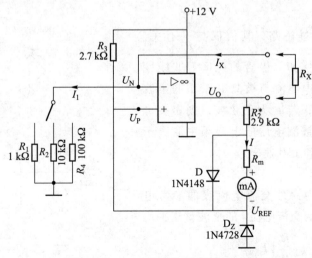

图 2-3-3-5　多量程电阻表参考电路

二极管 D 起保护电表的作用，如果没有 D，当 R_x 超量程，特别是当 $R_x \rightarrow \infty$ 时，运算放大器的输出电压将接近电源电压，使表头过载。有了 D 就可使输出钳位，防止表头过载。调整 R_2，可实现满量程调节。

四、实验内容

1. 基本要求
（1）仿真参考电路，初步认识基于运放的万用电表。
（2）按照设计要求设计一只万用电表，主要设计量程扩展电路，并进行仿真。
2. 扩展要求
（1）进一步扩展设计指标。
（2）制作调试一台自己设计的万用电表。

五、实验报告要求

1. 记录参考电路的仿真结果。
2. 记录自己的设计过程。
3. 绘出完整的万用电表的设计电路原理图。
4. 将万用电表与标准表作测试比较，计算万用电表各功能挡的相对误差，分析误差原因。
5. 做了扩展要求的同学请将相关内容写在报告纸上。

六、实验设备

请根据实际情况如实记录实验中用到的仪器、仪表、实验台及实验板编号、主要元器件（名称、型号、数量）。

七、思考题

1. 表头的哪些因素对万用电表的精度有影响？
2. 该表的交流电流测试灵敏度是多少？
3. 集成运放在万用电表中的作用是什么？
4. 交流电压的被测信号的频率由哪些元件决定？

八、实验体会

主要写完成本实验后自己的感想和建议。

实验四　对数和反对数放大电路的仿真与实验

一、实验目的

1. 针对问题，学会自己编写实验内容与步骤。
2. 进一步理解对数和反对数（指数）放大电路的原理。

二、预习要求

1. 学习对数和反对数（指数）放大电路的原理及应用。

2. 根据实验电路和所学过的理论预估、仿真该实验表 2-3-4-1 的实验结果。预测时，$R_{\log} = R'_{\log} = R_{\exp} = R'_{\exp} = 1\ \text{k}\Omega$

三、实验原理

由半导体 PN 结的特性可知，其 U-I 特性在一定条件下可近似为指数函数。利用 PN 结的这一特性，结合运算放大器（简称运放）可以构成对数和反对数（指数）放大电路。

1. 对数放大电路

（1）由晶体管（BJT）和运放构成的对数放大电路如图 2-3-4-1 所示。

注意：为保证 T 管的放大状态，必须有 $u_i > 0$，而 $u_o < 0$，且 u_i 幅值不大于 0.7 V。

（2）理论公式。

对输出和反馈回路：由虚短（$u_{Id} = 0$）得 $u_{CE} = u_{Id} - u_o = 0 - u_o = -u_o$，$u_{BE} = u_{CE}$。又 $i_C \approx i_E \approx i_{ES} e^{\frac{u_{BE}}{U_T}}$，可得 $u_{BE} = U_T \ln\left(\frac{i_C}{i_{ES}}\right)$。则有 $u_o = -u_{BE} = -U_T \ln\left(\frac{i_C}{i_{ES}}\right)$，得出输入电压 u_o 与 i_C 为对数关系。

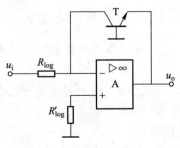

图 2-3-4-1　由晶体管（BJT）和运放构成的对数放大电路

对输入回路：由虚断（$i_{Id} = 0$）得 $i_C = i_1$，而 $i_1 = \frac{u_i}{R_{\log}}$。

综上可得，$u_o = -U_T \ln\left(\frac{u_i}{i_{ES} R_{\log}}\right)$，即输出电压 u_o 与输入电压 u_i 之间的关系是对数规律，这样就构成了对数放大电路。

2. 反对数（指数）放大电路

（1）由晶体管（BJT）和运放构成的基本反对数（指数）放大电路如图 2-3-4-2 所示。

注意：为保证 T 管的正常工作状态，必须有 0.7 V$> u_i > 0$，而 $u_o < 0$。

（2）理论公式。

对输入回路：由虚短（$u_{Id} = 0$）得 $u_i = u_{BE}$，$i_E \approx i_{ES} e^{\frac{u_{BE}}{U_T}} = i_{ES} e^{\frac{u_i}{U_T}}$。

对输出电路：$i_F = -\frac{u_o}{R_{\exp}}$。

由虚断（$i_{Id} = 0$）得，$i_E = i_F$。

综上可得，$u_o \approx -i_{ES} R_{\exp} e^{\frac{u_i}{U_T}}$，输出电压 u_o 与输入电压 u_i 之间的关系是反对数（指数）规律，这样就构成了反对数（指数）放大电路。

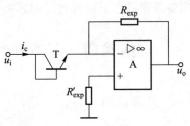

图 2-3-4-2　由晶体管（BJT）和运放构成的反对数（指数）放大电路

四、实验内容与步骤

1. 基本要求

（1）按图 2-3-4-1 构建对数放大电路，进行虚拟仿真和实际电路测试，记录电路输入电压 u_i、输出电压 u_{o1} 的幅值及波形，并验算 u_{o1} 与 u_i 之间是否符合对数关系。

（2）在对数放大电路之后加一级反相放大器，其输出电压 $u_{o2} = -u_{o1}$。

（3）按图 2-3-4-2 构建反对数（指数）放大电路，以 u_{o2}（即 $-u_{o1}$）作为反对数（指数）放大电路的输入，进行虚拟仿真和实际电路测试，记录电路输入电压 u_{o2}、输出电压 u_{o3} 的幅值及波形，并验算 u_{o3} 与 u_{o2} 之间是否符合反对数（指数）关系；观察 u_{o1} 与 u_{o3} 的波形，并作对比分析。

2. 详细内容与步骤

请按基本要求自行设计实验详细内容与步骤。

3. 参考建议

元器件选取建议：电阻 $R_{\log} = R_{\log} = R_{\exp} = R'_{\exp}$，阻值取 1 ~ 10 kΩ；BJT 选用通用型硅 NPN 晶体管，如 9013、9014 和 2N2222 等；运放选用通用型运放即可，如双运放 LM358、LM324 和 TL072，运放工作电源电压取 ±5 V。

仿真时，为便于观察和测试，对数放大器输入信号 u_i 波形可用正弦波或三角波，频率为 100 ~ 1 000 Hz、幅度为 1 ~ 2 V 为宜。注意设置函数发生器（信号源）的偏置电压，确保满足 $u_i > 0$ 的要求。

表 2-3-4-1、表 2-3-4-2 为建议采用的测量数据表。

表 2-3-4-1　对数放大电路测量数据表

参数		理论	仿真	实测	理论	仿真	实测	理论	仿真	实测	理论	仿真	实测	理论	仿真	实测	表达式
u_i/mV			0.40			0.80			1.20			1.60			2.00		—
u_{o1}/ mV	测量值																$u_{o1} = -U_T \ln \dfrac{u_i}{I_{ES} R_{\log}}$
	误差																
u_{o2}/ mV	测量值																$u_{o2} = -u_{o1}$
	误差																

表 2-3-4-2　反对数（指数）放大电路测量数据表

参数		理论	仿真	实测	理论	仿真	实测	理论	仿真	实测	理论	仿真	实测	理论	仿真	实测	表达式
u_i/mV			200			150			100			70			40		—
u_{o3}/ μV	测量值																$u_{o3} = -I_{ES} R_{\exp} e^{u_i/U_T}$
	误差																
$\dfrac{u_{o3}}{u_i}$																	—

注：U_T 为温度的电压当量，在常温下（$T = 300$ K），$U_T = 26$ mV；I_{ES} 为晶体管 T 的发射结反向饱和电流。

五、实验报告要求

1. 有清晰的实验步骤。

2. 有完整的实验电路。

3. 有完整的实验过程记录。

4. 有完整的仿真波形图。

5. 有完整的测试数据表格或波形图，测试数据真实。

6. 有实验结果分析和结论。

六、实验设备

请根据实际情况如实记录实验中用到的仪器、仪表、实验台及实验板编号、主要元器件（名称、型号、数量）。

七、思考题

1. 基本对数放大电路为何要求必须有 $u_i > 0$？

2. 为何在对数放大电路和反对数（指数）放大电路之间接入一级反相放大器？

3. 如何应用对数放大电路和反对数（指数）放大电路进行乘法和除法运算？

八、实验体会

主要写完成本实验后自己的感想和建议。

实验五　开关电源电路的仿真与实验

一、实验目的

1. 针对问题，学会自己编写实验内容与步骤。

2. 进一步理解开关电源（电源高频变换）电路的原理。

3. 理解开关电源与线性电源的本质区别。

二、预习要求

1. 复习直流稳压电源的系统组成、工作原理；复习电源电路的主要技术指标及其测量方法。

2. 学习开关电源的电路原理。

3. 根据实验电路和所学过的理论，预估、仿真该实验表 2-3-5-1 的实验结果。

预测时，脉冲信号输出电压幅度为 5 V，频率 $f_s = 50$ kHz，$R = 100$ Ω，$L = 500$ μH，$C = 200$ μF。

三、实验原理

1. AC/DC 开关电源基本结构

AC/DC（交流/直流）开关电源基本结构如图 2-3-5-1 所示。

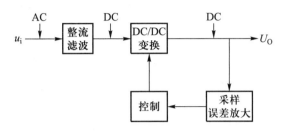

图 2-3-5-1 AC/DC 开关电源基本结构

2. DC/DC 变换电路

基本的三类 DC/DC 变换电路是降压型、升压型和极性反转型，其典型电路如图 2-3-5-2（a）（b）（c）所示。在图 2-3-5-2（a）（b）（c）中的 S_P 为占空比可调的脉冲信号源。

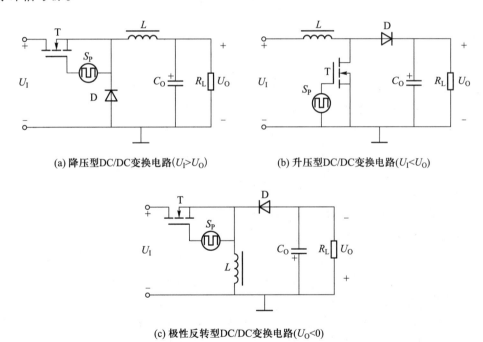

(a) 降压型DC/DC变换电路($U_I > U_O$)

(b) 升压型DC/DC变换电路($U_I < U_O$)

(c) 极性反转型DC/DC变换电路($U_O < 0$)

图 2-3-5-2 DC/DC 变换电路的典型电路图

3. 理论公式

串联型开关稳压电源的基本原理图如图 2-3-5-3 所示。设 t_{on} 和 t_{off} 分别是调整管 T 的导通时间和截止时间，则开关转换周期为 $T = t_{on} + t_{off}$。忽略滤波电感 L 的直流降压，输出电压的平均值为

$$U_O = \frac{t_{on}}{T}(U_I - U_{CES}) + (-U_D)\frac{t_{off}}{T} \approx U_I \frac{t_{on}}{T} = qU_I$$

其中，$q = \dfrac{t_{on}}{T}$ 为脉冲波形的占空比。

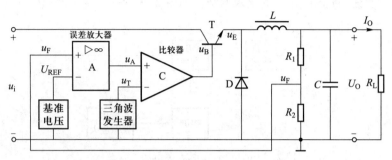

图 2-3-5-3　串联型开关稳压电源的基本原理图

设在某一正常工作状态时，输出电压为某一预定值 U_{SET}。当反馈电压 $U_F = F_u U_{SET} = U_{REF}$ 时，占空比 $q = 50\%$。

若 $U_I \uparrow \to U_O \uparrow (U_O > U_{SET}) \to U_F \uparrow \to u_A \downarrow \to u_B \downarrow q \downarrow (t_{on} \downarrow) \to U_O \downarrow (U_O = U_{SET})$，其占空比 $q < 50\%$；同理，当 U_I 下降时，$U_F < U_{REF}$，u_A 为正值，u_B 的占空比 $q > 50\%$。

四、实验内容与步骤

1. 基本要求

按图 2-3-5-2（a）（b）（c）分别构建降压型、升压型和极性反转型 DC/DC 变换电路；改变脉冲信号源 S_P 的输出脉冲占空比，观测 DC/DC 变换电路输出的变化情况。

（1）降压变换：输入电压 $U_I = 12$ V；

（2）升压变换：输入电压 $U_I = 5$ V；

（3）极性反转变换：输入电压 $U_I = 5$ V。

2. 详细内容与步骤

请按基本要求自行设计实验详细内容与步骤。

3. 电路和元器件参数选取

（1）脉冲信号源 S_P：单向脉冲，占空比可调，输出电压幅度为 5 V，频率 $f_S = 50$ kHz。

（2）N 沟增强型 MOSFET（T）：击穿电压 $U_{(BR)DS} \geq 40$ V，漏极电流 $I_{DM} \geq 2$ A。如 IRF120、IRFF120 等。

（3）快速恢复二极管 D：平均正向电流 $I_F \geq 1$ A，反向击穿电压 $U_{(BR)DS} \geq 40$ V，反向恢复时间 $t_{rr} \leq 500$ ns。如 FR101、MBR110 等。

（4）储能电感器 L：200~1 000 μH。

（5）输出滤波电容器 C_0：47~220 μF，耐压 ≥16 V。

（6）负载电阻 R_L：100 Ω，功率 ≥5 W。

4. 测试数据表

表 2-3-5-1 为测量数据表，三种类型的 DC/DC 变换电路分别使用一次测试数据表。

表 2-3-5-1 测量数据表

DC/DC 变换电路类型																
电路及元器件参数	输入电压 U_I			V				储能电感 L				μH				
	输出滤波电容器 C_O			μF				负载电阻 R_L				Ω				
测量参数	理论	仿真	实测	理论	仿真	实测	理论	仿真	实测	理论	仿真	实测	理论	仿真	实测	
脉冲信号源 S_P 占空比	0.20			0.35			0.50			0.65			0.80			
输入电流 I_I/mA																
输出电压 U_O/V																
输出电流 I_L/mA																
变换效率 η																
输出纹波电压 $U_{r(p\text{-}p)}$/mV																

五、实验报告要求

1. 有清晰的实验步骤。
2. 有完整的实验电路。
3. 有完整的实验过程记录。
4. 有完整的仿真波形图。
5. 有完整的测量数据表格或波形图，测量数据真实。
6. 有实验结果分析和结论。

六、实验设备

请根据实际情况如实记录实验中用到的仪器、仪表、实验台及实验板编号、主要元器件（名称、型号、数量）。

七、思考题

1. 随着脉冲信号源 S_P 占空比的改变，DC/DC 变换电路输出电压 U_O 的变化规律是怎样的？
2. 在电路中，若将 D 由快速恢复二极管更换为肖特基二极管，变换效率会有何种变化？
3. 如何稳定 DC/DC 变换电路的输出电压 U_O？

八、实验体会

主要写完成本实验后自己的感想和建议。

实验六　一阶低通开关电容滤波器电路的仿真与实验

一、实验目的

1. 针对问题，学会自己编写实验内容与步骤。
2. 进一步理解开关电容滤波器电路的实验原理。
3. 对开关电容滤波电路进行仿真测量。

二、预习要求

1. 复习开关电容滤波器电路的组成、工作原理。
2. 了解开关电容滤波器电路主要参数的设计及关系。
3. 根据实验电路和所学过的理论预估、仿真表 2-3-6-1 的实验结果。

三、实验原理

1. 开关电容滤波器电路的基本结构

开关电容滤波器电路的两节点间接有带高速开关的电容器，其效果相当于该两节点间连接一个电阻。

2. 理论公式

（1）图 2-3-6-1 所示的一阶低通滤波器电路的传递函数为

$$A(s) = \frac{U_o(s)}{U_i(s)} = -\frac{R_f}{R_1} \cdot \frac{1}{1+sR_fC_f} = \frac{A_o}{1+s/\omega_C} \tag{2-3-6-1}$$

低频增益为

$$A_o = -\frac{R_f}{R_1} \tag{2-3-6-2}$$

−3 dB 截止角频率为：　$\omega_{3dB} = \omega_C = \frac{1}{R_fC_f}$　或　$f_{3dB} = \frac{1}{2\pi R_fC_f}$ $\tag{2-3-6-3}$

（2）图 2-3-6-2 为图 2-3-6-1 的等效开关电容滤波器电路。

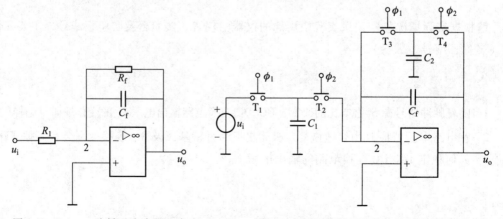

图 2-3-6-1　一阶低通滤波器电路　　　图 2-3-6-2　等效开关电容滤波器电路

$$R_f = R_{feq} = \frac{1}{f_c C_2} \tag{2-3-6-4}$$

$$R_1 = R_{1eq} = \frac{1}{f_c C_1} \tag{2-3-6-5}$$

将式 (2-3-6-3)、式 (2-3-6-4) 及式 (2-3-6-5) 带入式 (2-3-6-1)，则传递函数变为

$$A(j\omega) = -\frac{1/(f_c C_2)}{1/(f_c C_1)} \cdot \frac{1}{1+j\dfrac{2\pi f C_f}{f_c C_2}}$$

$$= \frac{C_1}{C_2} \cdot \frac{1}{1+j\dfrac{2\pi f R_f C_f}{1}}$$

$$= \frac{C_1}{C_2} \cdot \frac{1}{1+j\dfrac{f}{\dfrac{1}{2\pi R_f C_f}}}$$

$$= -\frac{C_1}{C_2} \cdot \frac{1}{1+j\dfrac{f}{f_{3dB}}}$$

将式 (2-3-6-4)、式 (2-3-6-5) 带入式 (2-3-6-2)，得低频增益 $A_o = -\dfrac{C_1}{C_2}$。

将式 (2-3-6-4) 带入式 (2-3-6-3)，得 -3dB 截止角频率 $f_{3dB} = \dfrac{f_c C_2}{2\pi C_f}$。

四、实验内容与步骤

1. 基本要求

（1）能对实验所用仪器、仪表及元器件的质量进行检测和判断。

（2）仿照图 2-3-6-2 所示电路进行仿真连线，并对一阶低通滤波器电路进行调试与测量。

2. 详细内容与步骤

请按基本要求自行设计实验详细内容与步骤。

3. 电路和元器件参数选取

（1）函数信号发生器：频率 $f=1$ kHz，电压幅值为 5 V，输出端接波特仪 XBP1。

（2）脉冲信号源 S_P：单向脉冲，占空比可调，输出电压幅度为 5 V，频率 $f_c = 10$ kHz。

（3）各电容器值按表 2-3-6-1 中的数值进行改变，测出各截止频率。

（4）开关电容滤波器实验仿真电路图如图 2-3-6-3 所示。

4. 测量数据表

表 2-3-6-1 为测量数据表。

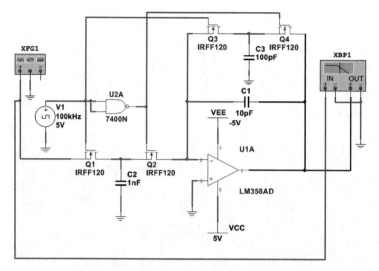

图 2-3-6-3　开关电容滤波器实验仿真电路图

表 2-3-6-1　测量数据表

参数	理论	仿真	实测	理论	仿真	实测	理论	仿真	实测	理论	仿真	实测
C_2/pF	10						200					
C_1/pF	1 000			800			2 000			500		
C_3/pF	100			40			1 000			50		
低频增益 $A_o=-C_1/C_2$												
截止频率 f_p/Hz												

五、实验报告要求

1. 有清晰的实验步骤。

2. 有完整的实验电路。

3. 有完整的实验过程记录。

4. 有完整的仿真波形图。

5. 有完整的测量数据表格或波形图，测量数据真实。

6. 有实验结果分析和结论。

六、实验设备

请根据实际情况如实记录实验中用到的仪器、仪表、实验台及实验板编号、主要元器件（名称、型号、数量）。

七、思考题

1. 试设计二阶低通开关电容滤波器电路，对截止频率进行理论计算，并记录仿真和实际测量结果。

    2. 影响开关电容滤波器电路的主要因素有哪些？

    3. 开关电容滤波器电路有哪些实际应用？试举例说明。

八、实验体会

主要写完成本实验后自己的感想和建议。

附　　录

附录一　测量分析误差与数据处理

电子技术基础实验是研究由电子元器件构成的电子电路的系统参数与元器件参数关系的一门实验科学。在实验研究工作中，一方面要拟定实验的方案，选择一定精度的仪器和适当的方法进行测量；另一方面必须将测得的数据加以整理归纳、科学地分析，并寻求被研究电子电路变量间的关系规律。但由于仪器以及感觉器官的限制，实验测得的数据只能达到一定程度的准确性。因此，在着手实验之前，应了解测量条件所能达到的准确度，掌握正确的误差概念，以便写报告时对实验数据合理地进行误差处理。

在误差分析的基础上，还可以寻找到更加合适的实验方法，选用更加适合的仪器及量程，得出更准确的实验数据。目前这方面的资料在网络上很容易查找，故在此就不一一赘述了。请准备做电子技术基础实验的同学一定要积极利用网络查阅、学习这方面的资料。

附录二　常用电子仪器、仪表简介

电子技术在 21 世纪和 20 世纪之所以能突飞猛进地发展，主要得益于电信号可视化技术和电子技术的计算机仿真技术，尤其随着计算机在速度、体积、便携上的发展，计算机仿真技术更是在普及和使用上达到了新的高度。那么如何能更快、更好地掌握物理式常用电子仪器、仪表呢？就目前的学习条件来讲，同学们应首先掌握仿真环境中的常用电子仪器、仪表的使用，才能在最短的时间里掌握物理式常用电子仪器、仪表的使用，因为它们确实有非常多相似之处，下面将分别介绍它们，并进行对比。

一、万用表

万用表又叫多用表、三用表、复用表，是一种多功能、多量程的测量仪表。一般万用表可测量直流电流、直流电压、交流电压、电阻和音频电平等，有的还可以测量交流电流、电容量、电感量及半导体的一些参数。常见仿真环境的虚拟万用表外形图，如附图 2-1 所示。物理式万用表外形图，如附图 2-2 所示。

1. 万用表的结构

物理式万用表由表头、测量电路、功能和量程转换开关等三个主要部分组成，但虚拟万用表没有量程转换开关（量程可以任意设定）。

（1）表头

物理式万用表的表头分为模拟式和数字式两种。模拟式表头是灵敏电流计。表头的表

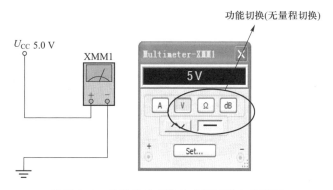

附图 2-1　常见仿真环境的虚拟万用表外形图

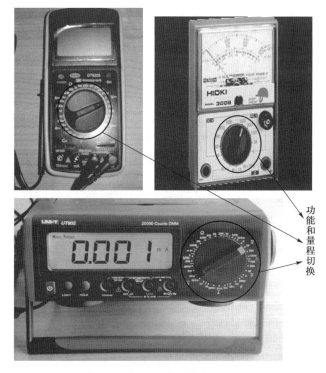

附图 2-2　物理式万用表外形图

盘上印有多种符号、刻度线和数值。符号 A-V-Ω 表示这只电表是可以测量电流、电压和电阻的多用表。表盘上印有多条刻度线，其中右端标有"Ω"的是电阻刻度线，其右端为零，左端为∞，刻度值分布是不均匀的。符号"-"或"DC"表示直流，"~"或"AC"表示交流。标有"≂"的刻度线是交流和直流共用的刻度线。刻度线下的几行数字是与选择开关的不同挡位相对应的刻度值。表头上还设有机械零位调整旋钮，用以校正指针在左端指零位。

数字式表头由数码管构成，其位数决定了测量精度。

虚拟万用表表头也是由数码管构成，其位数决定了测量精度。

（2）表笔和表笔插孔

物理式万用表共有 2 支表笔，一支为红色，一支为黑色。使用时应将红色表笔插入标有"+"号的插孔，将黑色表笔插入标有"−"号的插孔。

虚拟万用表表笔也类似。

（3）选择开关

物理式万用表的选择开关是一个多挡位的旋转开关，用来选择测量功能和量程。一般物理万用表的测量项目包括：直流电流、直流电压、交流电压、电阻。对应于每个测量项目又有几个不同的量程可供选择。

虚拟万用表没有量程转换开关，功能靠按键转换。

2. 万用表的使用方法

请同学们利用非可编程仿真环境里的虚拟万用表先进行学习，物理式万用表的学习可以到实验室后再进行，虚拟万用表其他参数的测量都比较简单，唯独分贝 dB 的测量需细说一下。

B：贝尔，噪声等级（误差等级）dB 就是分贝，是一个比值表述形式，与此类似的还有 ppm（百万分之一），它们不是单位，但工程上有以此来标定物理测定量大小的习惯。dB 有两个定义方式：① 描述能量，即 $dB = 10 \lg(P/P_0)$ 表明功率 P 相对于基本功率 P_0 的分贝数；② 描述幅度，即 $dB = 20 \lg(U_2/U_1)$，表明幅度 U_2 相对于基本幅度 U_1 的分贝数。

比如：用函数信号发生器输出最大值 1 V 的正弦交流信号，用虚拟万用表交流挡测量值是 707.08 mV（有效值），用虚拟万用表 dB 挡测量值是 −0.792，它们之间的关系为 707.08 mV/774.597（点击表 set... 可看到）= 0.923 再取以 10 为底的对数 = −0.0396 ∗ 20 = −0.792。

二、函数信号发生器

物理式函数信号发生器是使用最广泛的通用信号发生器，一般产生正弦波、锯齿波、方波、脉冲波等波形，有些还具有调制和扫描功能。任意信号发生器是一种特殊信号源，除了具有一般函数信号发生器的波形生成能力外，还可以生成实际电路测试需要的任意波形。函数信号发生器从电路原理上又分为模拟式和数字合成式。常见物理式函数信号发生器外形图如附图 2-3（a）（b）所示。

数字合成式函数信号发生器无论是频率、幅度还是信号的信噪比（S/N）均优于模拟式函数信号发生器，其锁相环（PLL）的设计让输出信号不仅频率精准，而且相位抖动（phase jitter）及频率漂移均能达到相当稳定的状态。数字合成式函数信号发生器的缺点是数字电路与模拟电路之间的干扰始终难以有效克服，造成在小信号的输出上不如模拟式函数信号发生器。通用模拟式函数信号发生器是以三角波产生电路为基础，由二极管所构成的正弦波整形电路产生正弦波，同时经比较器的比较产生方波。换句话说，如果以恒流源对电容充电，即可产生正斜率的斜波。同理，以恒流源将储存在电容上的电荷放电即产生负斜率的斜波。

一台功能较强的函数信号发生器还有扫频、VCG、TTL、TRIG、GATE 及频率计等功能。虚拟函数信号发生器也分为模拟式和数字合成式，常见虚拟函数信号发生器的外形图如附图 2-4（a）（b）所示。

1. 函数信号发生器的结构

物理式函数信号发生器由显示、测量电路、波形转换开关、频率粗调、频率微调、幅度粗调、幅度微调和多个输出端口等组成，但虚拟函数信号发生器的频率和幅度调整不分粗调和微调，波形转换使用按键切换（量程可以任意设定）。

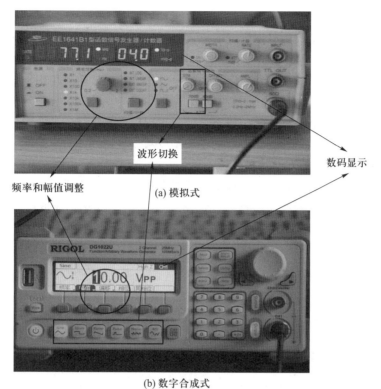

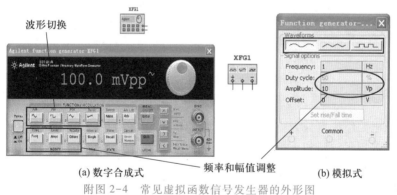

附图 2-3　常见物理式函数信号发生器的外形图

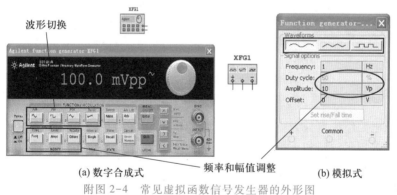

附图 2-4　常见虚拟函数信号发生器的外形图

（1）显示

物理式函数信号发生器分为模拟式和数字合成式两种。模拟式函数信号发生器和数字合成式函数信号发生器均由数码显示。

虚拟数字合成式函数信号发生器由数码显示。虚拟模拟式函数信号发生器由字符显示。

（2）波形转换开关

物理式函数信号发生器和虚拟函数信号发生器均由按键转换波形。

（3）频率调整

物理式模拟函数信号发生器和数字函数信号发生器的频率粗调均用按键，微调均用可变电阻。

虚拟函数信号发生器没有粗调、微调之分，虚拟模拟式函数信号发生器的输出频率用手动输入，虚拟数字式函数信号发生器的输出频率用按键输入。

（4）幅度调整

物理式模拟函数信号发生器和数字函数信号发生器的幅度粗调均用按键，微调均用可变电阻。

虚拟函数信号发生器没有粗调、微调之分，虚拟模拟式函数信号发生器的输出幅度用手动输入，虚拟数字式函数信号发生器的输出幅度用按键输入。

2. 函数信号发生器的使用方法

请同学们利用非可编程仿真环境里的虚拟函数信号发生器先进行学习，物理式函数信号发生器的学习可以到实验室后再进行。如附图 2-5 所示，要将虚拟函数信号发生器和虚拟示波器结合起来学。

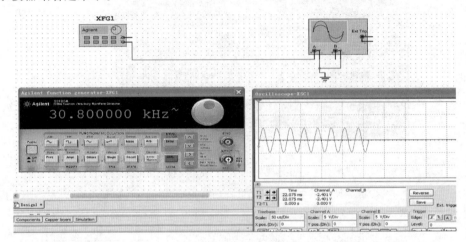

附图 2-5　虚拟函数信号发生器和虚拟示波器

三、示波器

示波器从电路结构上分为物理式模拟示波器、物理式数字示波器和虚拟示波器。本指导书对物理式模拟示波器和虚拟示波器进行对比，介绍其功能以及物理式模拟示波器的工作原理。

1. 物理式模拟示波器的工作原理和功能介绍

物理式模拟示波器是利用电子示波管的特性，将人眼无法直接观测的交变电信号转换成图像并显示在荧光屏上以便测量的电子测量仪器。它是观察电路、电子电路实验现象、分析实验中的问题、测量实验结果必不可少的仪器。物理式模拟示波器由示波管和电源系统、同步系统、X 轴偏转系统、Y 轴偏转系统、延迟扫描系统、标准信号源组成。物理式模拟示波器面板如附图 2-6 所示，物理式模拟示波器和虚拟示波器功能对比图如附图 2-7 所示。

2. 物理式数字示波器的工作原理和功能介绍

物理式数字示波器是数据采集、A/D 转换、软件编程等一系列技术制造出来的高性能示波器。物理式数字示波器一般支持多级菜单，能给用户提供多种选择和多种分析功能。还有一些物理式数字示波器可以提供存储，实现对波形的保存和处理。物理式数字示波器因具有波形触发、存储、显示、测量、波形数据分析处理等独特优点而日益普及。由

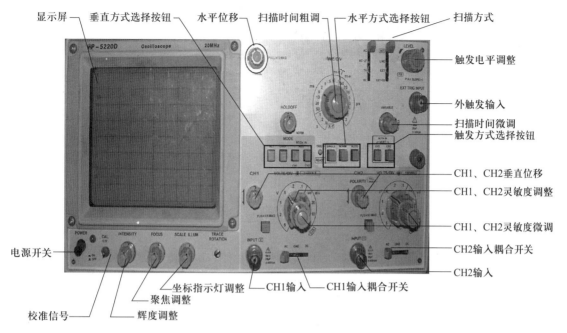

显示屏　　垂直方式选择按钮　水平位移　扫描时间粗调　水平方式选择按钮　扫描方式

触发电平调整

外触发输入

扫描时间微调
触发方式选择按钮

CH1、CH2垂直位移
CH1、CH2灵敏度调整
CH1、CH2灵敏度微调
CH2输入耦合开关
CH2输入

坐标指示灯调整──CH1输入──CH1输入耦合开关
聚焦调整
电源开关
辉度调整
校准信号

附图 2-6　物理式模拟示波器面板

于物理式数字示波器与物理式模拟示波器之间存在较大的性能差异，故如果使用不当，会产生较大的测量误差，从而影响测量任务。物理式数字示波器面板如附图 2-8 所示，物理式数字示波器和虚拟数字示波器功能对比图如附图 2-9 所示。

3. 示波器的使用方法

（1）电压的测量

利用示波器所作的任何测量，都可归结为对电压的测量。示波器可以测量各种波形的电压幅度，既可以测量直流电压和正弦交流电压的幅度，又可以测量脉冲或非正弦电压的幅度。它甚至可以测量一个脉冲电压波形各部分的电压幅值，如上冲量或顶部下降量等，这是其他任何电压测量仪器都不能比拟的。

① 直接测量法

所谓直接测量，就是直接从屏幕上读出被测电压波形的高度，然后换算成电压值。定量测量电压时，一般把 Y 轴灵敏度开关的微调旋钮旋至"校准"位置上，这样，就可以利用"V/div"（方格垂直方向每格数值）的指示值和被测信号波形的高度（方格垂直方向格数）直接计算被测电压值。所以，直接测量法又称为标尺法。虚拟示波器屏幕上有两条可移动标尺线。

a. 交流电压的测量

将 Y 轴输入耦合开关置于"AC"位置，以便显示出输入波形的交流成分。当交流信号的频率很低时，应将 Y 轴输入耦合开关置于"DC"位置。

将被测波形移至示波器屏幕的中心位置，用"V/div"（方格垂直方向每格数值）旋钮开关将被测波形控制在屏幕有效工作面积的范围内，按坐标刻度片的分度读取整个波形在 Y 轴方向的高度 H（方格垂直方向格数），则被测电压的峰-峰值可等于"V/div"开关指示值与 H 的乘积。如果测量信号经探头衰减，则应把探头的衰减量计算在内，即将上述测量数值乘以衰减量。

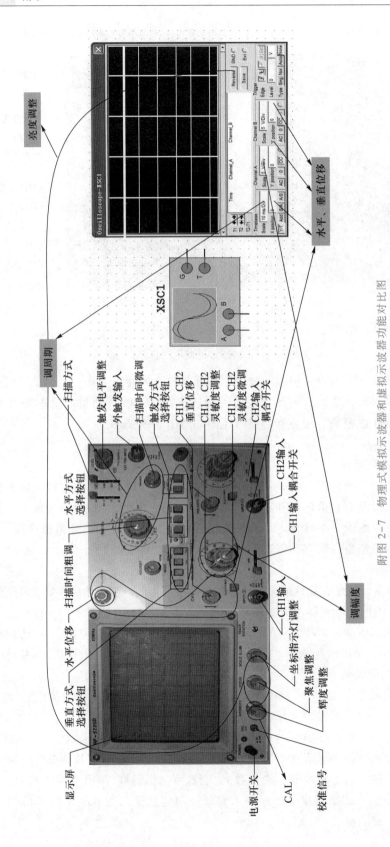

附图 2-7　物理式模拟示波器和虚拟示波器功能对比图

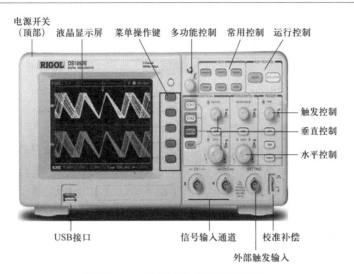

附图 2-8　物理式数字示波器面板

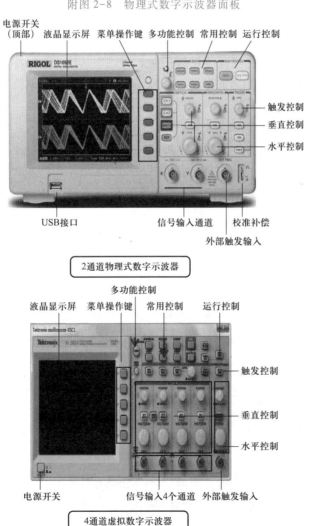

附图 2-9　物理式数字示波器和虚拟数字示波器功能对比图

例如：示波器的 Y 轴灵敏度开关"V/div"（方格垂直方向每格数值）位于 0.2 挡，被测波形在 Y 轴方向的高度 H 为 5 div，则此信号电压的峰-峰值为 1 V。如果测量信号经探头衰减，衰减比例为 10∶1，仍指示上述数值，则被测信号电压的峰-峰值就为 10 V。

b. 直流电压的测量

将 Y 轴输入耦合开关置于"地"位置，触发方式开关置于"自动"位置，使屏幕显示一水平扫描线，此扫描线便为零电平线。

将 Y 轴输入耦合开关置于"DC"位置，加入被测电压，此时，扫描线在 Y 轴方向产生跳变位移 H，被测电压即为"V/div"（方格垂直方向每格数值）与 H 的乘积。

直接测量法简单易行，但误差较大。产生误差的因素有读数误差、视差和示波器的系统误差（衰减器误差、偏转系数误差、示波管边缘效应）等。

② 比较测量法

比较测量法就是用一已知的标准电压波形与被测电压波形进行比较，从而求得被测电压值。

将被测电压 V_x 输入示波器的 Y 轴通道，调节 Y 轴灵敏度选择开关"V/div"及其微调旋钮，使被测电压波形高度 H_x 便于测量，记录下此高度。保持"V/div"开关及微调旋钮位置不变，去掉被测电压，将一个已知的可调标准电压 V_s 输入 Y 轴通道，调节标准电压值，使它显示与被测电压相同的幅度。此时，标准电压值等于被测电压值。比较法测量电压可避免垂直系统引起的误差，因而提高了测量精度。

（2）时间的测量

示波器时基能产生与时间呈线性关系的扫描线，因而可以用荧光屏的水平刻度来测量波形的时间参数，如周期性信号的周期，脉冲信号的宽度、时间间隔、上升时间（前沿）和下降时间（后沿），以及两个信号的时间差等。

将示波器的扫速开关"t/div"的微调旋钮旋至校准位置时，利用波形在水平方向的宽度（方格水平方向格数）和"t/div"（方格水平方向每格数值）旋钮开关的指示值可较准确地求出被测信号的时间参数。

（3）相位的测量

利用示波器测量相位的方法很多，下面仅介绍常用的双踪法。

双踪法是用双踪示波器在荧光屏上直接比较两个被测电压的波形来测量其相位关系。测量时，将相位超前的信号接入 CH1 通道，另一个信号接入 CH2 通道。选用 CH1 触发，调节"t/div"旋钮开关，使被测波形的一个周期在水平标尺上准确地占满 8 div，这样，一个周期的相角 360° 被分为 8 等份，每 1 div 相当于 45°。读出超前波与滞后波在水平轴的位置之差 ΔT，则相位差 φ 为

$$\varphi = 45(°/\mathrm{div}) \times \Delta T(\mathrm{div})$$

如 $\Delta T = 1.5$ div，则　　　　　　$\varphi = 45°/\mathrm{div} \times 1.5\ \mathrm{div} = 67.5°$

（4）频率的测量

用示波器测量频率的方法很多，下面仅介绍常用的周期法。

对于任何周期信号，可用前述的时间间隔的测量方法，先测定信号的周期 T，再用下式求出频率 f

$$f = 1/T$$

例如示波器上显示的被测波形一个周期的宽度为 8 div，"t/div"旋钮开关置于"1 μs"位置，微调旋钮置于"校准"位置，则其周期和频率计算如下

$$T = 1 \ \mu s/div \times 8 \ div = 8 \ \mu s$$

$$f = 1/8 \ \mu s = 125 \ kHz$$

4. 注意事项

（1）仪器应在安全范围内工作，以保证测量波形准确、数据可靠以及降低外界噪声干扰；通用示波器通过亮度调节和聚焦旋钮使光点直径最小，以使波形清晰，测试误差减小；不要使光点停留在一点不动，否则电子束轰击一点会在荧光屏上形成暗斑，损坏荧光屏。

（2）测量系统与被测电子设备接地线必须与公共地（大地）相连。

（3）绝对不能测量市电（AC220 V）或与市电（AC220 V）不能隔离的电子设备的浮地信号，浮地是不能接大地的，否则会造成仪器损坏。

（4）通用示波器的外壳、信号输入端 BNC 插座金属外圈、探头接地线、AC220 V 电源插座接地线端都是相通的，若使用示波器时不接大地线，直接用探头对浮地信号进行测量，则仪器相对大地会产生电位差，电压值等于探头接地线接触被测设备点与大地之间的电位差，这将对仪器操作人员、示波器、被测电子设备带来严重安全危害。

（5）用户如需对开关电源、UPS（不间断电源）、电子整流器、节能灯、变频器等与市电 AC220 V 不能隔离的电子设备进行浮地信号测试，则必须使用 DP100 高压隔离差分探头或在这些设备的 AC220 V 输入端加隔离变压器。

（6）使用示波器的其他注意事项。

① 热电子仪器一般要避免频繁开机、关机，示波器也是这样。

② 如果发现波形受外界干扰，可将示波器外壳接地。

③ "Y 输入"的电压不可太高，以免损坏仪器，在最大衰减时也不能超过 400 V。"Y 输入"导线悬空时，受外界电磁干扰会出现干扰波形，应避免出现这种现象。

④ 关机前先将辉度调节旋钮沿逆时针方向旋到底，使亮度减到最小，然后再断开电源开关。

⑤ 在观察荧光屏上的亮斑并进行调节时，亮斑的亮度要适中，不能过亮。

以上只从物理式仪器、仪表和虚拟仪器、仪表对比学习的角度，介绍了几个常用电子仪器、仪表，其他仪器、仪表的学习也可以采用这个方法，这将大大提高学习者的学习效率。

附录三　DAM-Ⅱ数字模拟多功能实验箱和电路实验装置简介

一、DAM-Ⅱ数字模拟多功能实验箱

DAM-Ⅱ数字模拟多功能实验箱是根据目前电子技术课程教学大纲的要求，广泛听取大家的建议而设计的开放性实验平台，其性能优良可靠，操作方便，外形整洁美观，管理方便，为用户提供了一个既可用于教学实验，又可用于开发的工作台。DAM-Ⅱ数字模拟多功能实验箱基本功能示意图如附图 3-1 所示。

本实验箱由实验辅助电路和实验板组成。实验辅助电路主要由一块单面敷铜印制电路板及多路常用直流电源、多路常用信号源、常用可调电子元器件等组成，实验板是与实验

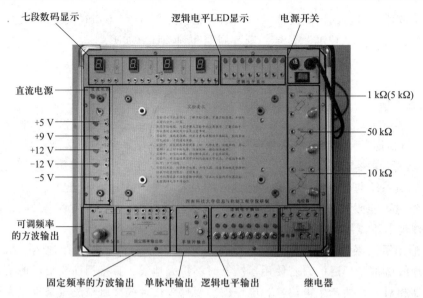

七段数码显示　　　逻辑电平LED显示　　电源开关

直流电源

+5 V
+9 V
+12 V
-12 V
-5 V

1 kΩ(5 kΩ)

50 kΩ

10 kΩ

可调频率
的方波输出

固定频率的方波输出　单脉冲输出　逻辑电平输出　　　　继电器

附图 3-1　DAM-Ⅱ数字模拟多功能实验箱基本功能示意图

箱进行电气连接的实验电路平台。实验箱和实验板良好的电气连接再加上方便可靠的专用导线，将为用户创造出一个舒适、宽敞、良好的实验环境。

1. 实验辅助电路简介

本实验箱的实验辅助电路由多路常用直流电源、多路常用信号源、逻辑电平显示、逻辑电平输出数码显示和常用可调电子元器件等组成。

（1）直流电源

实验箱上提供 5 种常用直流电源，分别是±5 V、±12 V、+9 V。

（2）可调频率的方波输出

实验箱上提供频率范围为 0.5 Hz~500 kHz 的可调方波信号。

（3）固定频率的方波输出

实验箱上提供 14 路频率不同的方波信号，各路信号频率满足 $f_n = \dfrac{4\ 194\ 304}{2^n}$ Hz。

（4）两路单脉冲输出

每按一次单次脉冲按键，在其输出口"⊓"和"⊔"分别送出一个正、负单次脉冲信号。两个输出口均有 LED 发光二极管予以显示。

（5）8 路逻辑电平输出

实验箱提供 8 只单刀双掷开关及与之对应的开关电平输出口，并有 LED 发光二极管予以显示。当开关向上拨（即拨向"高"）时，与之相对应的输出口输出高电平，且其对应的 LED 发光二极管点亮；当开关向下拨（即拨向"低"）时，与之相对应的输出口为低电平，且其对应的 LED 发光二极管熄灭。使用时，要从+5 V 直流稳压电源处引电压到该电路的电源接入口。

（6）8 路逻辑电平 LED 显示

实验箱提供 8 路逻辑电平 LED 显示，用于显示 8 路逻辑电平输出，利用它们可以进行专用实验导线的质量检测。

（7）常用可变电阻

实验箱提供 3 只常用可变电阻，分别是 1 kΩ、10 kΩ、50 kΩ。

（8）七段数码显示

实验箱提供 4 只七段数码显示。该显示电路自带七段显示译码器，只需在输入端 A、B、C、D 依次输入四位二进制 5V 逻辑信号，即可显示。其中 A 是高位，D 是最低位。

2. 注意事项

（1）使用前应先检查各电源是否正常。

（2）接线前务必熟悉实验箱上各辅助电路、元器件的功能是否正常，熟悉实验板与实验箱的连接方法。

（3）实验接线前必须断开总电源，严禁带电接线。

（4）接线完毕，检查无误后，方可通电。

（5）实验过程中，实验板上要保持整洁，不可随意放置杂物，特别是不可放置导电的工具和导线等，以免发生短路等故障。

（6）本实验箱上的直流电源及各信号源仅供实验使用，一般不外接其他负载或电路。如作他用，则要注意使用的负载不能超出本电源或信号源的范围。

（7）实验完毕，应及时关闭电源开关，清理实验板并将其放置于规定的位置。

（8）实验室需要用外部交流供电的仪器如示波器等的外壳应接地。

二、天煌 DGJ-3 型电工技术实验装置

天煌 DGJ-3 型电工技术实验装置是根据目前电路和电工技术课程教学大纲的要求，广泛听取大家的建议而设计的开放性实验台。本装置由实验板与实验桌组成。

1. 实验板简介

实验板主要由三块（DGJ-03、DGJ-04、DGJ-05）挂件小箱、两侧相应电源和仪器、仪表组成，具体组成结构如下。

（1）实验板上均装有一个电源总开关及一个用作短路保护的熔断器（1.5 A）。

（2）实验板上装有 2 台直流稳压电源（0~30 V 可调）和一台电流源（0~2 000 mA 可调）。

（3）实验板上装有交直流电压表、电流表、交流毫伏表、数字功率表等。

（4）DGJ-03：由各种元器件组成的电路实验板，如基尔霍夫电路、一阶、二阶电路、戴维南电路、RLC 串并联电路等。

（5）DGJ-04：9 只灯泡及开关、电流插孔、互感器、整流器等。

（6）DGJ-05：电阻箱、可变电阻、电容、电感、二极管等。

（7）信号源频率范围为 0.5 Hz~300 kHz，可产生方波、正弦波、三角波、锯齿波等激励源。

（8）实验装置两侧均装有交流 220 V 的单相三芯电源插座。

电路实验装置如附图 3-2 所示。实验挂件小箱很容易进行更换，可用来完成多种实验。挂件小箱上的电路比较简单，为用户创造了一个良好的实验环境。各主要实验挂件小箱的虚拟实验板如附图 3-3~附图 3-7 所示（可用仿真软件制作实验挂件小箱，进而在仿真软件中预习和复习相关实验）。虚拟电工技术实验装置如附图 3-8 所示。

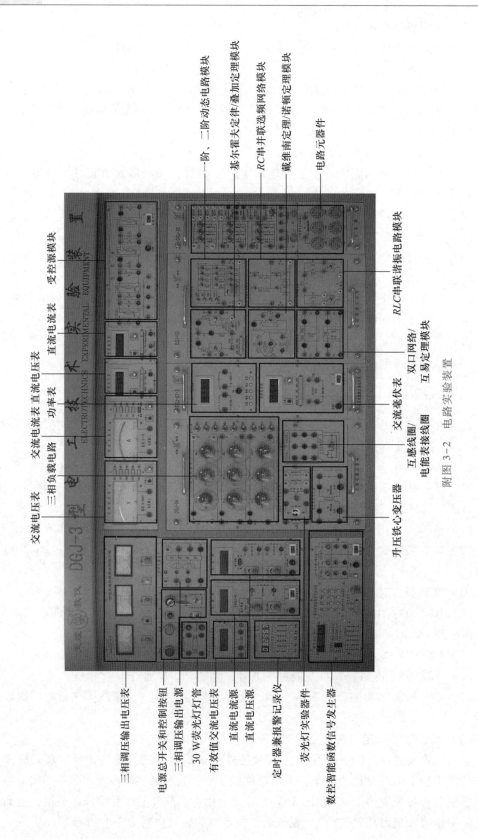

附图 3-2 电路实验装置

三相调压输出电压表

电源总开关和控制按钮

三相调压输出电源

30 W荧光灯管

有效值交流电压表

直流电流源

直流电压源

定时器兼报警记录仪

荧光灯实验器件

数控智能函数信号发生器

交流电压表

交流电流表 直流电压表

三相负载电路 直流电流表

功率表

受控源模块

一阶、二阶动态电路模块

基尔霍夫定律/叠加定理模块

RC串联选频网络模块

戴维南定理/诺顿定理模块

电路元器件

RLC串联谐振电路模块

双口网络/

互易定理模块

交流毫伏表

升压铁心变压器

互感线圈/

电能表接线图/

互易表接线圈

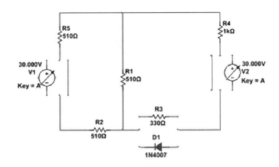

附图 3-3　基尔霍夫定理/叠加原理虚拟实验板

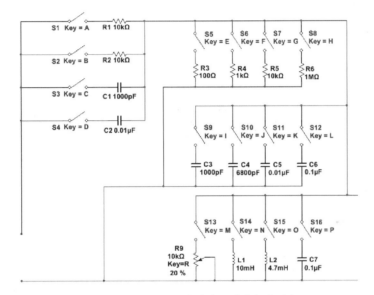

附图 3-4　一阶、二阶动态电路虚拟实验板

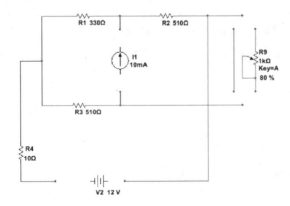

附图 3-5　戴维南定理/诺顿定理虚拟实验板

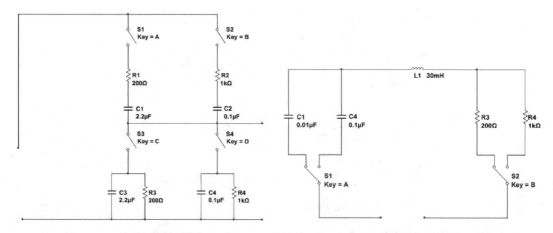

附图 3-6 *RC 串并联选频网络虚拟实验板*　　　　　附图 3-7 *RLC 串联谐振电路虚拟实验板*

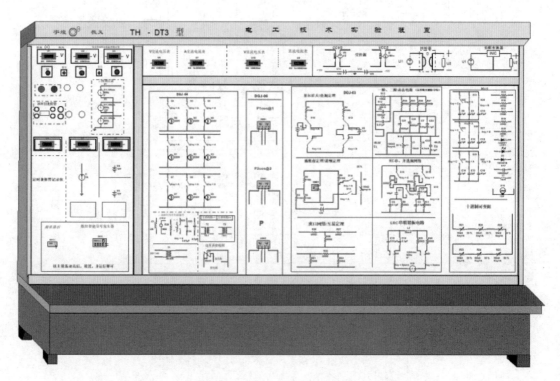

附图 3-8　虚拟电工技术实验装置

2. 注意事项

（1）使用前应先检查各电源是否正常。

（2）接线前务必熟悉仪器、仪表的使用和功能、元器件的功能及其接线位置。

（3）实验接线前必须先断开总电源，严禁带电接线。

（4）实验过程中，实验板上要保持整洁，不可随意放置杂物，特别是不可放置导电的工具和导线等，以免发生短路等故障。

226

（5）本实验装置上的直流电源及各信号源仅供试验使用，一般不外接其他负载或电路。如作他用，则要注意使用的负载不能超出本电源或信号源的范围。

（6）实验完毕，应及时关闭电源开关，清理实验板并将其放置于规定的位置。

（7）实验室需要用外部交流供电的仪器如示波器等的外壳应接地。

附录四 实验操作过程简介

一、实验操作过程简介

（1）进实验室做实验一定要进行必要的理论方面的准备，带上实验指导书和理论课教材。

（2）对实验步骤中的内容进行必要的预习、预测，观看实验预习方法视频。

（3）实验前要认真听老师的讲解和演示。

（4）实验中遇到问题要积极思考，可参考实验样板，并向同学和老师请教。

（5）认真做好原始记录。

二、实验操作过程演示

1. 实验操作演示

电子与电路实验操作演示图，如附图 4-1（a）（b）所示，用专用导线在实验平台上按实验原理图连接好电路，并按实验要求测试。

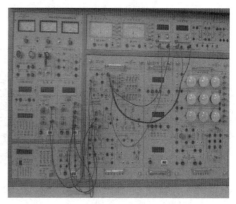

(a) 电子实验操作演示图　　　　　　　　　　(b) 电路实验操作演示图

附图 4-1　电子与电路实验操作演示图

2. 实验步骤概述

（1）检验、调试实验要用的常用仪器、仪表的质量。

（2）找到该实验所需的实验板，检查接插脚有无松动，翻过来检查实验所需元器件是否存在，引脚是否虚焊、开焊。如有问题请积极找老师协助处理。

（3）将检查好元器件的实验板小心插入实验平台上的连接孔里，以保证实验板的公共端与实验平台的公共端良好接触，可用万用表电阻低量程挡或二极管挡进行检验（该挡位在两点接触良好时会有蜂鸣声）。

（4）照实验电路图在实验板上进行连线（实验专用导线进行连线前也要检验好坏）。注意这一步要断电，否则容易损坏元器件和实验设备。

（5）导线接好以后，按照实验内容和步骤进行实验，遇到问题要积极思考，并用仪器、仪表对各个关键电路点进行测量，对判断的问题进行落实，也可用老师所教的一些方法技巧进行处理，如果要请教老师请保护好问题电路现场。

（6）实验过程中认真记录需要的原始测量数据，并与预习、预测、仿真的数据进行对比，判断是否正确。

（7）实验完成后，请老师确认，并整理好实验台和所用仪器、仪表，关闭仪器、仪表电源后，再关闭实验台上插座电源，方能离开实验室。

（8）课余时间抓紧完成当日实验报告，下次实验时将实验报告带来让老师检查，严禁抄袭他人数据。

附录五　KHM-2型模拟电路实验装置简介

KHM-2型模拟电路实验装置是根据目前模拟电子技术课程教学大纲的要求，广泛吸取大家的建议而设计的开放性实验平台，可谓新一代电子学实验装置，如附图5-1所示。

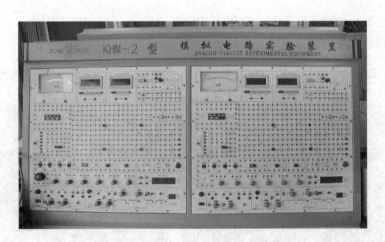

附图5-1　KHM-2型模拟电路实验装置

本实验装置由实验控制屏与实验桌组成。实验控制屏上主要由两块单面覆铜印制电路板及相应电源、仪器、仪表等组成。实验控制屏与实验桌均由铁质喷塑材料制成；实验桌左、右两侧均设有一块用来放置示波器的附加台面，从而为用户创造出一个舒适、宽畅、良好的实验环境，并且一套装置可以同时进行两组实验。

一、实验控制屏的操作与使用说明

本实验装置的实验控制屏是由实验功能板和模拟电子技术部分组成的，其两侧均装有交流220 V的单相三芯电源插座。

1. 实验功能板

实验功能板上包括以下内容：

（1）两块实验功能板上均装有一个电源总开关（开/关）及一个熔断器（1 A）作短路保护用。

（2）两块实验功能板上各装有四路直流稳压电源（±5 V、1 A 及两路 0～18 V、0.75 A 可调的直流稳压电源）。开启直流稳压电源处各部分开关，±5 V 输出指示灯亮，表示 ±5 V 的插孔处有电压输出；而对于 0～18 V 两组电源，若输出正常，其相应指示灯的亮度随输出电压的升高而由暗渐趋明亮。这四路输出均具有短路软截止自动恢复保护功能，其中 ±5 V 具有短路告警指示功能。两路 0～18 V 直流稳压电源为连续可调电源，若将两路 0～18 V 电源串联，并令公共点接地，可获得 0～±18 V 的可调电源；若串联一端接地，可获得 0～36 V 可调电源。用户可用模拟电路控制屏上的数字直流电压表测试稳压电源的输出及其调节性能。数电实验板上标有"±5"处，是指实验时须用导线将直流电源 ±5 V 引入该处，是 ±5 V 电源的输入插口。

（3）两块实验功能板上均设有四只可装卸固定线路实验小板的蓝色固定插座。

2. 模拟电子技术部分

模拟电子技术部分包括以下内容：

（1）高性能双列直插式圆脚集成电路插座 4 只（其中 40 DIP 有 1 只，14 DIP 有 1 只，8 DIP 有 2 只）。

（2）板反面都已装接着与正面丝印相对应的电子元器件，如三端集成稳压块（7805、7812、7912、317 各一只）、晶体管（9013 两只，3DG6 三只，9012、8050 各一只）、单向可控硅（2P4M 两只）、双向可控硅（BCR 一只）、单结晶体管（BT33 一只）、二极管（IN4007 四只）、稳压管（2CW54、2DW231 各一只）、功率电阻（120 Ω/8 W、240 Ω/8 W 各一只）、电容（220 μF/25 V、100 μF/25 V 各两只；470 μF/35 V 四只）、整流桥堆等元器件。

（3）装有三只多圈可调的精密可变电阻（1 kΩ 两只、10 kΩ 一只）、三只碳膜可变电阻（100 kΩ 两只、1 MΩ 一只）、其他电器如继电器、扬声器（0.25 W，8 Ω）、12 V 信号灯、LED 发光管、蜂鸣器、振荡线圈及复位按钮等。

（4）满刻度为 1 mA、内阻为 100 Ω 的镜面式直流毫安表一只，该表仅供"多用表的设计、改装"实验用，可作为该实验的元器件。

（5）直流电压数字表。直流电压数字表由三位半 A/D 变换器 ICL7135 和四个 LED 共阳极红色数码管等组成，量程分 200 mV、2 V、20 V、200 V 四挡，由按键开关切换量程。被测电压信号应并接在"+"和"−"两个插口处。使用时要注意选择合适的量程，本仪器有超量程指示，当输入信号超量程时，显示器将显示"8888"。若显示为负值，表明输入信号极性接反了，改装接线或不改装接线均可。（末位代表单位，当末位为 N 时代表毫伏，当末位为 U 时代表伏。）

（6）直流数字电流表。直流数字电流表，测量对象是直流电流，即仪表的"+""−"两个输入端应串接在被测的电路中；量程分 2 mA、20 mA、200 mA、2 000 mA 四挡。

（7）直流信号源。直流信号源提供两路 −5～+5 V 可调的直流信号，只要开启直流信号源处分开关（置于"开"），就有两路相应的 −5～+5 V 直流可调信号输出。

注意：因本直流信号源的电源是由该实验板上的±5 V 直流稳压电源处的开关控制，否则就没有直流信号输出。

（8）函数信号发生器。

（9）六位数显频率计。本频率计的测量范围为 1 Hz～10 MHz，由六位共阴极 LED 数码管予以显示，闸门时基 1S，灵敏度 35 mV（1～500 kHz）/100 mV（500 kHz～10 MHz）；测量精度为万分之二（10 MHz）。先开启电源开关，再开启频率计处开关，频率计即进入待测状态。将频率计处开关（内测/外测）置于"内测"，即可测量"函数信号发生器"本身的信号输出频率。将开关置于"外测"，则频率计显示由"输入"插口输入的被测信号的频率。

（10）由单独一只降压变压器为实验提供低压交流电源，在"A. C. 50 Hz 交流电源"的锁紧插座处输出 6 V、10 V、14 V 及两路 17 V 低压交流电源，为实验提供所需的交流低压电源。只要开启交流电源处总开关，就可以输出相应的电压值，每路电源均设有短路保护功能。

二、注意事项

1. 使用前应先检查各电源是否正常。

2. 接线前务必熟悉两块实验板上各单元、元器件的功能及其接线位置。

3. 实验接线前必须先断开总电源，严禁带电接线。

4. 实验过程中，实验板上要保持整洁，不可随意放置杂物，特别是不可放置导电的工具和导线等，以免发生短路等故障。

5. 本实验装置上的直流电源及各信号源仅供试验使用，一般不外接其他负载或电路。如作他用，则要注意使用的负载不能超出本电源或信号源的范围。

6. 实验完毕，应及时关闭电源开关，清理实验板并将其放置于规定的位置。

7. 实验室需要用外部交流供电的仪器如示波器等的外壳应接地。

附录六 常用电子技术仿真软件简介

当今电子技术的快速发展主要靠两个重要技术，一个是电信号显示技术，另一个是电路设计仿真技术。电路设计仿真技术又是计算机发展、普及和应用的结果，一般将电路设计仿真技术归入电子设计自动化（electronics design automation，EDA）技术。随着电路的复杂程度越来越高，电路设计仿真技术已经成为不可或缺的技术，它正在教学领域和实用设计领域发挥着高效的作用。掌握和应用电路设计仿真技术已经成为今天每位电子技术工程技术人员必须具备的一种技能。虽然目前仿真还不能 100% 地达到物理实验的工程水平，但已经超越了算法公式的水平，是算法公式与物理环境的新桥梁，是现代工程师的有力助手。

EDA 的工具软件种类繁多，常见的有 Multisim、Proteus、Pspice、orCAD、Protel、ISE、Vivado、Quatues 等，鉴于本课程是基础课程，故选择两款积木式不用编程的软件 Multisim、Proteus 做简介，学会它就可以把实验室常用电子仪器、仪表以虚拟形式搬回宿舍。

一、Multisim 简介

Multisim 是加拿大原 Interactive Image Technologies 公司（该公司目前已被美国 NI 公司收购）推出的一款仿真软件，较早的版本是 EWB（Electronics Workbench），目前推出的仿真软件名称是 Multisim，版本有 7.0、8.0、9.0、10.1、11.0、12.0、13.0、14.0、14.3 等。该软件采用所见即所得的设计环境和互动式的仿真界面，是一个完整的电路系统设计、仿真工具。

Multisim 可以用于设计、测试和演示各种电路的通电结果，包括电路、模拟电路、数字电路、射频电路及部分单片机接口电路等；可以对被仿真电路中的元件进行设置，如开路、短路、不同程度漏电等故障，从而观察不同故障情况下电路的工作状况。在进行仿真的同时，软件还可以存储测试点的所有数据，列出被仿真电路的所有元件清单，以及存储测试仪器的工作状态、显示波形和具体数据等。

Multisim 最突出的特点之一是用户界面友好，图形输入易学易用，具有虚拟仪表的功能，既适合专业开发使用，也适合 EDA 初学者使用，其专业特色为：

1. 模拟和数字应用的系统级闭环仿真配合 Multisim 和 LabVIEW，能在设计过程中有效节省时间。

2. 全新的数据库改进包括新的机电模型、AC/DC 电源转换器和用于设计功率应用的开关模式电源。

3. 超过 2 000 个来自亚诺德半导体、美国国家半导体、NXP 和飞利浦等半导体厂商的全新数据库元件。

4. 超过 90 个全新的引脚精确的连接器，使得 NI 硬件的自定制附件设计更加容易。

二、Multisim 操作简介

运行 Multisim 软件，出现 Multisim 主窗口界面，如附图 6-1 所示。

从该图可以看出，Multisim 的主窗口如同一个实际的电子电路实验平台。屏幕中央区域就是绘图区，在绘图区上可将各种电子元器件和测试仪器、仪表连接成实验电路。

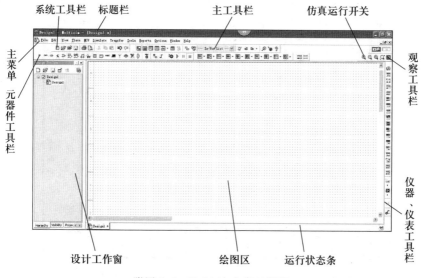

附图 6-1　Multisim 主窗口界面

主窗口上方是菜单栏和工具栏。从菜单栏可以选择连接电路、仿真所需的各种命令。工具栏包含了常用的操作命令按钮。通过鼠标操作即可快捷地使用各种命令和实验设备。工具栏下方是元器件工具栏。主窗口右边是仪器、仪表工具栏。元器件工具栏存放着各种电子元器件，仪器、仪表工具栏存放着各种测试仪器、仪表，操作鼠标可以很方便地从元器件和仪表库中提取实验所需的各种元器件及仪表到绘图区中，从而连接成实验电路。

Multisim 分析电路的方法主要有两种：一种是仿真分析，类似于实验室实际调试；另一种是图表分析，即实验结果不在虚拟仪器、仪表上显示，而是在坐标图或表格里列出。两种方法有互补作用。

1. 仿真分析介绍

仿真分析简言之就是像在物理实验室做实验一样在计算机软件上对电路进行测量分析，不同的是物理实验室使用的电子仪器、仪表是物理的仪器、仪表，而仿真用的全是虚拟仪器、仪表。

下面将对仿真分析的主要功能进行简要介绍。

（1）元器件查找与取用

查找元器件常用的有三种方法：一是菜单法；二是快击图标法；三是 Search……法。下面以几个常用元器件为例分别介绍这三种方法。

① 菜单法

● 查找电阻

点击"place"菜单栏的"component"（元器件）选项，弹出如附图 6-2 所示的"Select a Component"（选择元器件）对话框。该对话框有六部分：Database（元器件库选择）、Group（元器件分组群）、Family（同类元器件家族）、Component（具体元器件库）、Symbol（ANSI）、工具键（查找元器件最方便的是 Search... 键）。

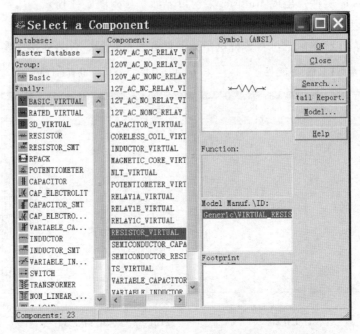

附图 6-2　"Select a Component"（选择元器件）对话框

在"Group"下拉菜单中选择"Basic"（基本）选项，如附图 6-3 所示。也可以直接点击工具栏中的 ，也会出现如附图 6-3 所示窗口。选中"Family"（家族）下拉菜单中的"RESISTOR"选项，如附图 6-4 所示。

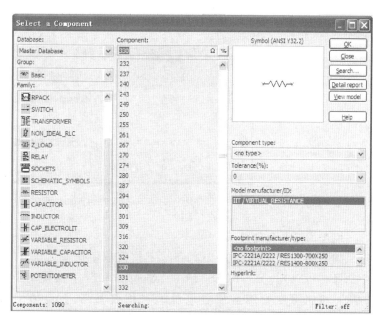

附图 6-3　Group/Basic
　　　对话框

附图 6-4　Family/RESISTOR 对话框

在"Component"下拉菜单中选择任一电阻，此时在右边的"Symbol（ANSI）"框中出现电阻的外形，单击"OK"按钮。此时一个虚拟电阻（阻值可调）将随鼠标一起在绘图区移动，在绘图区适当位置点击鼠标左键后电阻被固定在电路图上，如附图 6-5 所示。

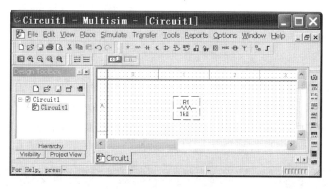

附图 6-5　电阻放置对话框

● 查找晶体管

在附图 6-3 所示窗口的"Group"下拉菜单中选择"Transistors"，如附图 6-6 所示。

在"Family"下拉菜单中选择"BJT_NPN"，在"Component"下拉框中选择"2N2222"后，单击"OK"按钮完成晶体管的放置。

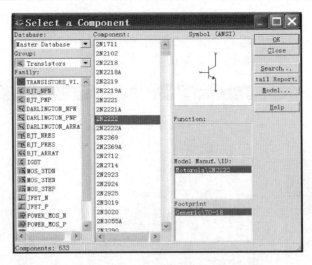

附图 6-6　Group/Transistors 对话框

● 查找电源与公共端

如附图 6-7 所示，在"Group"下拉菜单中选择"Sources"，在"Family"下拉菜单中选择"POWER_SOURCES"，在"Component"下拉菜单中选择"GROUND"后，单击"OK"按钮可在绘图区放置电源地（仿真参考点）。在"Component"下拉框中选择"DC_POWER"后，单击"OK"按钮可在绘图区放置直流电源。

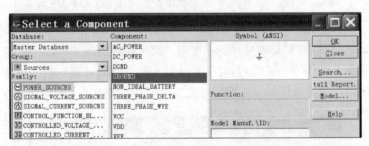

附图 6-7　Component/GROUND 对话框

● 查找信号源、示波器

如附图 6-8 所示，在"Group"下拉菜单中选择"Sources"，在"Family"下拉菜单中选择"SIGNAL_VOLTAGE_SOURCES"，在 Component 下拉菜单中选择"AC_VOLTAGE"后，单击"OK"按钮可在绘图区放置交流信号源。

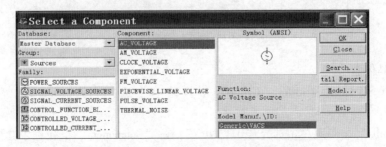

附图 6-8　Component/AC_VOLTAGE 对话框

也可用鼠标单击菜单栏"Simulate",依次选中"Instruments"→"Function Generator"选项,将 Multisim 提供的虚拟信号源放置在绘图区。

用鼠标单击菜单栏"Simulate",依次选中"Instruments"→"Oscilloscope"选项,将 Multisim 提供的虚拟示波器放置在绘图区。

② 快击图标法

主菜单下有以下快击图标,如附图 6-9 所示。

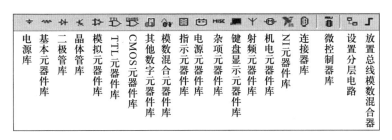

附图 6-9　元器件快击图标(元器件分类家族库)

Multisim 提供了元器件分类家族库,元器件被分为 18 个分类库,每个库中放置着同一类型的元器件。附图 6-9 所示为元器件快击图标,用鼠标左键单击工具栏中的任何一个家族分类库的按钮,都会弹出一个如附图 6-2 所示的窗口,查找元器件的方法同菜单法一样。

③ Search... 法

该方法只要知道元器件英文名称就可以查找了。下面以 2N3904 为例说明用法。

点击快击图标中任意图标,出现显示图如附图 6-10 所示,点击右上角"Search..."按钮,出现附图 6-11 所示显示图。

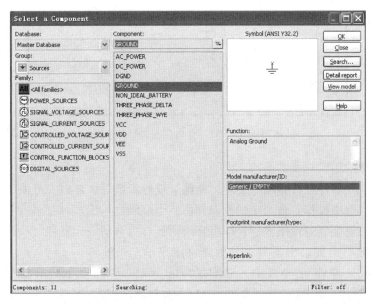

附图 6-10　快击元器件图标后显示图

在附图 6-11 中的"Component"栏输入元器件名称或型号，点击右上角"Search"按钮，将出现元器件名称或型号显示图，如附图 6-12 所示，在图中看到左边"Component"栏下有名称或型号时，点击右边"OK"按钮（如果有多个名称或型号，则应该先选中，再点击右边"OK"按钮），则显示和附图 6-10 类似的元器件查找结果，如附图 6-13 所示。不同的是在"Symbol（ANSI）"栏中显示的是选中的元器件图形，再点击右边"OK"按钮，所需元器件将出现在 Multisim 的主窗口中（原理图编辑窗口）。

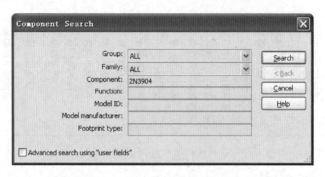

附图 6-11　点击"Search..."按钮后显示图

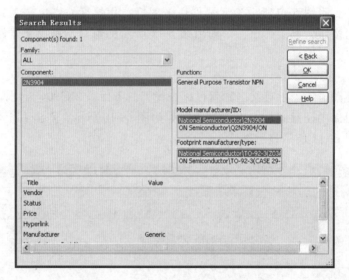

附图 6-12　元器件名称或型号显示图

（2）元器件的编辑与参数修改

在对已放置元器件进行移动、旋转、删除、设置参数等操作时，可使用鼠标的左键单击该元器件进行选中操作。被选中的元器件由一个虚线框包围。

用鼠标的左键拖曳被选中元器件即可在绘图区自由移动该元器件。

用鼠标右键单击被选中元器件，出现快捷菜单，如附图 6-14 所示。选择菜单中的"Flip Horizontal"（左右旋转选中元器件）"Flip Vertical"（上下旋转选中元器件）"90 Clockwise"（顺时针旋转 90°选中元器件）"90 CounterCW"（逆时针旋转 90°选中元器件）等命令即可对元器件进行各种方向的旋转或反转操作。

在选中元器件后，双击该元器件则会弹出该元器件属性对话框，如附图 6-15 所示。

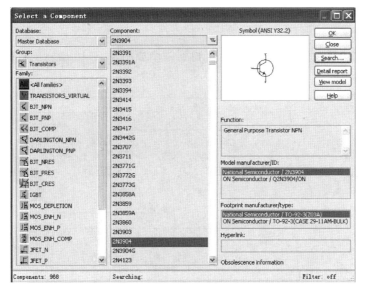

附图 6-13　元器件查找结果图

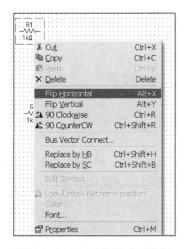

附图 6-14　元器件移动对话框

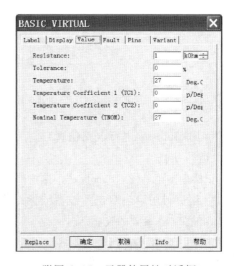

附图 6-15　元器件属性对话框

在附图 6-15 所示窗口的 "Label" 页面中可修改元器件的序号、标志；在 "Display"页面中可设置元器件标志是否显示；在 "Fault" 页面中可设定元器件故障；在 "Value" 页面中可进行元器件参数、元器件误差、温度范围等设定。

（3）电气连线方法

放置好所有元器件并完成参数修改后，就可进行电气连线操作。

首先将鼠标指向一个元器件的端点，即会出现一个小圆点，按下鼠标左键并拖曳出一根导线，拉住导线并指向另一个元器件的端点便出现小圆点，释放鼠标左键，则导线连接完成。

连接完成后，导线将自动选择合适的走向，不会与其他元器件发生交叉。

将鼠标指向元器件与导线的连接点便出现一个斜十字交叉线，按下左键拖曳该交叉线使导线离开元器件连接点，到达新连接处，释放左键，导线自动消失，完成连线的移动。

将仪器图标上的连接端（接线柱）与相应电路的被测点和公共端分别相连，连线过程类似元器件的连线。

按照上述方法放置元器件并连线，可得到一个如附图 6-16 所示的电阻分压式工作点稳定单管放大器电路。

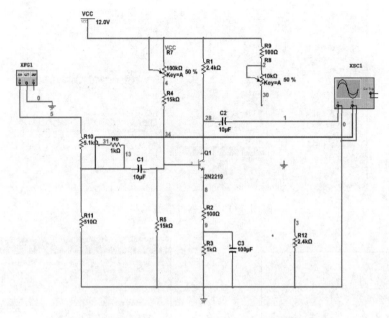

附图 6-16　电阻分压式工作点稳定单管放大器电路

（4）用 Multisim 进行电路仿真

① 运行仿真

用鼠标单击菜单栏"Simulate"，选中"RUN"选项，或者直接按下快捷键"F5"，Multisim 开始对电路进行仿真。双击示波器图标，将得到一个仿真波形，如附图 6-17 所示。

② 可变电阻参数的设置

双击附图 6-16 中的可变电阻 R_7，弹出如附图 6-18 所示的元器件属性对话框。在"Value"页面的"Key"栏选择某个按键，该按键即可用来调整可变电阻的阻值。在"Resistance"栏输入可变电阻阻值最大值，在"Increment"栏输入调节可变电阻阻值的步进增量。

调整附图 6-16 中的可变电阻 R_7 可以确定电路的静态工作点。可变电阻 R_7 旁标注的文字"Key = A"表明按动键盘上 A 键（不区分大小写），可控制 R_7 大小，如附图 6-16 所示，可变电阻的电阻值将以 1 kΩ 为步进增量变化。若要下移可变电阻的滑动触头位置，可以按 Shift+A 键，可变电阻变动的数值大小直接以百分比的形式显示在一旁。

启动仿真后，反复调节可变电阻的大小，则可以在示波器的输出中观察到对应的不失真波形。

（5）Multisim 仪器、仪表工具栏简介

Multisim 提供了 22 种仪器、仪表，可以通过调用它们进行电路工作状态的测量，这些仪器、仪表的使用方法和外观与真实仪器、仪表类似。仪器、仪表工具栏是进行虚拟电子实验和电子设计仿真最快捷而又形象的特殊窗口，是 Multisim 最具特色的地方。一般情

况下，仪器、仪表工具栏放在电路窗口的右侧，也可以将其拖动到工作窗口的任何地方。仪器、仪表工具栏，如附图 6-19 所示。

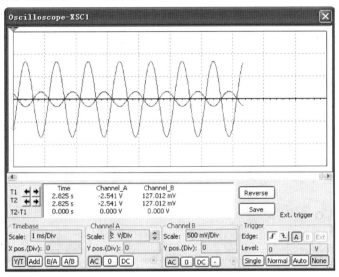

附图 6-17　电阻分压式工作点稳定单管放大器电路波形图

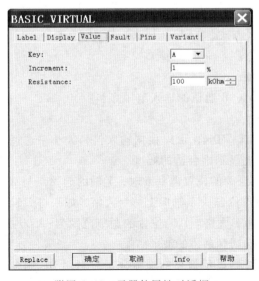

附图 6-18　元器件属性对话框

	(Multimete)数字万用表
	(Function generator)模拟函数信号发生器
	(Wattmeter)瓦特计
	(Oscilloscope)双踪示波器
	(Four channel)四综示波器
	(Bode Plotter) 幅频特性测试仪
	(Frequency Counter)频率计
	(Word generator)字符发生器
	(Logic conrertor)逻辑转换仪
	(Logic analyzer)逻辑分析仪
	(IV analyzer)伏安特性测试仪
	(Distortion analyzer)失真分析仪
	(Spectrum analyzer)频谱分析仪
	(Network analyzer)网络分析仪
	(Agilent function)安捷伦信号发生器
	(Agilent multimmeter)安捷伦万用表
	(Agilent oscilloscope)安捷伦示波器
	(Tektronix oscilloscope)泰克示波器
	(Measurement probe)测试针
	(LabVIEW instruments)LabVIEW虚拟仪器

附图 6-19　仪器、仪表工具栏

（6）虚拟示波器的工作参数设置

Multisim 提供的虚拟示波器（Oscilloscope）是一种显示电路信号的重要仪器，可以测量高达 1 GHz 的频率信号，并且如同真实仪表一般，可接受外部的触发信号。示波器面板各按键的作用、调整方法及参数的设置与实际的示波器非常类似，调整参数可在附图 6-20 所示下方"Timebase""Channel A""Channel B"三个区域进行。

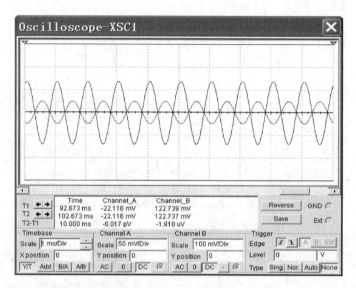

附图 6-20　虚拟示波器工作图

① 时基（Timebase）控制部分的调整

X 轴刻度（Scale）显示示波器时间基准，其范围很宽，一般选择 0.1 ns/Div ~ 10 s/Div 之间的某个值。

X 轴位置（X position）控制 X 轴的起始点。当 X 的位置调到 0 时，信号从显示器的左边缘开始显示，正值使起始点右移，负值使起始点左移。

显示方式决定示波器的显示状态，包括"Y/T（幅度/时间）"方式、"A/B（A 通道/B 通道）"方式、"B/A（B 通道/A 通道）"方式、"Add（加法）"方式。

• Y/T 方式：X 轴显示时间，Y 轴显示电压值。

• A/B、B/A 方式：X 轴与 Y 轴都显示电压值。

• Add 方式：X 轴显示时间，Y 轴显示 A 通道、B 通道的输入电压之和。

② 示波器输入通道（Channel A/B）的设置

Y 轴电压刻度（Scale）范围为 10 μV/Div ~ 5 kV/Div，可以根据输入信号大小来选择 Y 轴刻度值的大小，使信号波形在示波器显示屏上显示出合适的幅度。

Y 轴位置（Y position）控制 Y 轴的起始点。当 Y 的位置调到 0 时，Y 轴的起始点与 X 轴重合，如果将 Y 轴位置增加到 1.00，则 Y 轴原点位置从 X 轴向上移一大格，如果将 Y 轴位置减小到 -1.00，则 Y 轴原点位置从 X 轴向下移一大格。Y 轴位置的调节范围为 -3.00 ~ +3.00。改变 A、B 通道的 Y 轴位置有助于比较或分辨两通道的波形。

Y 轴信号的耦合方式：当用 AC 耦合时，示波器显示信号的交流分量；当用 DC 耦合时，示波器显示信号的交流和直流分量之和；当用 0 耦合时，在 Y 轴设置的原点位置显示一条水平直线。

③ 触发方式（Trigger）调整

触发方式一般选择自动触发（Auto）。选择"A"或"B"，则用相应通道的信号作为触发信号。选择"EXT"，则由外部输入信号触发。选择"Sing."，则为单脉冲触发。选择"Nor."，则为一般脉冲触发。

触发沿（Edge）可选择上升沿或下降沿。

触发电平（Level）表示触发电平的范围。

④ 示波器显示波形读数

要显示波形读数的精确值时，可用鼠标将垂直光标拖到需要读取数据的位置。屏幕下方的方框内显示光标与波形垂直相交点处的时间和电压值，以及两光标位置之间的时间、电压的差值。

用鼠标单击"Reverse"按钮可改变示波器屏幕的背景颜色。用鼠标单击"Save"按钮可以 ASCII 码格式存储波形读数。

（7）信号源参数设置

双击信号源，在弹出窗口中可对信号源的波形、频率、幅度进行调整。

（8）仿真文件的保存及关闭

完成电路的设计与仿真后，可以用鼠标单击"File"菜单的"Save"选项（也可使用快击图标保存），以电路文件形式保存当前电路工作窗口中的电路。对新电路文件进行保存时，会弹出一个标准的保存文件对话框，选择保存当前电路文件的路径，输入文件名，按下保存按钮即可将该电路文件保存。保存设计文件后，用鼠标单击"File"菜单的"Close"选项，即可关闭电路工作区内的文件。

（9）绘图功能和文字放置功能

通过以上学习已基本了解了软件的主要功能，下面介绍软件另两个实用功能：绘图功能和文字放置功能，绘图功能所画的线、框、圆均不具有电气特性，文字放置功能主要作用是对电路端口、元器件、设备、仪表等做特殊。

① 绘图功能操作，如附图 6-21 所示。

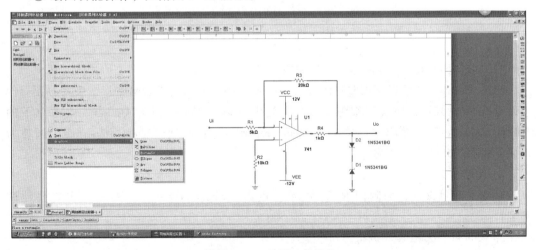

附图 6-21　绘图功能操作

② 文字放置功能操作，如附图 6-22 所示。

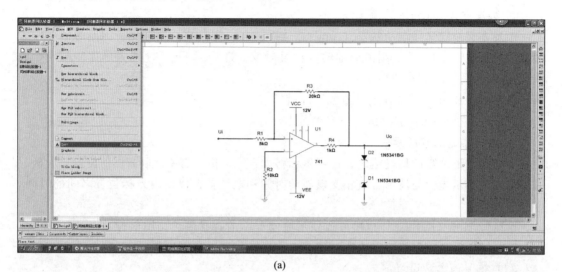

(a)

(b)

附图 6-22　文字放置功能操作

（10）常用图面和元器件标示调整功能

初学 Multisim 软件遇到的常见问题有：图纸大小怎么调、背景网点怎么去除、元器件怎么没有引脚编号、导线粗细怎么调等，这些实际上都在一个"Option"主菜单下的"Sheet properties"子菜单里，单击"Sheet properties"将出现"Sheet properties"调整窗口，下面通过几个图示说明。

① 属性主菜单

属性主菜单操作，如附图 6-23 所示。点击"Sheet properties"命令，出现属性调整窗口。

② "Sheet properties"调整窗口

该窗口第一项包括元器件编号、引脚编号隐藏等功能，如附图 6-24 所示。

242

③ 背景颜色调整

背景颜色调整如附图 6-25 所示。

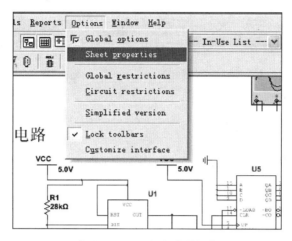

附图 6-23　属性主菜单操作

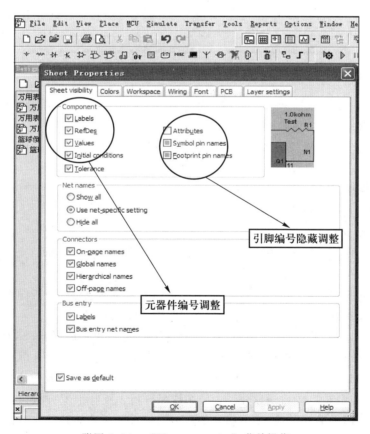

附图 6-24　"Sheet properties" 菜单操作

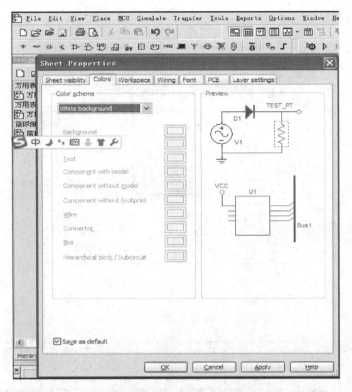

附图 6-25　背景颜色调整

④ 图纸大小调整

图纸大小调整如附图 6-26 所示。

该功能非常实用，当使用者的元器件较多，感觉默认图纸大小不够安放或安放后太挤时，可使用该功能将图纸调大（注意：元器件大小不变）。

⑤ 导线粗细调整

导线粗细调整如附图 6-27 所示。

2. 图表分析介绍

图表分析的内容也较多，限于篇幅，此处只介绍直流工作点分析和交流分析，其他分析请读者参考相关资料学习。

图表分析简言之就是点击仿真运行后，用图和表来表达电路的分析结果。下面对图表分析中的直流工作点分析和交流分析的主要功能进行简要介绍。

启动"Simulate"菜单中的"Analyses"命令，即可弹出如附图 6-28 所示的菜单项。其中共有 18 种分析功能，从上至下分别为：直流工作点分析、交流分析、瞬态分析、傅里叶分析、噪声分析、失真分析、直流扫描分析、灵敏度分析、参数扫描分析、温度扫描分析、极点-零点分析、传输函数分析、最坏情况分析、蒙特卡罗分析、批处理分析、用户定义分析、噪声图形分析及 RF 分析。如此多的仿真分析功能是其他电路分析软件所不能比的，这也是 Multisim 的特色之一。

如果点击设计工具栏中 ▦· 按钮，同样也会得到附图 6-28 所示的菜单。

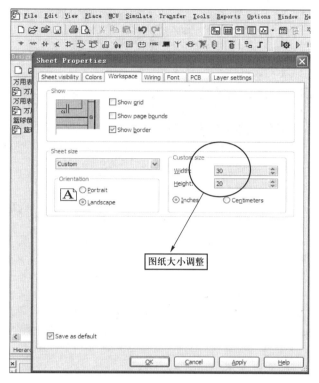

附图 6-26　图纸大小调整

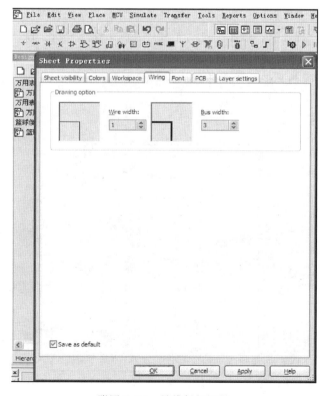

附图 6-27　导线粗细调整

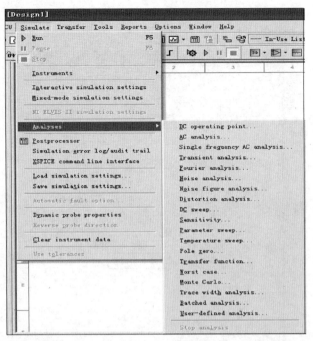

附图 6-28　"Analyses"菜单

（1）直流工作点分析

直流工作点分析（DC operating point analysis）是在电路电感短路、电容开路的情况下，计算电路的静态工作点。直流分析的结果通常用于电路的进一步分析，如在进行瞬态分析和交流小信号分析之前，程序会自动先进行直流工作点分析，以确定瞬态的初始条件和交流小信号情况下非线性器件的线性化模型参数。

下面以附图 6-29 所示的简单晶体管放大电路为例，介绍直流工作点分析的基本操作过程。

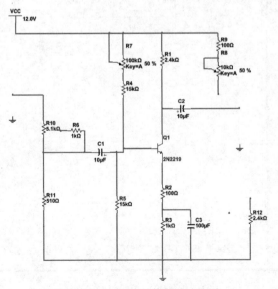

附图 6-29　简单晶体管放大电路

首先在电路窗口中编辑出附图 6-29 所示的电路原理图，再启动"Simulate"菜单中"Analyses"命令下的"DC operating point..."命令项，此时出现如附图 6-30 所示的"DC Operating Point Analysis"对话框。

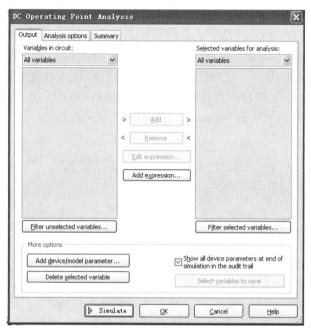

附图 6-30　"DC Operating Point Analysis"对话框

该对话框包括"Output""Analysis options"及"Summary"共 3 页。注意：这 3 页也会同样出现于其他分析的对话框中，因而此处给出详细介绍。

①"Output"页：主要作用是选定所要分析的节点。

"Variables in circuit"栏内列出的是电路中可用于分析的节点以及流过电压源的电流等变量。如果不需要这么多的变量显示，可点击"Variables in circuit"下拉列表的下箭头按钮，出现如附图 6-31 所示的变量类型选择表。其中"Circuit voltage and current"是仅显示电压和电流变量，"Circuit voltage"仅显示电压变量，"Circuit current"仅显示电流变量，"Device/Model parameters"显示的是元器件/模型参数变量，"All variables"则显示程序自动给出的全部变量。

如果还需要显示其他参数变量，可点击该栏下的"Filter unselected variables"按钮，可对程序没有自动选中的某些变量进行筛选。点击此按钮，出现如附图 6-32 所示的"Filter Nodes"对话框。

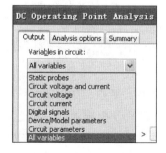

附图 6-31　变量类型选择表

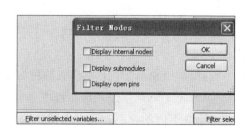

附图 6-32　"Filter Nodes"对话框

该对话框有 3 个选项，"Display internal nodes" 选项的功能是显示内部节点，"Display submodules" 选项的功能是显示子模型的节点，"Display open pins" 选项的功能是把连接开路的引脚（即没有被用到的引脚）也显示出来。选中者将与节点等变量同时出现在栏内。

"Selected variables for analysis" 栏用来确定需要分析的节点。默认状态下为空，需要用户从 "Variables in circuit" 中选取，方法是：首先选中左边的 "Variables in circuit" 栏中需要分析的一个或多个变量，再点击 "Plot during simulation" 按钮，则这些变量出现在 "Selected variables for analysis" 栏中。如果不想分析其中已选中的某一个变量，可先选中该变量，点击 "Remove" 按钮即将其移回 "Variables in circuit" 栏内。

附图 6-30 最下面的 "More options" 区如附图 6-33 所示。

附图 6-33　More Options 区

该区中各按钮的作用如下。

"Add device/model parameter..." 是在 "Variables in circuit" 栏内增加某个元器件/模型的参数。点击该按钮，出现如附图 6-34 所示的对话框。

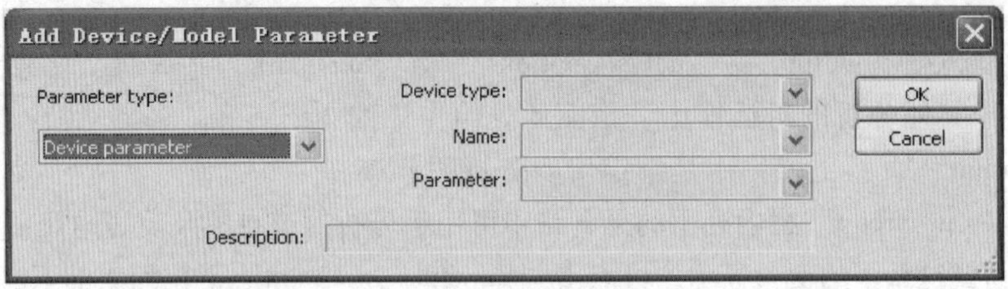

附图 6-34　"Add Device/Model Parameter" 对话框

可以在 "Parameter type" 栏内指定所要新增参数的形式，然后分别在 "Device type" 栏内指定元器件模块的种类，在 "Name" 栏内指定元器件名称（序号），在 "Parameter" 栏内指定所要使用的参数。

"Delete selected variable" 是删除已通过 "Add device/model parameter..." 按钮选择到 "Variables in circuit" 栏内且不再需要的变量。首先选中变量，然后点击该按钮即可删除。

在附图 6-32 中，"Filter selected variables..." 与 "Filter unselected variables..." 类似，不同之处在于前者只能筛选由后者已经选中且放在 "Selected variables for analysis" 栏的变量。

② "Analysis Options" 页：与仿真分析有关的其他分析选项设置页，如附图 6-35 所示。

"Use custom settings" 用来选择程序是否采用用户所设定的分析选项。可供选取设定的项目已出现在下面的栏中，其中大部分项目应该采用默认值，如果想要改变其中某一个分析选项，则在选取该项后，再选中下面的 "Customize..." 选项，并在其右边出现一个栏，可在该栏中指定新的参数。以相对的误差量为例，选取"Shunt resistance from analog nodes to ground［RSHUNT］"项，如附图 6-36 所示。

在此对话框右边的栏内输入新的值即可改变相对误差参数。如要恢复默认值只需要左击下角的"Resetore to recommended settings"按钮即可。

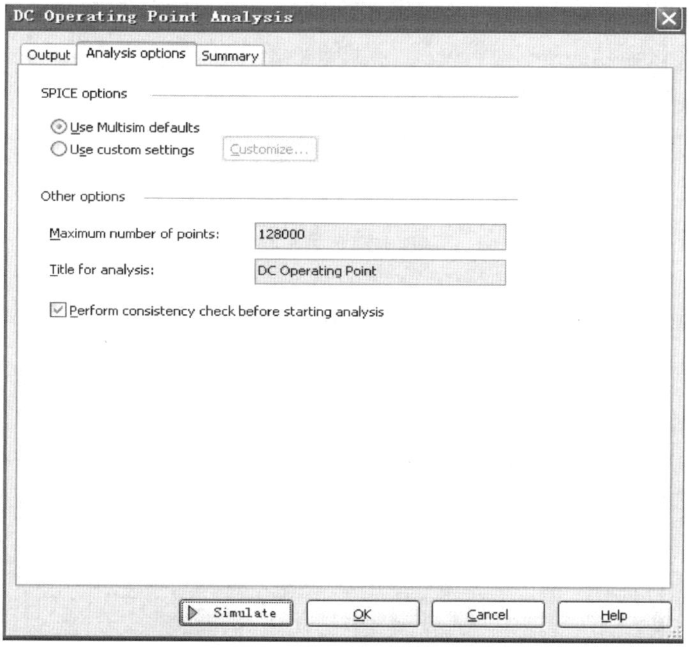

附图 6-35 "Analysis Options"页对话框

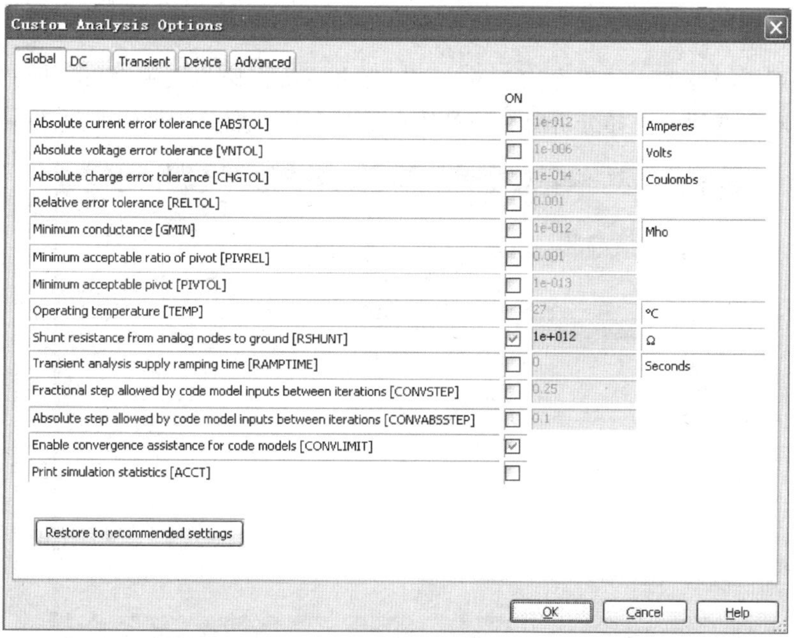

附图 6-36 指定新的参数对话框（shunt 为例）

在附图 6-35 里的"Other options"区中,若选择"Perform consistency check before starting analysis"项,则表示在进行分析之前要先进行一致性检查。"Maximum number of points"栏用来设定最多的取样点数。"Title for analysis"用来输入所要进行分析的名称(可用中文)。

③"Summary"页:对分析设置进行汇总确认,如附图 6-37 所示。

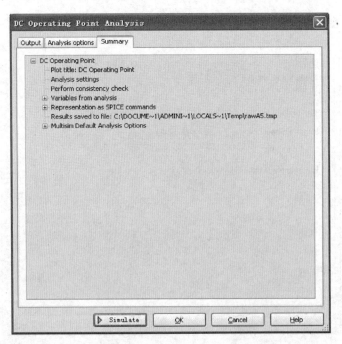

附图 6-37   "Summary"页对话框

在"Summary"页中,程序给出了所设定的参数和选项,用户可确认检查所要进行的分析设置是否正确。

经过前两页的设置,如果在"Summary"页内确认正确,点击"Simulate"按钮即可进行分析。对于本例,选择分析所有的参数变量,直流参数分析结果如附图 6-38 所示。

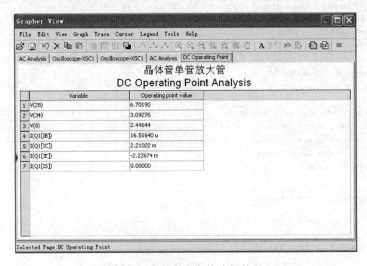

附图 6-38   直流参数分析结果

如果不想立即进行分析，而要保存设定的话，可点击"Accept"按钮；如果要放弃设定，则点击"Cancel"按钮即可。

（2）交流分析

交流分析（AC Analysis）是分析电路的小信号频率响应。分析时程序自动先对电路进行直流工作点分析，以便建立电路中非线性元器件的交流小信号模型，并把直流电源置零，交流信号源、电容及电感等用交流模型，如果电路中含有数字元器件，则被认为是一个接地的大电阻。交流分析是以正弦波为输入信号，不管在电路的输入端输入何种信号，进行分析时都将自动以正弦波替换，而其信号频率也将以设定的范围替换。交流分析的结果，以幅频特性和相频特性两个图形显示。如果将波特图仪连至电路的输入端和被测节点，也可能获得同样的交流频率特性。

下面以附图 6-39 所示的 BJT 单管放大器电路为例，说明如何进行交流分析。

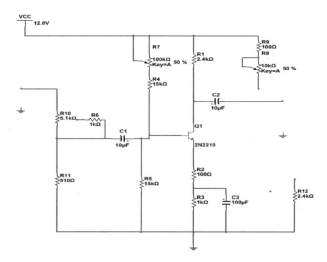

附图 6-39　BJT 单管放大器电路

在工作窗口创建出该电路图后，启动菜单"Simulate"菜单中"Analyses"下的"AC Analysis"命令，将出现如附图 6-40 所示的"AC Analysis"对话框。

该对话框中包括 4 页，除了"Frequency parameters"页外，其余与直流工作点分析的设置一样，不再赘述。"Frequency Parameters"页中包含以下项目。

"Start frequency（FSTART）"：设置交流分析的起始频率。

"Stop frequency（FSTOP）"：设置交流分析的终止频率。

"Sweep type"：设置交流分析的扫描方式，包括 Decade（十倍扫描程序）、Octave（八倍扫描）及 Linear（线性扫描）。通常采用十倍扫描（Decade 选项），以对数方式展现。

"Number of points per decade"：设置每十倍频率的取样数量。

"Vertical scale"：从该下拉菜单中选择输出波形的纵坐标刻度，其中包括 Decibel（分贝）、Octave（八倍）、Linear（线性）及 Logarithmic（对数）。通常采用 Logarithmic 或 Decibel 选项。

右上方有 Reset to default 按钮，该按钮把所有设置恢复为程序默认值。

对于本例，设起始频率为 1 Hz，终止频率为 10 GHz，扫描方式设为 Decade，取样值设为 10，纵轴坐标设为 Logarithmic。另外，在"Output"页里，选定分析节点 4；在"Analysis Options"页的"Title for analysis"栏输入"AC Analysis"，最后点击"Simulate"进行分析，交流分析结果如附图 6-41 所示。

附图 6-40　"AC Analysis"对话框

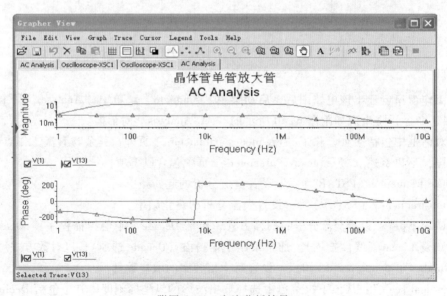

附图 6-41　交流分析结果

从附图 6-41 所示的结果中发现，幅频特性的纵轴是用该点电压值来表示的。这是因为不管输入信号源的数值为多少，程序一律将其视为一个幅度为单位 1 且相位为零的单位源，这样从输出节点取得的电压的幅度就代表了增益值，相位就是输出与输入之间的相位差。

以上只是 Multisim 仿真软件的一些基本功能的介绍，其实该软件的功能十分强大，大家可以自主查阅相关资料深入学习。掌握好该软件，学习效率会大大提高。

三、Proteus ISIS 简介

Proteus ISIS 是英国 Labcenter 公司开发的电路分析与实物仿真软件。它运行于 Windows 操作系统上，可以仿真、分析（SPICE）各种模拟器件和集成电路，该软件能对电子技术基础原理中的大部分电子电路进行实验仿真，为大家学习电子技术提供了一个广阔平台。该软件的特点是：① 实现了单片机仿真和 SPICE 电路仿真相结合。具有模拟电路仿真、数字电路仿真、单片机及其外围电路组成的系统的仿真、RS232 动态仿真、I^2C 调试、SPI 调试、键盘和 LCD 系统仿真的功能；有各种虚拟仪器，如示波器、逻辑分析仪、信号发生器等。② 支持主流单片机的仿真。目前支持的单片机类型有：68000 系列、8051 系列、AVR 系列、PIC12 系列、PIC16 系列、PIC18 系列、Z80 系列、HC11 系列以及各种外围芯片。③ 提供软件调试功能。在硬件仿真系统中具有全速、单步、设置断点等调试功能，同时可以观察各个变量、寄存器等的当前状态，因此在该软件仿真系统中，也必须具有这些功能；同时支持第三方的软件编译和调试环境，如 Keil uVision 等软件。④ 具有强大的原理图绘制功能。总之，该软件是一款集单片机和 SPICE 分析于一身的仿真软件，功能极其强大。下面首先介绍 Proteus ISIS 的基本操作，再介绍基于 Proteus ISIS 的电路仿真。这里没有介绍基于 Proteus ISIS 的单片机仿真，有兴趣的同学可以找相关资料自学。

1. 基本操作

（1）进入 Proteus ISIS

双击桌面上的 ISIS 7 Demo 图标或者单击屏幕左下方的"开始"→"程序"→"Proteus 7 Demostration"→"ISIS 7 Demo"，出现如图 6-42 所示启动时的屏幕，表明进入了 Proteus ISIS 集成环境。

附图 6-42　启动时的屏幕

（2）工作界面

Proteus ISIS 的工作界面是一种标准的 Windows 界面，如附图 6-43 所示。包括：标题

栏、主菜单、标准工具栏、绘图工具栏、状态栏、对象选择按钮、预览对象方位控制按钮、仿真进程控制按钮、预览窗口、对象选择器窗口、原理图编辑窗口等。

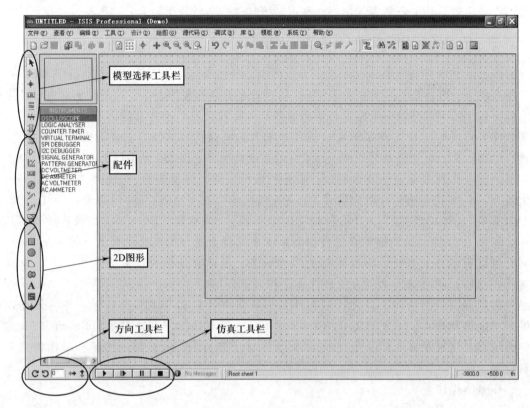

附图 6-43　工作界面

现对工作界面内各部分进行说明。

① 原理图编辑窗口：顾名思义，它是用来绘制原理图的。方框内为可编辑区，元器件要放在其中。注意，这个窗口是没有滚动条的，可用预览窗口来改变原理图的可视范围，如附图 6-44 所示。

② 模型选择工具栏（Mode Selector Toolbar）。

主要模型如附图 6-45 所示，从左至右依次为：选择元器件（components）（默认选择）；放置连接点；放置标签（用总线时会用到）；放置文本；用于绘制总线；用于放置子电路；用于即时编辑元器件参数（先单击该图标再单击要修改的元器件）。

配件如附图 6-46 所示，从左至右依次为：终端接口（terminals，有 V_{CC}、地、输出、输入等接口）；器件引脚（用于绘制各种引脚）；仿真图表（graph，用于各种分析，如 Noise Analysis）；录音机；信号发生器（generators）；电压探针（使用仿真图表时要用到）；电流探针（使用仿真图表时要用到）；虚拟仪表（有示波器等）。

2D 图形如附图 6-47 所示，从左至右依次为：画各种直线；画各种方框；画各种圆；画各种圆弧；画各种多边形；画各种文本；画符号；画原点。

③ 元器件列表（The Object Selector）。用于挑选元器件（components）、终端接口（terminals）、信号发生器（generators）、仿真图表（graph）等。当你选择"元器件（compo-

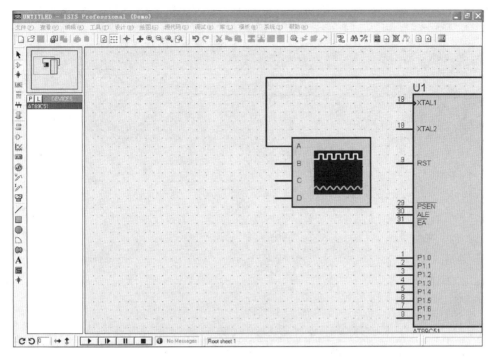

附图 6-44 预览窗口改变可视范围

附图 6-45 主要模型

附图 6-46 配件

nents）"，单击"P"按钮会打开挑选元器件对话框，选择了一个元器件后（单击了"OK"后），该元器件会在元器件列表中显示，以后要用到该元器件时，只需在元器件列表中选择即可。

附图 6-47 2D 图形

④ 方向工具栏（Orientation Toolbar）。

旋转：旋转角度只能是 90 的整数倍，符号为 ↻↺；水平翻转和垂直翻转，符号为 ↔↕。

使用方法：先右键单击元器件，再点击（左击）相应的旋转图标。

附图 6-48 仿真工具栏

⑤ 仿真工具栏如附图 6-48 所示，从左至右依次为：运行；单步运行；暂停；停止。

2. 基于 Proteus ISIS 的电路仿真

实例：正弦波幅值经同相比例放大器放大四倍，用示波器显示并分析结果，运行 ISIS Demo，出现工作窗口界面，如附图 6-49 所示。

（1）添加元器件到元器件列表中：本例要用到的元器件有：OPA2132、电阻、正弦波源、±5 V 直流电源、"地"、示波器。

单击按钮"P" ，出现挑选元器件对话框，如附图 6-50 所示。

在对话框的关键字中输入 OPA2132，出现如附图 6-51 所示元器件 OPA2132 搜索对话框。

255

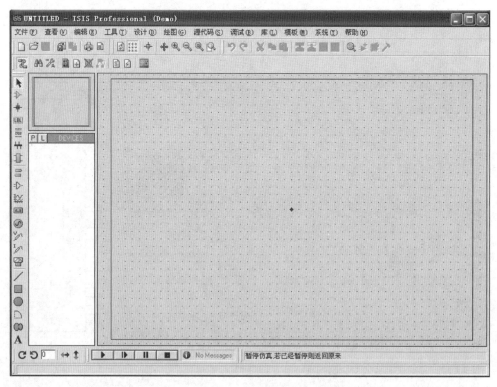

附图 6-49　工作窗口界面

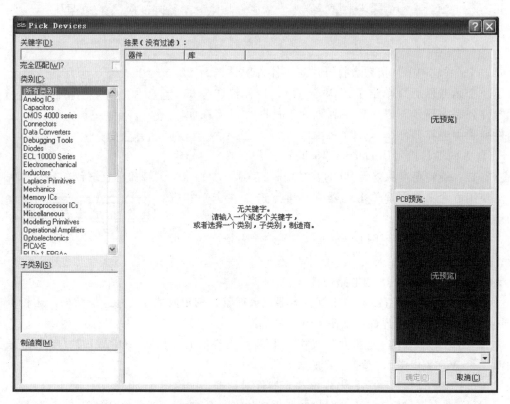

附图 6-50　挑选元器件对话框

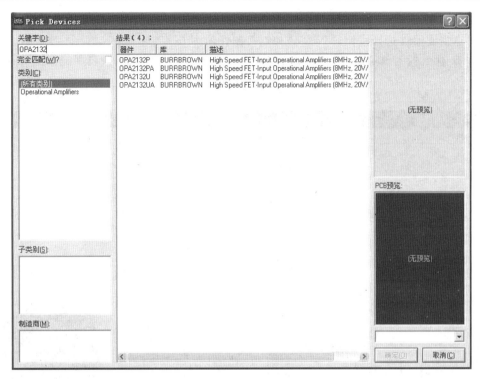

附图 6-51　元器件 OPA2132 搜索对话框

在结果中选器件 OPA2132PA，可以看到预览结果，如附图 6-52 所示。

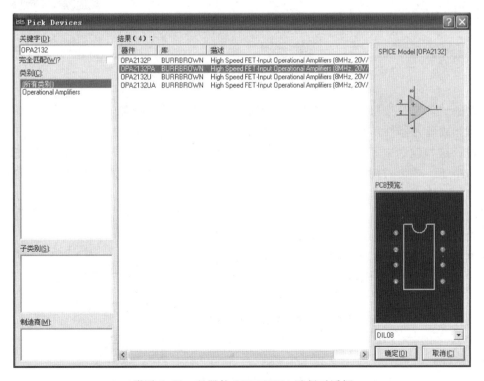

附图 6-52　元器件 OPA2132PA 选择对话框

单击"确定"按钮，关闭对话框，这时元器件列表中列出 OPA2132PA。

再点击元器件选择按钮"P"，该控制按钮在附图 6-49 左上角。

在类别中选"Resistors"，然后在结果中选元器件"10WATT1K"，如附图 6-53 所示。

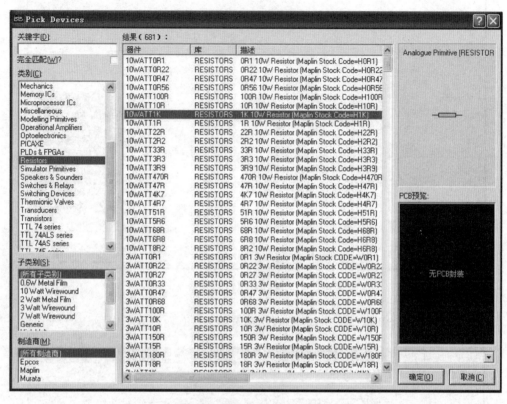

附图 6-53　电阻元器件选择对话框

点击"确定"按钮，该元器件就在元器件列表中列出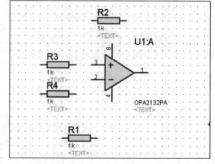。

（2）放置元器件：在元器件列表中左键选取 OPA2132PA，在原理图编辑窗口中单击左键，这样就选中了 OPA2132PA；再单击一次左键，OPA2132PA 就被放到原理图编辑窗口中了，单击右键可以取消对该元器件的选中。同样放置电阻 10WATT1K，连续点击左键，可连续放多个同样的元器件，如附图 6-54 所示。

放置正弦波、直流信号源：在模型选择工具栏的配件中点击"信号发生器"按钮，然后在元器件列表中选"SINE"，在预览窗口中就可以看到正弦波信号源的元器件图形，如附图 6-55（b）所示。

放置接地端：在模型选择工具栏的配件中点击信号发生器终端接口按钮，选中"GROUND"，如附图 6-55（c）所示。

再用相同的方法放置直流电源，如附图 6-55

附图 6-54　放置元器件示意图

（a）所示。

放置示波器：在模型选择工具栏的配件中点击"虚拟仪表"按钮，然后在元器件列表中选"OSCILLOSCOPE"，在预览窗口中就可以看到示波器图形，如附图6-56所示。再用放置信号源同样的方法放置示波器即可。元器件放置完成后如附图6-57所示。

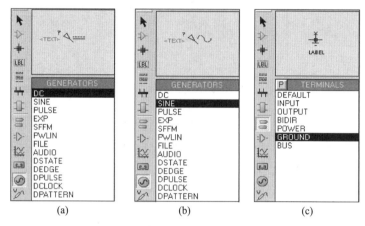 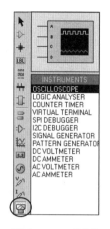

<table>
<tr><td>（a）</td><td>（b）</td><td>（c）</td></tr>
</table>

附图6-55　信号源的元器件图形　　　　附图6-56　示波器图形预览

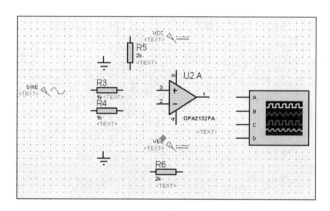

附图6-57　实验电路元器件放置图

补充：放置元器件时要注意所放置的元器件应放到方框内，如果不小心放到外面，由于在外面鼠标用不了，则需用到菜单"编辑"的"清理"去清除，方法很简单，只需单击该元器件，然后单击菜单"编辑"的"清理"即可。操作中可能要整体移动部分电路，操作方法：先用左键拖选，再按住左键移动即可（也可右键选中要移动的部分，然后按住左键移动）。

（3）原理图布局：移动元器件的时候，先左键点击选中该元器件，然后再一次点击左键并按住不放，移动鼠标，元器件就会跟着移动。

（4）修改元器件属性：双击该元器件，将会弹出对话框，这时可以改变该元器件的名称、参数值等属性。如修改电阻的值，元器件属性对话框如附图6-58所示，信号源属性对话框如图6-59所示。修改好后按"确定"按钮即可。

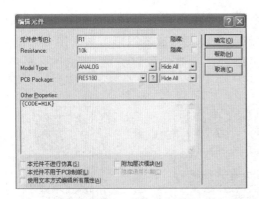

附图 6-58　元器件属性对话框

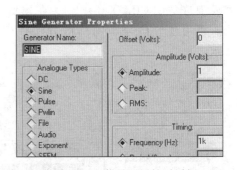

附图 6-59　信号源属性对话框

（5）连线：将鼠标放到元器件的节点，会出现正方形的小红框 ，这时点击左键，把鼠标移动到要与它相连的另一个节点，此节点也出现小红框 ，这时再单击左键，就可以完成连线。要删除某段线，则右键选中该线，在弹出的快捷菜单中选择删除即可。用同样的方法把线连完，如附图 6-60 所示。

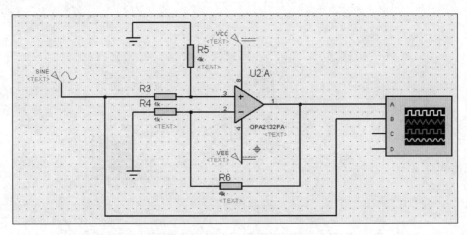

附图 6-60　实验电路原理图

（6）仿真：点击仿真工具栏中的按钮 ▶ 开始仿真，示波器将自动弹出仿真波形，如附图 6-61 所示。

不同通道的波形是用不同的颜色区分的，右边有相应的按钮可以调波形显示的幅度和频率，在仿真过程中可以适当调节，以便进行观察和计算。当不需要再观察波形时，点击仿真工具栏中的 ■ 按钮停止仿真，此时示波器的仿真波形将不再显示。

注意：如果点仿真波形窗口的"关闭"按钮，那么下次仿真的时候，示波器将不再自动弹出仿真波形，要删掉原来的示波器，再放置新的示波器才可以，这样会很麻烦。

（7）示波器的调节按钮介绍：

① Trigger：示波器触发信号设置，用于设置示波器触发信号的触发方式。

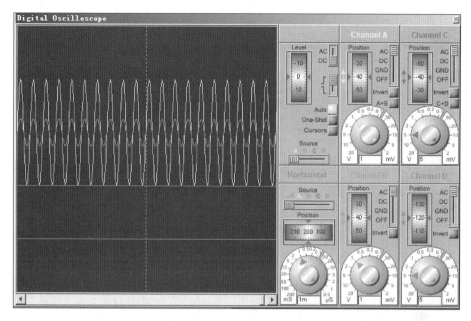

附图 6-61　示波器仿真波形

触发电平：用于调节电平，即显示界面中的水平"白线"，显示在界面正中调为 0。

选择开关：选择触发电平的类型。

触发方式：触发电平的触发。

Auto：自动设置触发方式。

One-shot：单击触发。

Cursors：选择指针模式，可以记录各个点的时间和幅度坐标。

② ChannelA、B、C、D：表示通道 A、B、C、D。

示波器显示垂直机械位置调节按钮，用于调节所选通道波形的垂直位置，显示在界面正中调为 0。

261

选择开关：选择通道的显示波形类型。

用于调节垂直刻度系数，旋转箭头位置即可设置调节系统，即每一格的幅度值大小，范围是 2 mV~20 V。

③ Horizontal：示波器显示水平机械位置调节窗口。

用于调节波形的触发点位置，即显示界面中的垂直"白线"，显示在界面正中调为 0。

用于调节水平比例尺寸因子。

以上只是 Proteus 仿真软件的一些基本功能的介绍，其实该软件的功能十分强大，有兴趣的同学可以自主查阅相关资料深入学习。

附录七　常用电子元器件简介

电子元器件是元件和器件的总称。电子元件：指在工厂生产加工时不改变分子成分的成品，如电阻器、电容器、电感器。因为它本身不产生电子，它对电压、电流无控制和变换作用，所以又称为无源器件。电子器件：指在工厂生产加工时改变了分子结构的成品，如晶体管、电子管、集成电路。因为它本身能产生电子，对电压、电流有控制、变换作用（放大、开关、整流、检波、振荡和调制等），所以又称为有源器件。按分类标准，电子器件可分为 12 个大类，可归纳为真空电子器件和半导体器件两大块。电子元器件的发展史其实就是一部浓缩的电子发展史。电子技术是 19 世纪末、20 世纪初发展起来的新兴技术，随后迅速发展，成为近代科学技术发展的一个重要标志，目前半导体器件占据主流位置，半导体器件里的贴面器件（另一种是直插器件）的使用量正在逐年增加，相关知识可查阅资料进行了解。

附录八　电子实验室常用模拟电子技术实验板

一、负反馈实验板

负反馈实验板用于做与晶体管放大电路相关的实验，附图 8-1（a）为物理负反馈实验板，附图 8-1（b）为虚拟负反馈实验板。在该板上根据实验电路图连好线，加上信号源和显示仪器，同样可以达到仿真级实验水平。

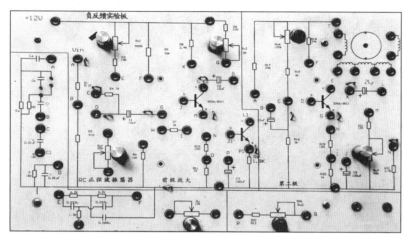

(a) 物理负反馈实验板

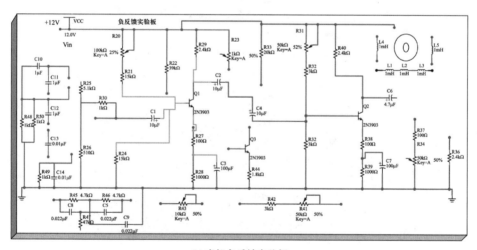

(b) 虚拟负反馈实验板

附图 8-1　物理与虚拟负反馈实验板

二、运放实验板

运放实验板用于做与运算放大器相关的实验，如附图 8-2 所示。附图 8-2（a）是物理运放实验板，附图 8-2（b）是虚拟运放实验板。在该板上根据实验电路图连好线，加上信号源和显示仪器，同样可以达到仿真级实验水平。

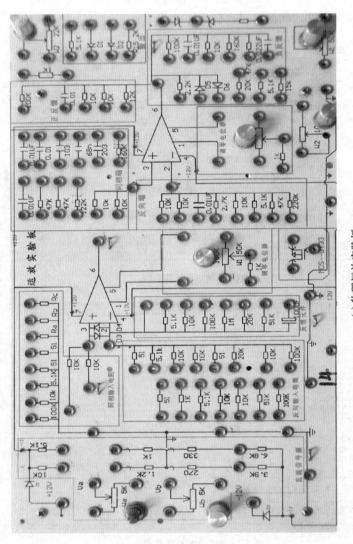

(a) 物理运放实验板
（二极管运放输入端用1N4007，其他输入端用1N4148）

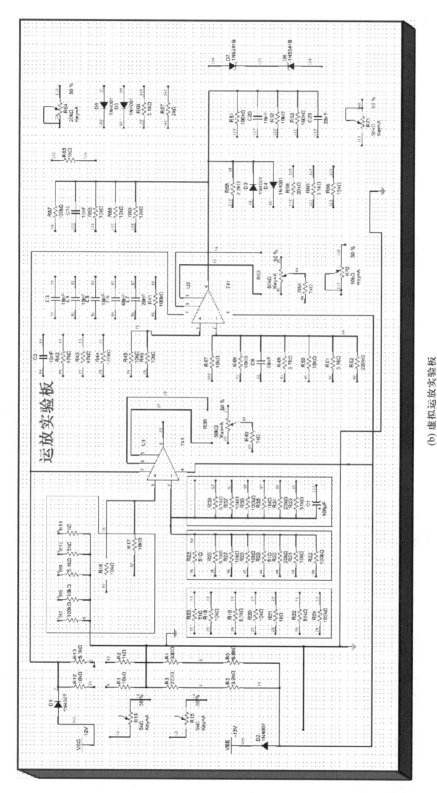

(b) 虚拟运放实验板

附图 8-2　物理与虚拟运放实验板

附录九　两种实验报告模板

模板一
电子技术实验预习报告

课程名称（理论课/实验课）_____

实　　验　　名　　称_____

年　　级　　班　　级_____

学　　号　　姓　　名_____

过程记录册页码/序号_____

报 告 等 级 / 教 师 签 字_____

　　郑重提示：如果电子文档报告出现雷同（文字、计算过程、仿真电路结果及截图等），则将依据学校规定按作弊处理（双方同责），所以，同学之间只能交流方法，不要把自己的报告内容、仿真文件或截图直接拷贝、传送给同学。

年　月　日

一、计算/设计过程

说明：如果本实验是验证性实验，则列写计算预测结果；如果本实验是设计性实验，则列写设计过程（从系统指标计算出元器件参数）。用公式输入法完成相关公式内容，不得贴网上截图和拍照手写图片。（注意：计算预测结果如果从抽象公式直接"="最终参数值，则不得分。）

二、填写实验指导书上的预表

三、填写实验指导书上的虚表

四、粘贴原理仿真、工程仿真截图

模板二
电子技术实验报告

课程名称（理论课/实验课）＿＿＿＿＿＿＿＿＿＿＿＿＿＿＿＿＿＿＿＿＿

实　验　名　称＿＿＿＿＿＿＿＿＿＿＿＿＿＿＿＿＿＿＿＿＿＿＿＿＿

年　级　班　级＿＿＿＿＿＿＿＿＿＿＿＿＿＿＿＿＿＿＿＿＿＿＿＿＿

学　号　姓　名＿＿＿＿＿＿＿＿＿＿＿＿＿＿＿＿＿＿＿＿＿＿＿＿＿

过 程 记 录 册 页 码／序 号＿＿＿＿＿＿＿＿＿＿＿＿＿＿＿＿＿＿＿＿

报 告 等 级／教 师 签 字＿＿＿＿＿＿＿＿＿＿＿＿＿＿＿＿＿＿＿＿＿

郑重提示：如果电子文档报告出现雷同（计算过程、仿真截图等），则将依据学校规定按作弊处理（双方同责），所以，同学之间只能交流方法，不要把自己的报告内容、仿真图直接拷贝给同学。注意：本报告内容必须手写！

进入实验室操作之前需预习、完成以下内容：

1. 完成本实验报告一、二、三部分内容。
2. 用 Multisim 完成本实验原理仿真和工程仿真，将原理仿真写在预习本上。
3. 观看线上课程视频，完成线上作业（预习思考题）。

年　月　日

一、实验目的

二、实验仪器设备、主要元器件

序号	名称	型号	设备编号	数量	备注
1					
2					
3					
4					
5					
6					

三、实验原理/设计过程简述

（如果本实验是验证性实验，则列写实验原理（优先用图和公式）；如果本实验是设计性实验，则列写实验过程。）

四、实验结果及数据分析（写计算与仿真、操作数据之间的误差原因）

五、实验结果图片

六、思考题（数量不少于 2 题）

七、实验心得与体会

附录十　电路实验部分实验仿真步骤

一、基础实验

1. 实验一　元件伏安特性的测量

（1）根据实验步骤 1，在 Multisim 中构建附图 10-1（a）所示线性电阻测量实验图。由于要通过滑动可变电阻改变电压，所以可变电阻的调节量要尽量小一些，比如可以选择 1%；其中万用表 XMM1 的读数为电流 I 的值，万用表 XMM2 的读数为电压 U 的值。图中对话框均为对相应元器件双击后所得。

还可以选择电压表和电流表测量对应的电压和电流参数。用鼠标单击元器件工具栏中的"Indicator"（显示）元器件库，在弹出的对话框中的"Family"栏中选取"AMMETER"（电流表）和"VOLTMETER"（电压表），将其放置在电路窗口中并连线，如附图 10-1（b）所示。电流表的读数即为电流 I，电压表的读数即为电压 U。

（2）根据实验步骤 2，在 Multisim 中构建附图 10-2 所示二极管测量实验图。方法同上，测出各电压下电流的读数。

（3）根据实验步骤 3，在 Multisim 中构建附图 10-3 所示实际电压源测量实验图。需注意，欲使 $I=0$，可以通过将可变电阻断开来实现。

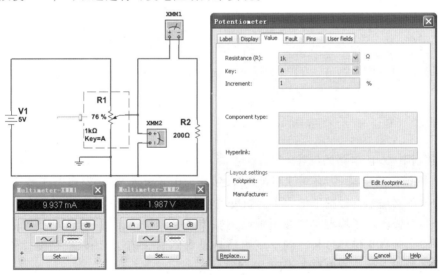

(a) 用万用表测量电压、电流参数

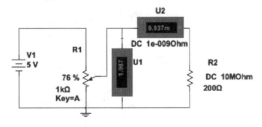

(b) 用电压表和电流表测量参数

附图 10-1　线性电阻测量实验图

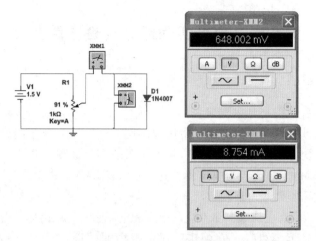

附图 10-2　二极管测量实验图

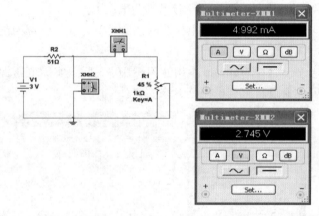

附图 10-3　实际电压源测量实验图

2. 实验四　一阶电路的设计

（1）根据实验步骤 1，在 Multisim 中构建附图 10-4 所示 RC 一阶电路测量实验图。需设置信号发生器输出信号幅值的大小。如果信号是从公共端子与正极性端子输出，或是从公共端子与负极性端子输出，则波形输出的幅值就是设置值，峰-峰值是设置值的 2 倍；如果信号输出来自正极和负极，则电压幅值是设置值的 2 倍，峰-峰值是设置值的 4 倍。其在虚拟实验板上的仿真电路如附图 10-5 所示。

（2）按照实验步骤 2、3、4，改变 R 和 C 的参数，完成积分电路、微分电路和三角波产生电路的仿真分析。需注意，微分电路是从电阻两端输出。

3. 实验七　三相交流电路的分析

（1）根据实验步骤 2，在 Multisim 中构建附图 10-6 所示负载星形联结的三相电路实验图。

① 电源的设置。从元器件工具栏中的"Source"（电源）元器件库中选取"POWER_SOURSE"下的"THREE_PHASE_WYE"（三相星形电压源），将其调出放置在窗口中，设置参数，令电压源的频率为 50 Hz，相电压为 127 V。

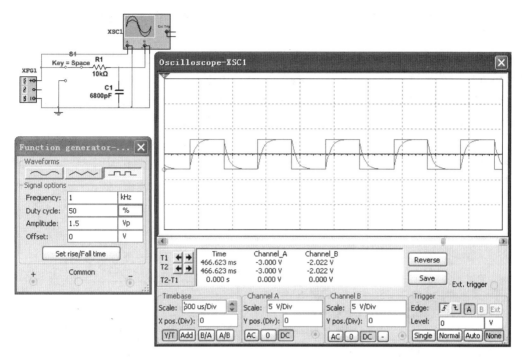

附图 10-4 *RC* 一阶电路测量实验图

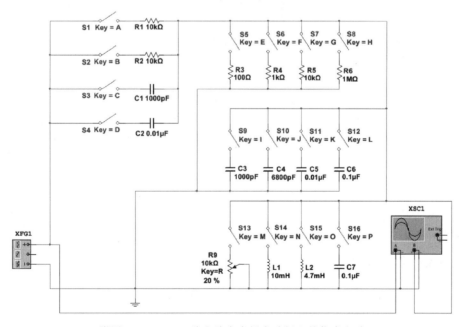

附图 10-5 *RC* 一阶电路在虚拟实验板上的仿真电路

② 灯泡的设置。用鼠标单击元器件工具栏中"Indicator"（显示）元器件库，选择"Family"下的"VIRTUAL_LAMP"，选取其中的"LAMP_VIRTUAL"（虚拟灯泡），将其调出放置在电路窗口中，设置参数，令额定电压为 220 V，额定功率为 15 W。

③ 电压表和电流表的设置。用同样的方法从"Indicator"的"Family"栏中选中"AMMETER"和"VOLTMETER"，将其放置在电路窗口中，设置测量类型为交流（AC）即可。

④ 电路连接。各灯泡的状态、是否有中性线等都可以通过开关灵活控制。通过附图 10-6 可以分别测量出对称星形负载有（无）中性线、不对称星形负载有（无）中性线时各相（线）电流、中性线电流和线电压、相电压的参数。其中电流表 A1、A2、A3 分别测的是 A、B、C 三相的相电流；电流表 A4 测的是中性线上的电流；电压表 U1、U2、U3 分别测的是 A、B、C 三相负载的相电压；电压表 U4 测的是电源中性点和负载中性点之间的电压；电压表 U5、U6、U7 分别测的是 A 与 B、B 与 C、C 与 A 之间的线电压。

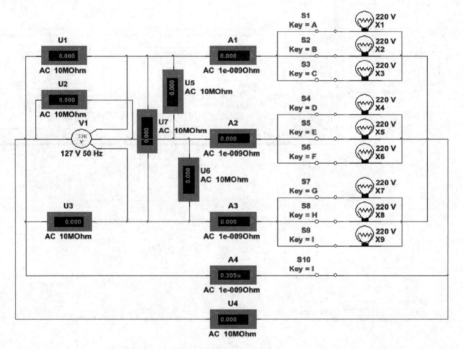

附图 10-6　负载星形联结的三相电路实验图

（2）按照上述方法完成实验步骤 3，测量出负载三角形联结时，负载对称与不对称情况下的电压与电流。

二、自学开放实验

1. 实验三　密勒定理的电路仿真

（1）在 Multisim 中构建实验电路，如附图 10-7 所示。

万用表 1 和万用表 2 选择直流电压测量，其读数分别为 U_1 和 U_2；万用表 3 和万用表 4 选择直流电流测量，其读数分别为 I_1 和 I_2。

（2）通过分析计算后得到相应参数，在 Multisim 中构建密勒等效电路，如附图 10-8 所示。需注意等效后的电阻有一个为负电阻。

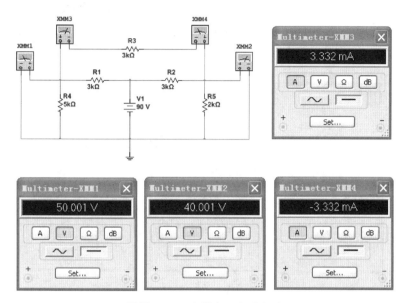

附图 10-7 密勒定理实验电路

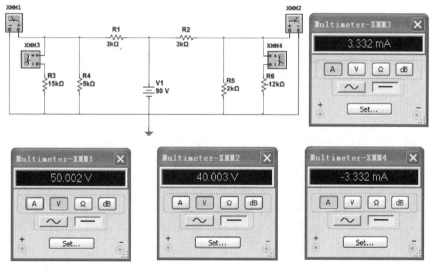

附图 10-8 密勒等效电路

2. 实验六 *RLC* 串联谐振电路的研究

（1）在 Multisim 中构建 *RLC* 串联谐振实验电路，如附图 10-9 所示。万用表选择交流电压测量，万用表 1、2、3 的读数分别为 U_0、U_C 和 U_L；边调节信号源的频率，边观测万用表的读数。其在虚拟实验板上的仿真电路，如附图 10-10 所示。

（2）按照实验步骤，找到电路的谐振频率 f_0，并在谐振点两侧改变输入信号的频率，读出万用表的读数，计入数据表中。然后改变电阻 *R* 和电容 *C* 的参数，重新仿真实验，记录相关参数。

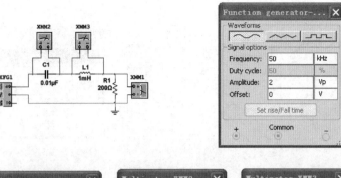

附图 10-9　RLC 串联谐振实验电路

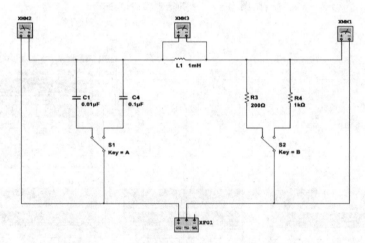

附图 10-10　RLC 串联谐振电路在虚拟实验板上的仿真电路

三、自主开放实验

实验三　无源滤波器的设计与仿真

（1）在 Multisim 中构建 RC 低通滤波实验电路，如附图 10-11 所示。

① 设置波特图仪。用鼠标双击仪器工具栏中的"Bode Plotter"（波特图仪），将其放置在电路窗口中，设置相关参数。双击波特图仪的图标，选择模式为"Magnitude"（幅频特性测量），水平轴选择"Log"（对数刻度坐标），设置频率的初始值 I 为 5 Hz，终止值 F 为 5 MHz。垂直轴选择"Lin"（线性刻度坐标），设置幅度的初始值 I 为 0，终止值 F 为 1。

② 观测幅频特性。通过波特图仪显示窗口，可以观测幅频特性曲线。移动坐标轴，可以读出此时的截止频率参数。

③ 观测相频特性。打开波特图仪显示窗口，选择模式为"Phase"（相频特性测量），即可在窗口中观测到相频特性，附图10-12为 RC 低通滤波实验电路相频特性的测量。

（2）RC 高通滤波电路、RC 带通滤波电路和 RC 带阻滤波电路的仿真方法类似。

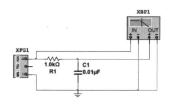

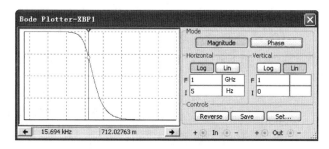

附图 10-11　RC 低通滤波实验电路

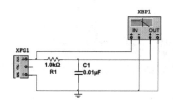

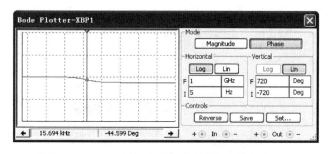

附图 10-12　RC 低通滤波实验电路相频特性的测量

附录十一　模拟电子技术实验部分实验仿真步骤

一、基础实验

1. 实验一　常用虚拟与实际电子仪器、仪表、设备的使用

（1）本实验需要注意以下关键点：① 原理仿真在仿真软件工作界面进行，仪器、仪

表全部选用软件里的模拟仪器、仪表。② 工程仿真在虚拟实验设备上进行，目的是利用仿真软件熟悉实际的实验设备。虚拟实验箱如附图 11-1 所示。

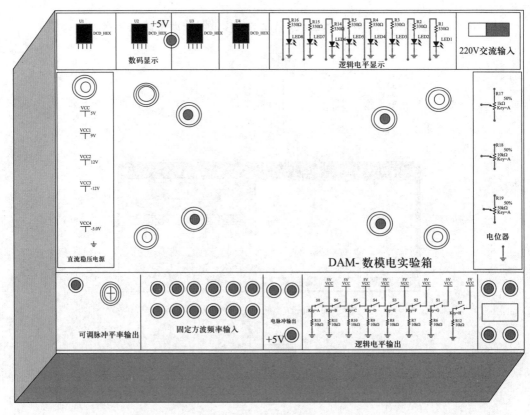

附图 11-1　虚拟实验箱

（2）根据实验步骤 1 在仿真软件工作界面上放入与虚拟实验箱上左侧电压值相同的 5 个直流电压源，用模拟万用表 Multimeter 直流电压挡进行测量，如附图 11-2 所示。

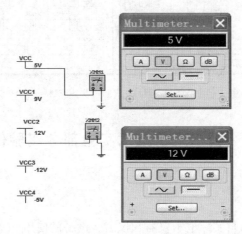

附图 11-2　5 个直流电源（注意：需更改 VCC 的编号）

（3）根据实验步骤 2 在 Multisim 中构建附图 11-1 所示虚拟实验箱上提供的 3 个可变电阻测量图，如附图 11-3 所示，该步骤是测量可变电阻的电阻范围，故可变电阻必须从左到右满调，万用表功能必须设置在电阻功能挡（点一下万用表符号即可）。虚拟实验板上可变电阻的仿真方法与此相同。

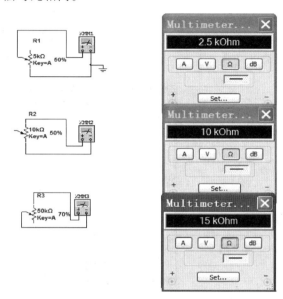

附图 11-3　3 个可变电阻测量图

（4）根据实验步骤 3 在 Multisim 中构建毫伏表（虚拟毫伏表就是虚拟万用表的交流挡）、模拟函数发生器、模拟示波器的测量图，如附图 11-4 所示，注意该步骤中模拟函数发生器衰减挡均为 10 V 的 2 次衰减（$dB = 20 \lg V_2 / V_1$），分别为 10 倍和 100 倍，模拟函数发生器幅度是电压最大值，故设置为 5 V（10 V 是峰-峰值）。设置好模拟函数发生器和示波器，点击运行就可以进行仿真测量了。

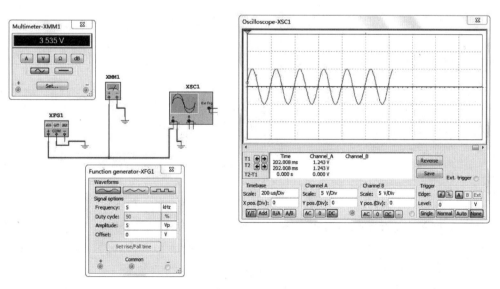

附图 11-4　毫伏表、模拟函数发生器、模拟示波器的测量图

2. 实验二　BJT 单管放大电路的测量

（1）根据实验步骤 1、2 在 Multisim 中构建实验电路图，安放好模拟示波器和模拟函数发生器，并设置好它们的参数，如附图 11-5 所示（单边失真）。如发现波形单边失真，调整图中的可变电阻 R_W，双边失真时可以调节模拟函数发生器幅值，直至波形不失真，适当增大模拟函数发生器的幅值，如果双边同程度失真，则静态就调好了，如果双边失真程度不同，则继续调整 R_W，见附图 11-6（不失真波形）。这时断开模拟函数发生器与电路的连接，用万用表测量电路静态工作点，如附图 11-7 所示。

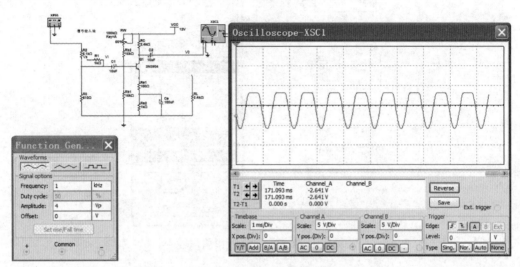

附图 11-5　单边失真波形

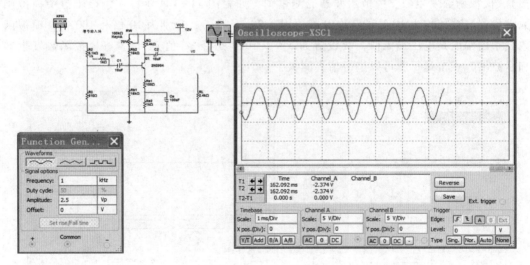

附图 11-6　不失真波形

（2）根据实验步骤 3 接上模拟函数发生器，运行，如波形不失真，用模拟示波器分别测量 U_i、U_o（注意该步骤加负载电阻时，就是将 R_L 接在 U_o 输出端），并与计算值比较是否一致，不一致必须找到计算或仿真的问题，方可记录仿真数据。

（3）根据实验步骤 4 调整 R_W，使波形分别出现饱和失真与截止失真，再分别用万用

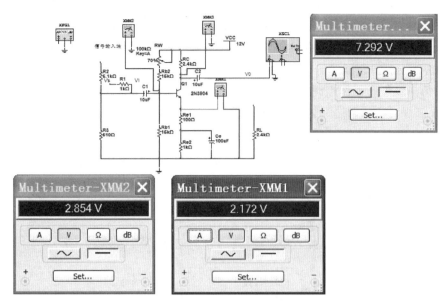

附图 11-7　万用表测量电路静态工作点

表直流电压挡测量晶体管各个极的直流电压值（注意：是带交流信号测量），并记录波形。

附图 11-8 为在虚拟实验板和实验箱上做"BJT 单管放大电路的测量"实验。

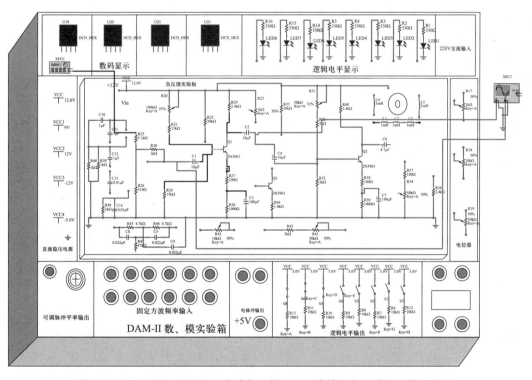

附图 11-8　在虚拟实验板和实验箱上做"BJT 单管放大电路的测量"实验

3. 实验四　BJT 电压串联负反馈放大电路验证

（1）根据实验步骤 1 在 Multisim 中构建实验电路图，安放好模拟示波器和模拟函数发生器，并设置好它们的参数（该实验示波器耦合按键选 AC），如附图 11-9 所示。先调整第一级的静态工作点（含 Q_1）。

（2）第一级静态工作点调好后，将第一级同第二级相连，调整第二级的静态工作点（注意调第二级时不能调第一级上偏可变电阻 R_{12}），如附图 11-10 所示。

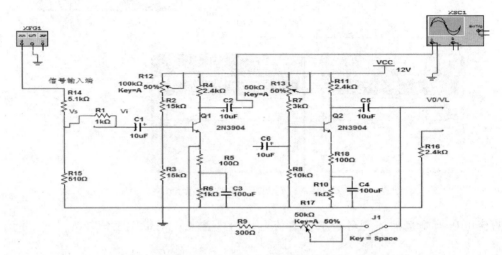

附图 11-9　第一级的静态工作点调整

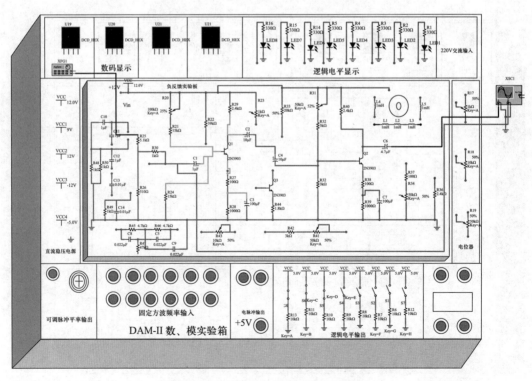

附图 11-10　第二级的静态工作点调整

（3）不闭合 J_1，输出端 U_0 不连 R_{16}（负载电阻），用模拟示波器分别测量 U_S、U_i、U_0，再连接 R_{16}（负载电阻）测量 U_L，然后测算出开环总放大倍数 A_u，并与计算值比较是否一致，如果不一致则必须找到计算或仿真的问题，方可记录仿真数据。再按照实验步骤 4 测出 f_L 和 f_H〔改变信号频率，当输出波形的幅度变为原来（1 kHz 时）的 0.707 倍时，记下改变的信号频率值，频率变高、变低时各重复做一次，即得到 f_L 和 f_H〕。

（4）闭合 J_1，输出端 U_0 不连 R_{16}（负载电阻），用模拟示波器分别测量 U_S、U_i、U_0，再连接 R_{16}（负载电阻）测量 U_L，然后测算出闭环总放大倍数 A_u，并与计算值比较是否一致，如果不一致则必须找到计算或仿真的问题，方可记录仿真数据。再按照实验步骤 4 测出 f_L 和 f_H〔改变信号频率，当输出波形的幅度变为原来（1 kHz 时）的 0.707 倍时，记下改变的信号频率值，频率变高、变低时各重复做一次，即得到 f_H 和 f_L〕。

（5）也可将测 f_L 和 f_H 的内容放在最后单做，见附图 11-11、附图 11-12 和附图 11-13。

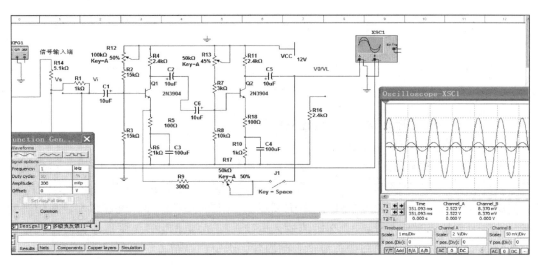

附图 11-11　开始测量前（信号频率 1 kHz）

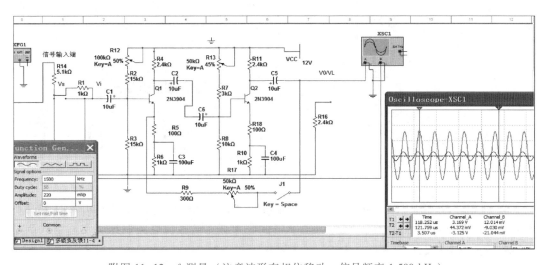

附图 11-12　f_H 测量（注意波形有相位移动，信号频率 1 500 kHz）

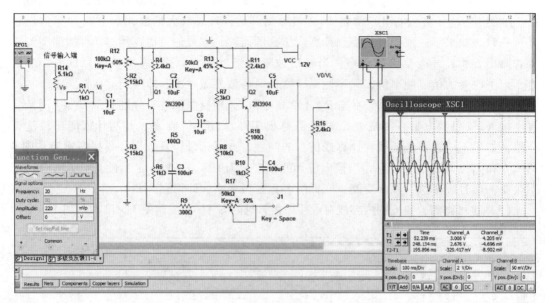

附图 11-13　f_L 测量（注意波形有相位移动，信号频率 20 Hz）

4. 实验七　集成运算放大器的线性应用验证

（1）反相比例运算电路的仿真

① 按集成运算放大器的线性应用验证实验内容与步骤，在 Multisim 中构建实验电路图，如附图 11-14、附图 11-15 所示，附图 11-14 输入直流信号 60 mV，附图 11-15 输入交流信号，附图 11-15（a）是原理图仿真验证，附图 11-15（b）是虚拟实验板仿真验证，两图中都是按照具体步骤 1、2 中的输入电压，测量输出电压，并与计算值比较是否一致，如果不一致则必须找到计算或仿真的问题，方可记录仿真数据。

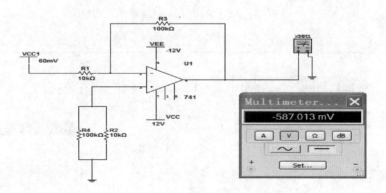

附图 11-14　输入直流 60 mV 验证图

② 反相加法运算电路和同相比例运算电路的仿真方法类似。注意在做仿真时运放不用调零（因为软件还没有这一功能），也不用做简易直流信号源电路调试。实际运放调零必须到实验室去体验。

（2）其他运算电路的仿真请自行设计

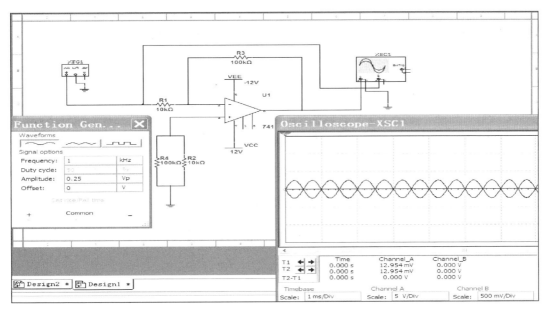

(a) 原理图仿真验证

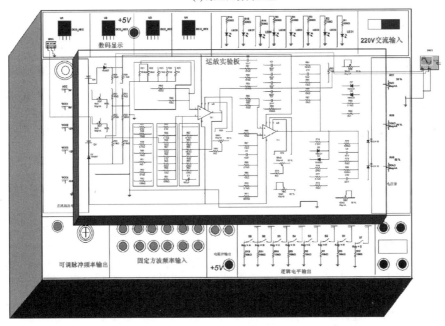

(b) 虚拟实验板仿真验证

附图 11-15 输入交流 0.25 V 验证图（最大值）

二、自学开放实验

略。

三、自主开放实验

略。

附录十二　模拟电子技术实验考试简介

自从扩招以来，很多高校的电子技术基础实验考试就悄悄退出了教学环节，但大家都清楚考试对实验课程质量起着非常关键的作用。我们最终应用计算机仿真工具恢复了实验课程的考试、补考，同时创立了高性价比的"工程仿真维修"考题（CAE考题）。这样的考题如想在物理实验设备实现的话，其考试维护"公平环境"的工作量是很大的，但在计算机仿真环境中就比较容易实现了。在恢复实验考试过程中，重点解决了以下具体问题：

（1）人多，机房有限，不能在一个时段同时进行考试。

将考试安排在一周内进行，每次考试时，监考老师从十套题中随机抽取一套进行考试。

（2）机房的计算机都是紧挨着的，如何保证诚信环境？

每套题又分为单号题、双号题，保证相邻学生的考题不一样。

（3）如何方便、迅速地得出考试结果？

模拟电子技术实验考试的题型有三种类型：①仿真判断题；②设计仿真验证题；③工程仿真维修题。这些类型的考题都需要通过仿真工具证明或得到正确结果。工程仿真维修题是在学生做过实验的"工程仿真"电路中设置1~2种故障让学生排除，并写出分析，该题目能很好地反映出学生对理论原理和实验技能的掌握程度。考试结论是"过"或"不过"，"不过"的同学会在下学期开学时有一次补考机会。由于判卷对教师来说就是判断正确与否，故学生实验考试的结论基本当天即可得出。工程仿真维修题让学生真正认识到理论知识在实际应用中的作用，这也是在教学中落实工程认证中"以产出为导向"要求的具体做法之一。该考试对整体课程质量（理论+实验）的提高都有非常积极的作用。附图12-1

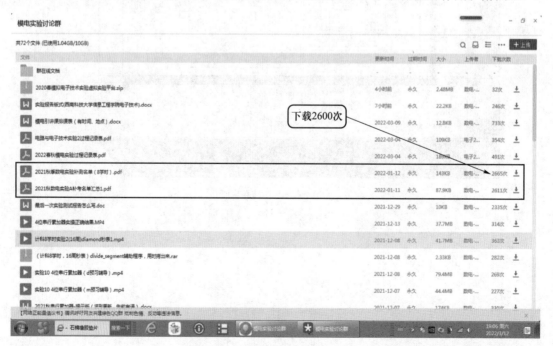

附图 12-1　线上教学资料下载情况

是线上教学资料下载情况，可以看出补考名单下载量最大达到 2 600 多人次，所以，恢复实验考试、补考是非常必要的。下面给出 2 套考试题供大家参考。

一、模拟电子技术实验测试题（示例一）

1. 单号座位的同学做

对附图 12-2 所示电路进行原理仿真，根据运行结果，读出结果参数并写出功能（需写在纸上，仿真结果需让老师检查）。

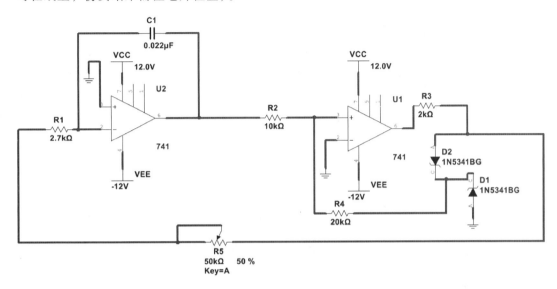

附图 12-2

2. 双号座位的同学做

用仿真软件判断附图 12-3 所示电路的功能，测出频率特征点参数，写出功能（注意：最好用波特仪测，其他方法也可以）。

3. 单、双号座位同学的提高题（必须将必做题完成后，提高题的结果才有效）

下载提高题仿真图，查找出故障，简写出方法和故障原因。

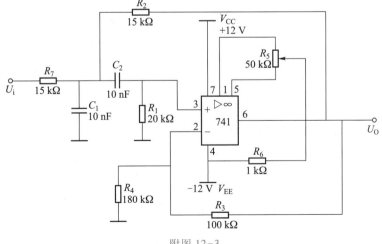

附图 12-3

（1）单号座位的同学做的故障排除题，如附图 12-4 所示。

（2）双号座位的同学做的故障排除题，如附图 12-5 所示。

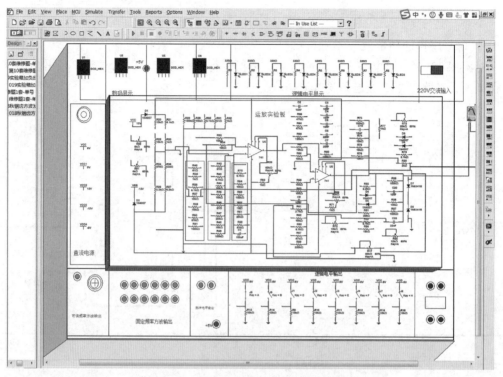

附图 12-4　锯齿波方波发生器工程仿真电路

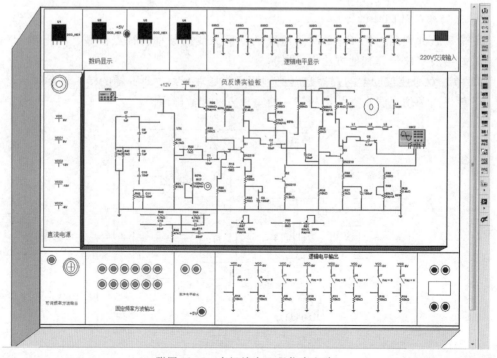

附图 12-5　多级放大工程仿真电路

（3）故障排除题答案（教师用）。

（故障排除题给分原则：运行结果正确得一半分，写出正确故障点得一半分。）

①单号座位故障排除题故障点：右下方 C23 的周围有问题。

②双号座位故障排除题故障点：U5 左边 R34 的周围有问题。

二、模拟电子技术实验测试题（示例二）

1. 单号座位的同学做

对附图 12-6 所示电路进行原理仿真，根据运行结果，读出结果参数并写出功能（需写在纸上，仿真结果需让老师检查）。

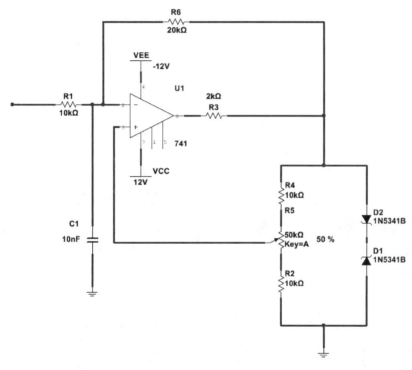

附图 12-6

2. 双号座位的同学做

用仿真软件判断附图 12-7 所示电路的功能，测出频率特征点参数，写出功能（注意：最好用波特仪测，其他方法也可以）。

3. 单、双号座位同学的提高题（必须将必做题完成后，提高题的结果才有效）

请做完基本题的同学按单、双号打开 MS 源文件，用原理+工具查找故障点，并简述故障原理。

（1）单号座位的同学做的故障排除题，如附图 12-8 所示。

（2）双号座位的同学做的故障排除题，如附图 12-9 所示。

（3）故障排除题答案（教师用）。

（故障排除题给分原则：运行结果正确得一半分，写出正确故障点得一半分。）

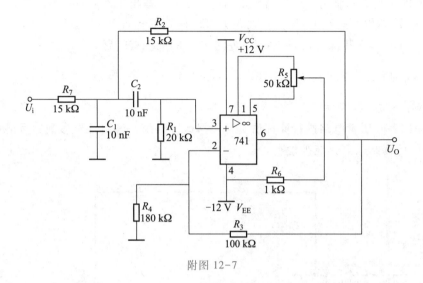

附图 12-7

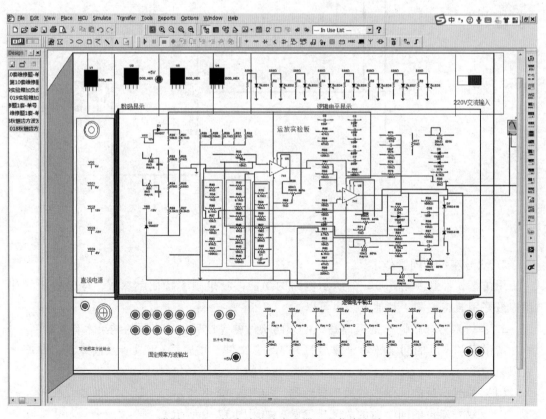

附图 12-8　锯齿波方波发生器工程仿真电路

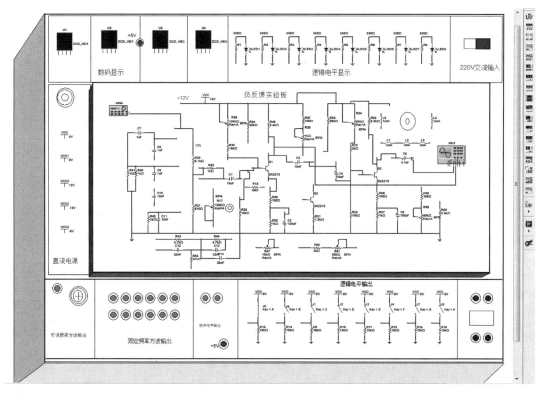

附图 12-9　多级放大工程仿真电路

① 单号座位故障排除题答案。

a. 现象：第二级输出没有波形。

b. 问题：第一级（前级）R30 接触不良。

② 双号座位故障排除题答案。

a. 现象：第二级输出波形幅度太小。

b. 问题：第二级（后级）电源接触不良。

附录十三　模拟电子技术实验过程统一登记表

模拟电子技术实验过程统一登记表是课程质量保证之一。任课教师统一在该表上记录学生的实验过程情况。表中"预仿"是指学生的预习报告和原理仿真，"工程/报"是指工程仿真和上次实验报告（手写），"本次"是指本次操作情况。"期末"是期末实验考试情况。模拟电子技术实验考试只有 3 类题：设计题、仿真判断题和仿真实验电路维修题。"ICC"是高等教育出版社数字课程的成绩。附图 13-1 是空白实验过程统一登记表，附图 13-2 是有记录的实验过程统一登记表。

刘（红），廖（粉红），李（蓝），李（绿），王（橙），黎（浅蓝），何（黑）

2021秋《模拟电子技术实验》教师实验过程统一登记表　　教室：3-25

编号	学号	姓名	班级	1 预仿	工程仿真	本次	2 预仿	工程/报	本次	3 预仿	工程/报	本次	4 预仿	工程/报	本次	5 预仿	工程/报	本次	6 预仿	工程/报	本次	7（期末）判断	维修	ICC	报告分	过程分	总成绩
31	512020****	李*	对抗2004																								
32	512020****	谭**	对抗2003																								
33	512020****	姚**	对抗2003																								
34	512020****	李**	对抗2001																								
35	512020****	李**	通信2005																								
36	512020****	王*	通信2001																								
37	512020****	王金*	通信2003																								
38	512020****	申**	通信2003																								
39	512020****	曹骈*	通信2004																								
40	512020****	李*	通信2002																								
41	512020****	徐鹏*	对抗2001																								
42	512020****	李雨*	通信2001																								
43	512020****	张曼*	通信2006																								
44	512020****	张瑞*	通信2005																								
45	512020****	堆婉*	对抗2002																								
46	512020****	程伟*	对抗2004																								
47	512020****	汪姗*	对抗2004																								
48	512020****	梁田*	通信2001																								
49	512020****	徐杨*	通信2002																								
50	512020****	朱芳*	通信2001																								
51	512020****	王智*	光电2001																								
52	512020****	杨静*	通信2004																								
53	512020****	许*馨	对抗2003																								
54	512020****	姜峰*	通信2002																								
55	512020****	李*	对抗2003																								
56	512020****	谭**	通信2001																								
57	512020****	姚**	通信2006																								
58	512020****	李**	光电2002																								
59	512020****	李**	通信2003																								
60	512020****	李*	通信2005																								

第 2 页，共 16 页

附图 13-1　空白实验过程统一登记表

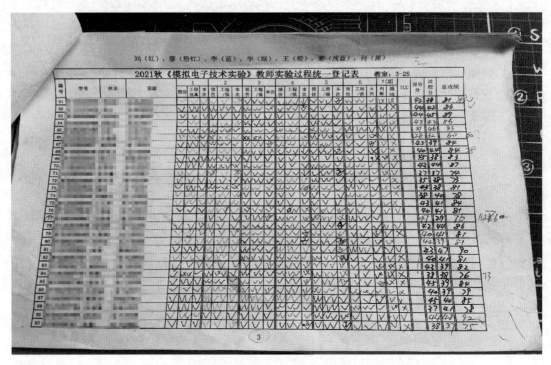

附图 13-2　有记录的实验过程统一登记表

附录十四　模拟电子技术实验电子资料批改摘录

该项改革措施让学生从期末交"实验报告"变为每次进实验室后还要交"电子资料"。电子资料主要包括：线上资源学习成绩截图、预习报告（电子版）、仿真源文件、实验报告（手写）拍照形成的文件。增加交"电子资料"的主要目的是想改变实验课期末"仓促"评价的局面，让老师方便应用"碎片化"时间投入到课程监督中来，避免了部分学生期末才赶写实验报告的"痼疾"。学生上交的电子资料中，仿真文件均是"源文件"，也就是可以在软件里打开运行，能看到结果，批改报告里的软件截图均是老师在计算机软件里运行学生源文件后的截图。学生上交电子资料后，老师会将批改结果及时在课程群公示。

下面摘录了从模拟电子技术第三次实验（即本指导书上第二部分基础实验中的实验二）后学生上交的电子资料中抽到的 2 个学生的教师批改情况，供读者参考、借鉴。

对抗 20 ∗∗ 实验 3 批改

批阅老师：∗∗∗

本次实验抽查了 2 个同学的电子资料进行了批阅，存在的问题如下：

（1）作业文件中无线上资源课程得分截图。

（2）预习报告和实验报告的撰写格式存在问题，预习报告中存在大段的空白行。

（3）预习报告的内容完成度不够，未能按照预习要求正确填写表格，波形截图背景未能按照要求改为白色。

（4）部分原理仿真和工程仿真波形背景未能按照要求改为白色。

1. 学生：512020 ∗∗∗ − ∗∗∗ −实验 3

（1）线上教学资源成绩截图、预习报告

① 线上教学资源成绩截图：基本合格，截第一个图即可。

5120200128V账号， 你在本课程的学习中取得 19 分，名次为165名。 | 系统凌晨更新统计数据 |

项目	百分比	活动指标	评分标准	得分
课程内容	100%			19
▼ 模拟电子技术	50%			20
实验一·模拟实、虚实验环境的构建与使用	10%	实验一——模拟实、虚实验环境的构建与使用_资源_1（共1个） 实验一——模拟实、虚实验环境的构建与使用_资源_2（共1个） 实验一——模拟实、虚实验环境的构建与使用_讨论_1	浏览时长超过26分钟为100分 浏览1个为100分 帖子积分达到0分为100分	100
实验二·BJT单管放大电路的测试	10%	实验二——BJT单管放大电路的测试_资源_1（共1个）	浏览时长超过29分钟为100分	100
实验三·BJT低频OTL功率放大器	10%	实验三——BJT低频OTL功率放大器_资源_1（共1个）	浏览时长超过17分钟为100分	0
实验四·BJT电压串联负反馈		实验四——BJT电压串联负反馈放大电路验证		

5120200128V账号， 你在本课程的学习中取得 19 分，名次为165名。 | 系统凌晨更新统计数据 |

项目	百分比	活动指标	评分标准	得分
课程内容	100%			19
▶ 模拟电子技术	50%			20
▼ 作业	50%			18
▼ 模拟电子技术实验作业	100%			18
实验一作业	10%	实验一、模拟实、虚实验环境的构建与使用习题及答案		80
实验二作业	10%	实验二 BJT单管放大电路的测试习题		100
实验三作业	10%	实验三BJT低频OTL功率放大器预习习题		0
实验四作业	10%	实验四 BJT电压串联负反馈放大电路验证预习习题		0

② 预习报告:基本合格，未绘制表格中的波形。

... 西南科技大学信息工程学院

···· 电子技术实验预习报告

课程名称(实验课)·········模拟电子技术实验·········

实验名称···········BJT 单管放大电路的测试·········

年级/班级专业/姓名/学号·········

页码/序号(过测记录数)········ 9/247·

预习实验报告等级···········

批阅教师签字············

郑重提示:电子文档报告出现雷同(计算过程、仿真截图等)、依据学校给定板作算处理(双方同责),所以,同学之间只能方法交流,不要把自己的报告内容、仿真图直接拷贝同学。

················电子技术实验课程团队

一、计算/设计过程

说明:本实验是验证性实验,计算待测验证结果。是设计性实验一定要从系统指标计算出元件参数过程,越详细越好。用公式输入法完成相关公式内容,不得贴手写图片。(注意:从拍像公式直指得出结果,不得少,页数可根据内容调整)

$$U_B = [R_{b1}/(R_{b1} + R_{b2} + R_P)]U_{CC}$$
$$I_E = (V_B - V_{BE})/(R_{e1} + R_{e2}) \approx I_C$$
$$A_u = -\beta(R_C \| R_L)/[r_{be} + (1+\beta)R_{e1}]$$
$$r_{be} = r_{bb'} + (1+\beta)26mV/I_E$$
$$R_i = R_{b1} \| R'_{b2} \| r'_{be}$$
$$R'_{b2} = R_{b2} + R_P$$
$$r'_{be} = r_{be} + (1+\beta)R_{e1}$$
$$R_O = R_C$$

二、画出并填写实验指导书上的预表

预表 2-1-2-1

电压计算值				电流计算值	
Ub	Uc	Ue	Urb2+rps	IB/uA	Ic/mA
1.38v	8.619v	1.55v	10.62v	9.393v	1.409v

条件	计算值
	Au
RL	
RL=∞	-19.28
RL=2.4k	-9.89

三、画出并填写实验指导书上的虚表

	虚测值			虚测算值	
Ub	Uc	Ue	Urb2+RP	IB	Ic
1.371v	8.608v	1.60v	10.63v	9.386uA	1.412mA

条件	虚测值		虚测算值
RL	Ui/mV	Uo/V	Au
RL=∞	167.64	3.483	20.524
RL=2.4K	240	2.2	7.88

RP1值	Ub	Uc	Ue	Uce	输出波形
正常不失真	2.601	7.733	1.972	5.921	
明显看到上半周失真	2.803	8.902	1.756	2.231	
明显看到下半周失真	0.018	5.265	2.399	2.902	

四、粘贴原理仿真、工程仿真截图

1、原理仿真

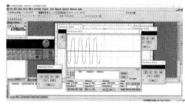

2、工程仿真

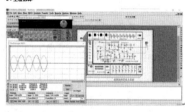

（2）Multisim 仿真、实验报告

① Multisim 原理仿真：合格。

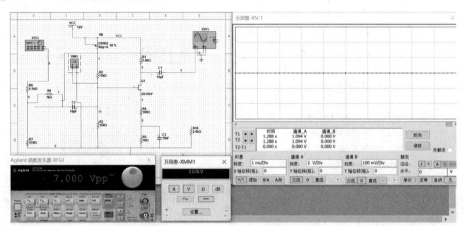

② Multisim 工程仿真：合格。

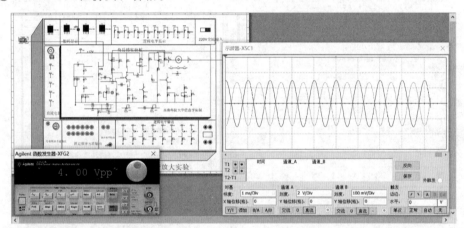

③ 实验报告：合格。

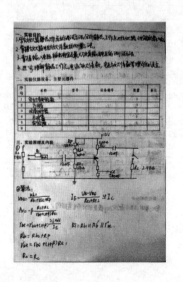

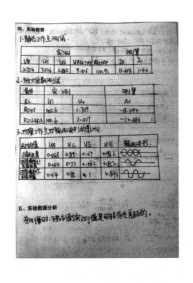

2. 学生：512020 *** － *** －实验3

（1）线上教学资源成绩截图、预习报告

① 线上教学资源成绩截图：合格。

项目	百分比	活动指标	评分标准	得分
课程内容	100%			19.76
▶ 模拟电子技术	50%			20.03
▶ 作业	50%			19.5
线下分数	0%	由教师导入的其他分数		0
总分				19.76

② 预习报告：基本合格，报告表格中提及图（c），正文中无图（c）的体现，波形背景应改为白色。

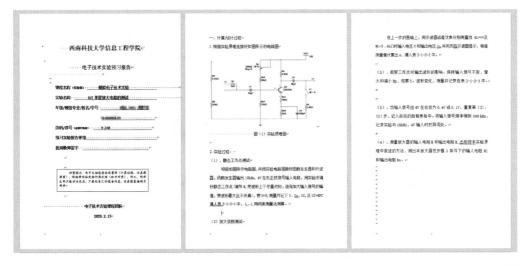

3、计算过程：

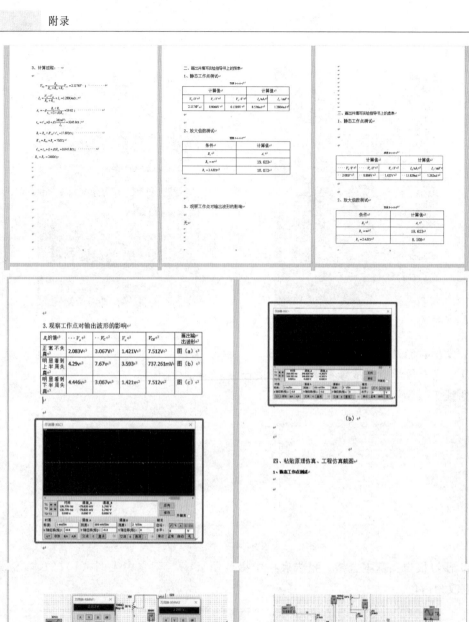

二、画出并填写实验指导书上的诸表

1、静态工作点测试

2、放大倍数测试

3、观察工作点对输出波形的影响

无

三、画出并填写实验指导书上的诸表

1、静态工作点测试

2、放大倍数测试

3. 观察工作点对输出波形的影响

R_w的值	V_b	V_c	V_e	V_{CE}	画出输出波形
正常不失真	2.083V	3.067V	1.421V	7.512V	图 (a)
明显看到上半周失真	4.29V	7.67V	3.593V	737.261mV	图 (b)
明显看到下半周失真	4.446V	3.067V	1.421V	7.512V	图 (c)

(b)

四、粘贴原理仿真、工程仿真截图

1、静态工作点测试

2、放大倍数测试

3、工程仿真

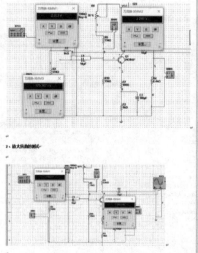

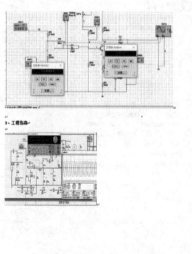

（2）Multisim 仿真、实验报告

① Multisim 原理仿真：合格，波形背景应改为白色。

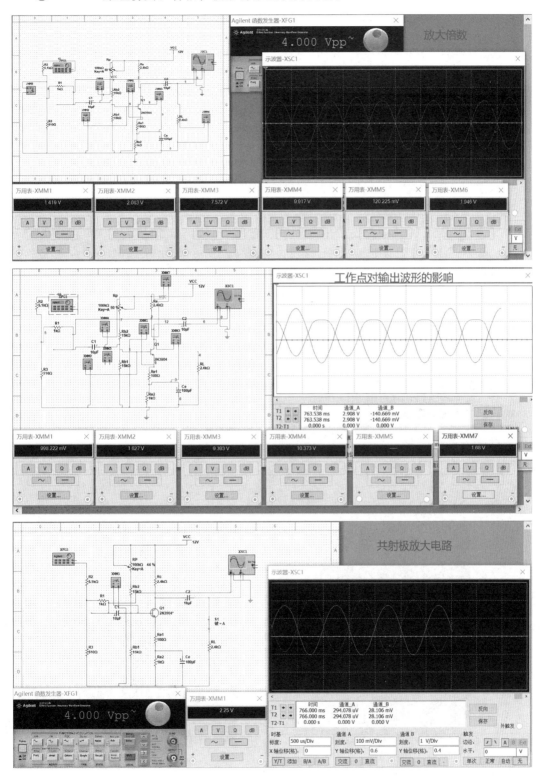

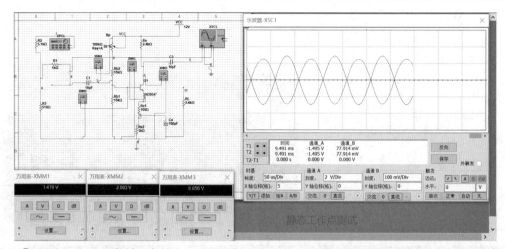

② Multisim 工程仿真: 合格。

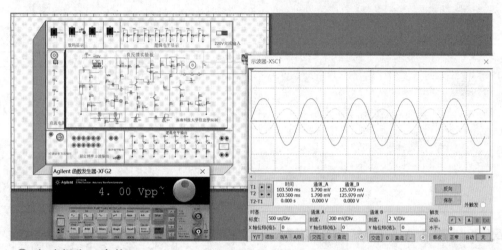

③ 实验报告: 合格。

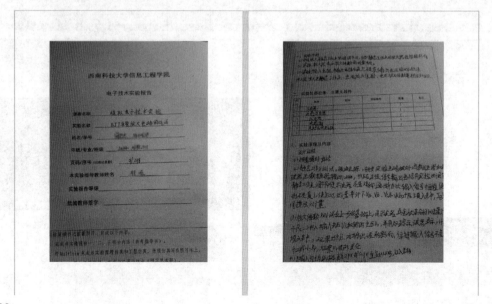

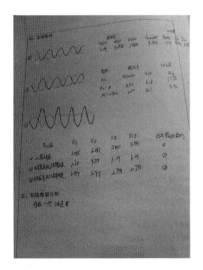

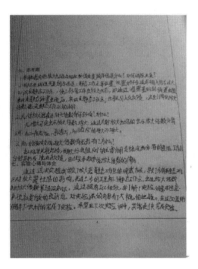

参 考 文 献

［1］康华光．电子技术基础 模拟部分［M］.7 版．北京：高等教育出版社，2021.

［2］王淑娟．模拟电子技术基础［M］．北京：高等教育出版社，2009.

［3］谢自美．电子线路设计、实验、测试［M］.3 版．武汉：华中科技大学出版社，2006.

［4］何金茂．电子技术基础实验［M］.2 版．北京：高等教育出版社，2000.

［5］范爱萍．电子电路实验与虚拟技术［M］．济南：山东科学技术出版社，2001.

［6］陈先荣．电子技术基础实验［M］．北京：国防工业出版社，2006.

［7］陈鸿茂，于洪珍．常用电子元器件简明手册［M］．徐州：中国矿业大学出版社，1991.

［8］罗荣华．电子线路实验［M］．成都：四川科学技术出版社，1988.

［9］邱关源，罗先觉．电路［M］.6 版．北京：高等教育出版社，2022.

［10］于建国，宣宗强，王松林，等．电路实验教程［M］．北京：高等教育出版社，2008.

［11］张新喜，许军，王新忠，等.Multisim 10 电路仿真及应用［M］．北京：机械工业出版社，2014.

［12］张峰，吴月梅，李丹．电路实验教程［M］．北京：高等教育出版社，2008.

［13］邹其洪，黄智伟，高嵩，等．电工电子实验与计算机仿真［M］．北京：高等教育出版社，2006.

［14］郑步生，吴渭.Multisim2001 电路设计及仿真入门与应用［M］．北京：电子工业出版社，2002.

［15］David A. Sousa（美）．教育神经科学对课堂教学的启示［M］．周佳仙，译．上海：华东师范大学出版社，2013.

［16］包霄林．思维的模式［M］．杭州：浙江大学出版社，2011.

［17］刘海峰．高校招生考试制度改革研究［M］．北京：经济科学出版社，2009.

第 3 版
后记

附件 1　关于电子
技术实验教学改革
经历的汇报

附件 2　十年磨一剑
誉满高校　引领教学
一线　再创辉煌